国家出版基金资助项目
现代数学中的著名定理纵横谈丛书
丛书主编　王梓坤

WOLSTENHOLME THEOREM

Wolstenholme 定理

刘培杰数学工作室　编著

哈尔滨工业大学出版社
HARBIN INSTITUTE OF TECHNOLOGY PRESS

内容简介

Wolstenholme 定理是数论中与素数有关的著名定理,可以利用多种方法对其进行证明.例如,多项式的方法,幂级数的方法以及群论的方法.本书利用初等数论的知识给出了它的一个简单证明,并对其进行了推广.

本书适合大学生、研究生以及数论爱好者阅读、钻研.

图书在版编目(CIP)数据

Wolstenholme 定理/刘培杰数学工作室编著. —哈尔滨:哈尔滨工业大学出版社,2018.1
(现代数学中的著名定理纵横谈丛书)
ISBN 978 - 7 - 5603 - 6687 - 6

Ⅰ.①W… Ⅱ.①刘… Ⅲ.①初等数论 Ⅳ.①O156.1

中国版本图书馆 CIP 数据核字(2017)第 136900 号

策划编辑	刘培杰　张永芹	
责任编辑	张永芹　刘立娟	
封面设计	孙茵艾	
出版发行	哈尔滨工业大学出版社	
社　　址	哈尔滨市南岗区复华四道街 10 号　邮编 150006	
传　　真	0451 - 86414749	
网　　址	http://hitpress.hit.edu.cn	
印　　刷	黑龙江艺德印刷有限责任公司	
开　　本	787mm×960mm　1/16　印张 19.75　字数 211 千字	
版　　次	2018 年 1 月第 1 版　2018 年 1 月第 1 次印刷	
书　　号	ISBN 978 - 7 - 5603 - 6687 - 6	
定　　价	138.00 元	

(如因印装质量问题影响阅读,我社负责调换)

◎ 代 序

读书的乐趣

你最喜爱什么——书籍.

你经常去哪里——书店.

你最大的乐趣是什么——读书.

这是友人提出的问题和我的回答. 真的, 我这一辈子算是和书籍, 特别是好书结下了不解之缘. 有人说, 读书要费那么大的劲, 又发不了财, 读它做什么? 我却至今不悔, 不仅不悔, 反而情趣越来越浓. 想当年, 我也曾爱打球, 也曾爱下棋, 对操琴也有兴趣, 还登台伴奏过. 但后来却都一一断交, "终身不复鼓琴". 那原因便是怕花费时间, 玩物丧志, 误了我的大事——求学. 这当然过激了一些. 剩下来唯有读书一事, 自幼至今, 无日少废, 谓之书痴也可, 谓之书橱也可, 管它呢, 人各有志, 不可相强. 我的一生大志, 便是教书, 而当教师, 不多读书是不行的.

读好书是一种乐趣, 一种情操; 一种向全世界古往今来的伟人和名人求教的方法,一种和他们展开讨论的方式;一封出席各种活动、体验各种生活、结识各种人物的邀请信;一张迈进科学官殿和未知世界的入场券;一股改造自己、丰富自己的强大力量.书籍是全人类有史以来共同创造的财富,是永不枯竭的智慧的源泉.失意时读书,可以使人重整旗鼓;得意时读书,可以使人头脑清醒;疑难时读书,可以得到解答或启示;年轻人读书,可明奋进之道;年老人读书,能知健神之理.浩浩乎! 洋洋乎! 如临大海,或波涛汹涌,或清风微拂,取之不尽,用之不竭.吾于读书,无疑义矣,三日不读,则头脑麻木,心摇摇无主.

潜能需要激发

我和书籍结缘,开始于一次非常偶然的机会.大概是八九岁吧,家里穷得揭不开锅,我每天从早到晚都要去田园里帮工.一天,偶然从旧木柜阴湿的角落里,找到一本蜡光纸的小书,自然很破了.屋内光线暗淡,又是黄昏时分,只好拿到大门外去看.封面已经脱落,扉页上写的是《薛仁贵征东》.管它呢,且往下看.第一回的标题已忘记,只是那首开卷诗不知为什么至今仍记忆犹新:

日出遥遥一点红,飘飘四海影无踪.

三岁孩童千两价,保主跨海去征东.

第一句指山东,二、三两句分别点出薛仁贵(雪、人贵).那时识字很少,半看半猜,居然引起了我极大的兴趣,同时也教我认识了许多生字.这是我有生以来独立看的第一本书.尝到甜头以后,我便千方百计去找书,向小朋友借,到亲友家找,居然断断续续看了《薛丁山征西》《彭公案》《二度梅》等,樊梨花便成了我心中的女英雄.我真入迷了.从此,放牛也罢,车水也罢,我总要带一本书,还练出了边走田间小路边读书的本领,读得津津有味,不知人间别有他事.

当我们安静下来回想往事时,往往会发现一些偶然的小事却影响了自己的一生.如果不是找到那本《薛仁贵征东》,我的好学心也许激发不起来.我这一生,也许会走另一条路.人的潜能,好比一座汽油库,星星之火,可以使它雷声隆隆、光照天地;但若少了这粒火星,它便会成为一潭死水,永归沉寂.

抄,总抄得起

好不容易上了中学,做完功课还有点时间,便常光顾图书馆.好书借了实在舍不得还,但买不到也买不起,便下决心动手抄书.抄,总抄得起.我抄过林语堂写的《高级英文法》,抄过英文的《英文典大全》,还抄过《孙子兵法》,这本书实在爱得狠了,竟一口气抄了两份.人们虽知抄书之苦,未知抄书之益,抄完毫末俱见,一览无余,胜读十遍.

始于精于一,返于精于博

关于康有为的教学法,他的弟子梁启超说:"康先生之教,专标专精、涉猎二条,无专精则不能成,无涉猎则不能通也."可见康有为强烈要求学生把专精和广博(即"涉猎")相结合.

在先后次序上,我认为要从精于一开始.首先应集中精力学好专业,并在专业的科研中做出成绩,然后逐步扩大领域,力求多方面的精.年轻时,我曾精读杜布(J. L. Doob)的《随机过程论》,哈尔莫斯(P. R. Halmos)的《测度论》等世界数学名著,使我终身受益.简言之,即"始于精于一,返于精于博".正如中国革命一样,必须先有一块根据地,站稳后再开创几块,最后连成一片.

丰富我文采,澡雪我精神

辛苦了一周,人相当疲劳了,每到星期六,我便到旧书店走走,这已成为生活中的一部分,多年如此.一次,偶然看到一套《纲鉴易知录》,编者之一便是选编《古文观止》的吴楚材.这部书提纲挈领地讲中国历史,上自盘古氏,直到明末,记事简明,文字古雅,又富于故事性,便把这部书从头到尾读了一遍.从此启发了我读史书的兴趣.

我爱读中国的古典小说,例如《三国演义》和《东周列国志》.我常对人说,这两部书简直是世界上政治阴谋诡计大全.即以近年来极时髦的人质问题(伊朗人质、劫机人质等),这些书中早就有了,秦始皇的父亲便是受害者,堪称"人质之父".

《庄子》超尘绝俗,不屑于名利.其中"秋水""解牛"诸篇,诚绝唱也.《论语》束身严谨,勇于面世,"己所不欲,勿施于人",有长者之风.司马迁的《报任少卿书》,读之我心两伤,既伤少卿,又伤司马;我不知道少卿是否收到这封信,希望有人做点研究.我也爱读鲁迅的杂文,果戈理、梅里美的小说.我非常敬重文天祥、秋瑾的人品,常记他们的诗句:"人生自古谁无死,留取丹心照汗青""休言女子非英物,夜夜龙泉壁上鸣".唐诗、宋词、《西厢记》《牡丹亭》,丰富我文采,澡雪我精神,其中精粹,实是人间神品.

读了邓拓的《燕山夜话》,既叹服其广博,也使我动了写《科学发现纵横谈》的心.不料这本小册子竟给我招来了上千封鼓励信.以后人们便写出了许许多多的"纵横谈".

从学生时代起,我就喜读方法论方面的论著.我想,做什么事情都要讲究方法,追求效率、效果和效益,方法好能事半而功倍.我很留心一些著名科学家、文学家写的心得体会和经验.我曾惊讶为什么巴尔扎克在51年短短的一生中能写出上百本书,并从他的传记中去寻找答案.文史哲和科学的海洋无边无际,先哲们的明智之光沐浴着人们的心灵,我衷心感谢他们的恩惠.

读书的另一面

以上我谈了读书的好处,现在要回过头来说说事情的另一面.

读书要选择.世上有各种各样的书:有的不值一看,有的只值看20分钟,有的可看5年,有的可保存一辈子,有的将永远不朽.即使是不朽的超级名著,由于我们的精力与时间有限,也必须加以选择.决不要看坏书,对一般书,要学会速读.

读书要多思考.应该想想,作者说得对吗?完全吗?适合今天的情况吗?从书本中迅速获得效果的好办法是有的放矢地读书,带着问题去读,或偏重某一方面去读.这时我们的思维处于主动寻找的地位,就像猎人追找猎物一样主动,很快就能找到答案,或者发现书中的问题.

有的书浏览即止,有的要读出声来,有的要心头记住,有的要笔头记录.对重要的专业书或名著,要勤做笔记,"不动笔墨不读书".动脑加动手,手脑并用,既可加深理解,又可避忘备查,特别是自己的灵感,更要及时抓住.清代章学诚在《文史通义》中说:"札记之功必不可少,如不札记,则无穷妙绪如雨珠落大海矣."

许多大事业、大作品,都是长期积累和短期突击相结合的产物.涓涓不息,将成江河;无此涓涓,何来江河?

爱好读书是许多伟人的共同特性,不仅学者专家如此,一些大政治家、大军事家也如此.曹操、康熙、拿破仑、毛泽东都是手不释卷,嗜书如命的人.他们的巨大成就与毕生刻苦自学密切相关.

王梓坤

目录

第1编　推广加强编

第1章　Wolstenholme 定理及其推广 //3

§0　引言　//3
§1　符号分数及其性质　//6
§2　调和级数和的整除性质　//10
§3　利用 Catalan 恒等式给出的简单证明　//16
§4　Catalan 恒等式与级数求和 //21
§5　哈代论 Wolstenholme 定理　//29
§6　Wolstenholme 定理的一个证明 //32
§7　Wolstenholme 定理的推广 //36
§8　Wolstenholme 定理的一个 p-adic 证明及其推广　//40

§9 一个中学教师给出的 Wolstenholme 定理的推广 //48

§10 若干数论问题的注记 //51

§11 数论史专家 Dickson 对 $1,2,\cdots,p-1$ 模 p 的对称函数相关结果的综述 //58

第 2 编　基础编

第 2 章　整除性的基本性质,整除的特征 //73

§1 整除性:一般定理 //73

§2 整除的特征 //79

第 3 章　最大公约数,最小公倍数 //90

§1 最大公约数 //90

§2 最小公倍数 //100

第 4 章　素数 //108

第 5 章　分数 //125

§1 分数的初始定义 //125

§2 分数的第二个定义,等式,化成同分母 //133

§3 加法和减法 //139

§4 乘法 //148

§5 除法 //163

§6 重分数 //167

§7　比例,成比例的数　//173

第6章　十进分数　//189
　　§1　十进分数,定义,运算　//189
　　§2　普通分数转换为十进分数　//198
　　§3　循环的十进分数　//210
　　§4　一个已知数以 α 为误差的近似值　//220
　　§5　小数除法　//224

第7章　数论初步　//234
　　§1　某些整数列的余数的周期性　//234
　　§2　一元同余式(Ⅰ)　//244
　　§3　余数周期性的新成果,Fermat 定理　//253
　　§4　Fermat 定理又一证法,Wilson 定理,
　　　　二次余数//256
　　§5　互反律　//262
　　§6　不超过一已知数而跟它互素的数的
　　　　个数//277
　　§7　一元同余式(Ⅱ)　//280
　　§8　一元同余式,模为素数的情况　//285
　　§9　幂的余数,元根,指数理论,二项
　　　　同余式//291

编辑手记　//299

第1编
推广加强编

Wolstenholme 定理及其推广

第 1 章

§0 引 言

我们先来看一道 2017 年北京市中学生数学竞赛高一年级复赛试题：

试题 A 设
$$1+\frac{1}{2}+\frac{1}{3}+\cdots+\frac{1}{2\,016}=\frac{a}{b}$$
其中 a,b 为自然数，且 $(a,b)=1$，证明：$2\,017^2 \mid a$.

证明 由
$$\frac{2a}{b}=\left(1+\frac{1}{2}+\frac{1}{3}+\cdots+\frac{1}{2\,016}\right)\times 2$$
$$=\left(1+\frac{1}{2\,016}\right)+\left(\frac{1}{2}+\frac{1}{2\,015}\right)+\cdots+$$
$$\left(\frac{1}{2\,015}+\frac{1}{2}\right)+\left(\frac{1}{2\,016}+1\right)$$

Wolstenholme 定理

$$= \frac{2\,017}{1 \times 2\,016} + \frac{2\,017}{2 \times 2\,015} + \cdots + \frac{2\,017}{2\,015 \times 2} + \frac{2\,017}{2\,016 \times 1} \quad (*)$$

对每个 $i \in \{1,2,\cdots,2\,016\}$,不定方程 $ix+2\,017y=1$ 有整数解 (x_0,y_0),所以

$$ix_0 \equiv 1 (\bmod 2\,017)$$

设

$$x_0 \equiv i' (\bmod 2\,017)$$

其中

$$i' \in \{1,2,\cdots,2\,016\}$$

因此,对每个 $i \in \{1,2,\cdots,2\,016\}$,都存在唯一的 $i' \in \{1,2,\cdots,2\,016\}$,使得 $i \times i' \equiv 1 (\bmod 2\,017)$,且当 $i \neq j$ 时,$i' \neq j'$。

对每一项

$$\frac{1}{i(2\,017-i)} = \frac{(i')^2}{i' \times i \times (2\,017-i) \times i'} = \frac{(i')^2}{M_i}$$

其中

$$i = 1, 2, \cdots, 2\,016$$
$$M_i = i' \times i \times (2\,017 - i) \times i'$$

显然 $M_i \equiv -1 (\bmod 2\,017)$。

于是由式 $(*)$ 得

$$\frac{2a}{2\,017 \times b} = \frac{1}{1 \times 2\,016} + \frac{1}{2 \times 2\,015} + \cdots + \frac{1}{2\,015 \times 2} + \frac{1}{2\,016 \times 1}$$

$$= \sum_{i=1}^{2\,016} \frac{(i')^2}{M_i}$$

$$= \sum_{i=1}^{2\,016} \frac{(i')^2 \times M_1 \times M_2 \times \cdots \times M_{i-1} \times M_{i+1} \times \cdots \times M_{2\,016}}{M_1 \times M_2 \times \cdots \times M_{2\,016}}$$

第1编 推广加强编

$$= \frac{1}{M_1 \times M_2 \times \cdots \times M_{2\,016}} \sum_{i=1}^{2\,016} (i')^2 \times M_1 \times M_2 \times \cdots \times M_{i-1} \times M_{i+1} \times \cdots \times M_{2\,016}$$

$$= \frac{k}{M_1 \times M_2 \times \cdots \times M_{2\,016}} \quad (**)$$

注意到 $M_i \equiv -1 \pmod{2\,017}$,并引用公式

$$\sum_{j=1}^{n} j^2 = \frac{n(n+1)(2n+1)}{6}$$

对于

$$k = \sum_{i=1}^{2\,016} (i')^2 \times M_1 \times M_2 \times \cdots \times M_{i-1} \times M_{i+1} \times \cdots \times M_{2\,016}$$

$$\equiv - \sum_{i'=1}^{2\,016} (i')^2$$

$$\equiv -(1^2 + 2^2 + \cdots + 2\,016^2)$$

$$\equiv -\frac{2\,016 \times 2\,017 \times 4\,033}{6}$$

$$\equiv -336 \times 2\,017 \times 4\,033$$

$$\equiv 0 \pmod{2\,017}$$

所以

$$k = \sum_{i=1}^{2\,016} (i')^2 \times M_1 \times M_2 \times \cdots \times M_{i-1} \times M_{i+1} \times \cdots \times M_{2\,016}$$

$$= 2\,017 \times u$$

代入式(**)得

$$\frac{2a}{2\,017 \times b} = \frac{2\,017 \times u}{M_1 \times M_2 \times \cdots \times M_{2\,016}}$$

即

$$2a \times M_1 \times M_2 \times \cdots \times M_{2\,016}$$

Wolstenholme 定理

$$= (2\,017 \times b) \times (2\,017 \times u)$$
$$= 2\,017^2 \times (bu)$$

因为
$$(2 \times M_1 \times M_2 \times \cdots \times M_{2\,016}, 2\,017) = 1$$

所以
$$2\,017^2 \mid a$$

本题是由北京数学会普及委员会提供的. 它是以数论中著名的 Wolstenholme(沃斯坦蒙姆)定理为背景的,且早就成为奥赛中的一个热点问题.

1979 年在英国举行的第 21 届 IMO 上的第一题是联邦德国提供的,题目为:

试题 B　设
$$1 - \frac{1}{2} + \frac{1}{3} - \frac{1}{4} + \frac{1}{5} - \cdots + \frac{1}{1\,319} = \frac{p}{q}$$
这里 p 与 q 为正整数. 求证:$1\,979 \mid p$.

从赛后的分析来看,普遍认为此题是 6 道题中最难的一道,实际得分也最低. 把最难的一道题作为第一天的第一题,是否有些欠妥呢?

本书将通过对试题背景的分析来加以探讨.

§1　符号分数及其性质

为了介绍评委会给出的解答,我们必须先来介绍一下符号分数.

若 $(a, m) = 1$,则一次同余式 $ax \equiv b \pmod{m}$ 有唯一解,我们可以将这个解用符号分数 $\dfrac{b}{a}$ 来记. 这个概

6

念是由 I. M. Vinogradov(维诺格拉多夫)院士在《数论基础》一书中给出的. 符号分数具有如下简单的性质.

当 m 固定时,若 $(a,m)=1,(a_1,m)=1$,则：

(1) 若 $a \equiv a_1 (\bmod m), b \equiv b_1 (\bmod m)$,则 $\dfrac{b}{a} \equiv \dfrac{b_1}{a_1}(\bmod m)$；

(2) $\dfrac{b}{a} + \dfrac{b_1}{a_1} \equiv \dfrac{ba_1+ab_1}{aa_1}(\bmod m)$；

(3) $\dfrac{b}{a} \cdot \dfrac{b_1}{a_1} \equiv \dfrac{bb_1}{aa_1}(\bmod m)$.

利用这些显然的性质我们可以给出试题 B 的一个虽计算复杂但思路清晰的证明.

证明 取模 $m=1\,979$,我们将 $\sum\limits_{i=1}^{1\,319}(-1)^{i-1}\dfrac{1}{i}$ 中的 $\dfrac{1}{i}$ 视为符号分数进行计算,在计算时我们注意到：

因为 $(k,1\,979)=1$,由 Fermat(费马)小定理知
$$k^{1\,978} \equiv 1(\bmod 1\,979) \quad (1 \leqslant k \leqslant 1\,319)$$

故
$$\dfrac{1}{k} \equiv k^{1\,977}(\bmod 1\,979)$$

则
$$\sum_{k=1}^{1\,319}(-1)^{k-1}\dfrac{1}{k} \equiv \sum_{k=1}^{1\,319}(-1)^{k-1}k^{1\,977}$$
$$= \sum_{k=1}^{1\,319}k^{1\,977} - 2\sum_{k=1}^{659}(2k)^{1\,977}$$
$$= \sum_{k=1}^{1\,319}k^{1\,977} - 2 \cdot 2^{1\,977}\sum_{k=1}^{659}k^{1\,977}$$

7

Wolstenholme 定理

$$= \sum_{k=1}^{1\,319} k^{1\,977} - 2^{1\,978} \sum_{k=1}^{659} k^{1\,977}$$

$$\equiv \sum_{k=1}^{1\,319} k^{1\,977} - \sum_{k=1}^{659} k^{1\,977}$$

$$= \sum_{k=660}^{1\,319} k^{1\,977}$$

$$= \sum_{k=660}^{989} [k^{1\,977} + (1\,979-k)^{1\,977}]$$

$$\equiv \sum_{k=660}^{989} [k^{1\,977} + (-k)^{1\,977}]$$

$$= 0 (\bmod 1\,979)$$

所以

$$\frac{p}{q} = \sum_{k=1}^{1\,319} (-1)^{k-1} \frac{1}{k} \equiv 0 (\bmod 1\,979), (p,q)=1$$

故

$$p = q \cdot \frac{p}{q} \equiv q \cdot 0 \equiv 0 (\bmod 1\,979)$$

即

$$1\,979 \mid p$$

利用符号分数,我们可以加强试题 B,从而得到如下的定理:

定理 1 若 p 是一个素数,$p > 2$,且

$$2^p - 2 \equiv 0 (\bmod p^2)$$

$$1 - \frac{1}{2} + \frac{1}{3} - \cdots - \frac{1}{p-1} = \frac{a}{b}$$

则 $p \mid a$.

先来证两个引理.

引理 1 设 p 是一个素数,$p > 2$,$a \in \mathbf{Z}$,$0 < a < p-1$,则

第1编 推广加强编

$$\binom{p-1}{a} \equiv (-1)^a \pmod{p}$$

证明 注意到 $p-i \equiv (-1)i \pmod{p}$,则

$$\binom{p-1}{a} = \frac{(p-1)(p-2)\cdots(p-a)}{1 \cdot 2 \cdots a}$$

$$\equiv \frac{(-1)^a 1 \cdot 2 \cdots a}{1 \cdot 2 \cdots a}$$

$$\equiv (-1)^a \pmod{p}$$

引理 2 设 p 是一个素数,$p > 2$,则

$$\frac{2^p - 2}{p} \equiv 1 - \frac{1}{2} + \frac{1}{3} - \cdots - \frac{1}{p-1} \pmod{p}$$

证明 由

$$2^p = \binom{p}{0} + \binom{p}{1} + \binom{p}{2} + \cdots + \binom{p}{p-1} + \binom{p}{p}$$

知

$$2^p - 2 = \binom{p}{1} + \binom{p}{2} + \cdots + \binom{p}{p-1}$$

$$\frac{2^p - 2}{p} \equiv 1 + (-1)^1 \frac{1}{2} + \cdots + (-1)^{p-2} \frac{1}{p-1}$$

$$\equiv 1 - \frac{1}{2} + \frac{1}{3} - \cdots - \frac{1}{p-1} \pmod{p}$$

现在我们来证明定理 1.

定理 1 的证明 由已知 $2^p - 2 \equiv 0 \pmod{p^2}$,则

$$\frac{2^p - 2}{p} \equiv 0 \pmod{p}$$

由符号分数的性质知 $\frac{a}{b} \equiv 0 \pmod{p}$,故 $p \mid a$. 证毕.

Wolstenholme 定理

§2 调和级数和的整除性质

试题 B 所要证明的是一个交错调和级数的整除性质,为了给出它的一个更简捷的证明,我们先来研究调和级数和的整除性质,并引入记号 $S_{(n)} = \sum_{i=1}^{n} \frac{1}{i}$.

定理 2 对任意素数 $p > 2$,分数 $S_{(p-1)} = \frac{m}{n}$ ($m, n \in \mathbf{N}, (m,n) = 1$) 的分子 m 被 p 整除. (1971 年捷克数学奥林匹克;1986 年第 12 届全俄数学奥林匹克;1978 年基辅数学奥林匹克)

证明 注意到 $p - 1 \equiv 0 \pmod{2}$,且 $S_{(p-1)}$ 可改写为

$$S_{(p-1)} = \left(\frac{1}{1} + \frac{1}{p-1}\right) + \left(\frac{1}{2} + \frac{1}{p-2}\right) +$$

$$\left(\frac{1}{3} + \frac{1}{p-3}\right) + \cdots + \left[\frac{1}{\frac{p-1}{2}} + \frac{1}{\frac{p+1}{2}}\right]$$

$$= p\left[\frac{1}{1\cdot(p-1)} + \frac{1}{2\cdot(p-2)} + \frac{1}{3\cdot(p-3)} + \cdots + \frac{1}{\frac{p-1}{2}\cdot\frac{p+1}{2}}\right]$$

将中括号内的分数进行通分,其公分母为

$$1\cdot(p-1)\cdot 2\cdot(p-2)\cdot 3\cdot(p-3)\cdot\cdots\cdot\frac{p-1}{2}\cdot\frac{p+1}{2} = (p-1)!$$

故

$$\frac{m}{n} = p \cdot \frac{q}{(p-1)!} \quad (q \in \mathbf{N})$$

从而
$$m(p-1)! = pqn \Rightarrow p \mid m(p-1)!$$
因为 $(p,(p-1)!)=1$,所以 $p \mid m$.

事实上,当 $p \neq 3$ 时,我们还可以证明更强的结论,不仅 $p \mid m$,而且 $p^2 \mid m$.

例如,当 $p=5$ 时,有
$$S_{(4)} = 1 + \frac{1}{2} + \frac{1}{3} + \frac{1}{4} = \frac{25}{12}, m = 25, 25 \mid m$$

当 $p=11$ 时,有
$$S_{(10)} = 1 + \frac{1}{2} + \frac{1}{3} + \frac{1}{4} + \frac{1}{5} + \frac{1}{6} + \frac{1}{7} + \frac{1}{8} + \frac{1}{9} + \frac{1}{10}$$
$$= \frac{3\,267}{1\,260} = \frac{3 \times 121}{140}$$
$$m = 3 \times 121, 121 \mid m$$

在数论中有一个著名的定理恰好回答了这个问题,那就是 Wolstenholme 定理.

定理 3 令 p 为一个素数,$p > 3$,以 $\frac{1}{s}$ 表示一个整数 s^*,使 $ss^* \equiv 1 \pmod{p^2}$,则
$$1 + \frac{1}{2} + \frac{1}{3} + \cdots + \frac{1}{p-1} \equiv 0 \pmod{p^2}$$

要证明定理 3 需要几个预备定理,对以素数为模的同余式,有著名的 Lagrange(拉格朗日)定理:

定理 4 设 p 是一个素数
$$f(x) = a_n x^n + a_{n-1} x^{n-1} + \cdots + a_1 x + a_0 \quad (n > 0)$$
$$a_n \equiv 0 \pmod{p}$$
是一个整系数多项式,则同余式 $f(x) \equiv 0 \pmod{p}$ 最

Wolstenholme 定理

多有 n 个解.

它有以下两个有用的推论:

推论 1 设同余式
$$f(x) = a_n x^n + \cdots + a_1 x + a_0 \equiv 0 (\bmod\ p)$$
的解的个数大于 n, 这里 p 是素数, $a_i \in \mathbf{Z}$, 则 $p \mid a_i (i = 0, 1, \cdots, n)$.

证明 若存在某些系数不被 p 整除, 设其角标最大者为 k, 则 $k \leqslant n$, k 次同余式
$$a_k x^k + a_{k-1} x^{k-1} + \cdots + a_1 x + a_0 \equiv 0 (\bmod\ p), p \nmid a_k$$
的解数大于 k, 而这与定理 4 矛盾.

推论 2 对于给定的素数 p, 多项式
$$f(x) = (x-1)(x-2)\cdots(x-p+1) - x^{p-1} + 1$$
的所有系数都被 p 整除.

证明 设
$$g(x) = (x-1)(x-2)\cdots(x-p+1)$$
则 $1, 2, \cdots, p-1$ 是同余式 $g(x) \equiv 0 (\bmod\ p)$ 的 $p-1$ 个解, 由 Fermat 小定理, $1, 2, \cdots, p-1$ 也是同余式 $h(x) = x^{p-1} - 1 \equiv 0 (\bmod\ p)$ 的 $p-1$ 个解, 故同余式 $f(x) \equiv g(x) - h(x) (\bmod\ p)$ 有 $p-1$ 个解, 而 $f(x)$ 是 $p-2$ 次的多项式, 由推论 1 知其所有系数都被 p 整除.

现在我们来证明 Wolstenholme 定理.

定理 3 的证明 设
$$\begin{aligned}g(x) &= (x-1)(x-2)\cdots(x-p+1) \\ &= x^{p-1} - S_{(1)} x^{p-2} + S_{(2)} x^{p-3} + \cdots - \\ &\quad S_{(p-2)} x + (p-1)!\end{aligned} \quad (1)$$
其中 $S_{(j)} \in \mathbf{Z} (j = 1, 2, \cdots, p-2)$, 且

$$S_{(p-1)} = \sum_{k=1}^{p-1} \frac{(p-1)!}{k}$$

由推论 2 知,$p \mid S_{(j)}(j=1,2,\cdots,p-2)$. 在式(1)中令 $x = p$,由于 $g(p) = (p-1)!$,故式(1) 化为

$$p^{p-1} - S_{(1)} p^{p-2} + \cdots - pS_{(p-2)} = 0$$

因为 $p > 3$,取模 p^3,得

$$pS_{(p-2)} \equiv 0 (\bmod p^3)$$

所以

$$S_{(p-2)} \equiv 0 (\bmod p^2)$$

即

$$p^2 \mid (p-1)! \left(1 + \frac{1}{2} + \frac{1}{3} + \cdots + \frac{1}{p-1}\right)$$

故得

$$1 + \frac{1}{2} + \frac{1}{3} + \cdots + \frac{1}{p-1} \equiv 0 (\bmod p^2)$$

当 p 不是素数时,问题需做另外的考虑. 利用如下性质:设 $\dfrac{m_1}{n_1}$ 和 $\dfrac{m_2}{n_2}$ 是两个不可约分数,并且 m_1 和 m_2 均能被某一素数 q 整除,则在分数

$$\frac{m_1}{n_1} + \frac{m_2}{n_2} = \frac{m_1 n_2 + m_2 n_1}{n_1 n_2}$$

约去公因子后,所得的不可约分数的分子也能被 q 整除.

1982 年苏联基辅市数学奥林匹克六年级试题中有如下试题:

试题 C 给定 $1 + \dfrac{1}{2} + \cdots + \dfrac{1}{20} = \dfrac{m}{n}$,其中 $\dfrac{m}{n}$ 是不可约分数,求证:m 能被 5 整除.

证明 由前述性质,只需把分数 $S_{(20)} = \dfrac{m}{n}$ 写成分

Wolstenholme 定理

子能被 5 整除的不可约分数之和的形式,我们有

$$\frac{m}{n} = \left(\frac{1}{5} + \frac{1}{10} + \frac{1}{15} + \frac{1}{20}\right) +$$
$$\left(1 + \frac{1}{2} + \frac{1}{3} + \frac{1}{4}\right) + \cdots +$$
$$\left(\frac{1}{16} + \frac{1}{17} + \frac{1}{18} + \frac{1}{19}\right)$$

下面证明将每个小括号中的分数化为不可约分数后,它们的分子都能被 5 整除. 事实上,有

$$\frac{1}{5} + \frac{1}{10} + \frac{1}{15} + \frac{1}{20} = \frac{12+6+4+3}{60} = \frac{25}{60} = \frac{5}{12}$$

并对每一个 $k=0,1,2,3$ 都有

$$\frac{1}{5k+1} + \frac{1}{5k+2} + \frac{1}{5k+3} + \frac{1}{5k+4}$$
$$= \frac{5l+24+12+8+6}{5l_0+24} = \frac{5l+50}{5l_0+24}$$

这里 $l \in \mathbf{N}, l_0 \in \mathbf{N}$,分母 $5l_0+24$ 不能被 5 整除,而分子能被 5 整除,从而分数在化为不可约分数后,其分子仍能被 5 整除.

在同一竞赛的七年级试题中还有一个此类问题:

试题 D 给定 $\frac{1}{1} + \frac{1}{2} + \frac{1}{3} + \cdots + \frac{1}{99} + \frac{1}{100} = \frac{m}{n}$,

其中 $\frac{m}{n}$ 是不可约分数,m 能被 5 整除吗?

仿上题证法,只需将 $\frac{m}{n}$ 写成

$$\left(1 + \frac{1}{2} + \frac{1}{3} + \frac{1}{4}\right) + \left(\frac{1}{6} + \frac{1}{7} + \frac{1}{8} + \frac{1}{9}\right) + \cdots +$$
$$\left(\frac{1}{96} + \frac{1}{97} + \frac{1}{98} + \frac{1}{99}\right) + \left(\frac{1}{25} + \frac{1}{50} + \frac{1}{75} + \frac{1}{100}\right) +$$

$$\left(\frac{1}{5}+\frac{1}{10}+\frac{1}{15}+\frac{1}{20}\right)+\cdots+\left(\frac{1}{18}+\cdots+\frac{1}{95}\right)$$

即可证明.

如果将定理 2 中的素数 p 换成任意的自然数 n,再将分母 $1,2,\cdots,p-1$ 换成不一定连续的自然数 b_1, $b_2,\cdots,b_n$,会有什么结论呢? 这时不一定有 n 可以整除 $S_{(n)}$ 的分子,但我们可以得到一个弱一些的存在性定理:

定理 5 设 $\dfrac{1}{b_1},\dfrac{1}{b_2},\cdots,\dfrac{1}{b_n}$ 为 n 个分数,其中 $\left(n,\prod\limits_{i=1}^{n}b_i\right)=1$,则存在 $1\leqslant k\leqslant m\leqslant n$,使得 $\sum\limits_{i=k}^{m}\dfrac{1}{b_i}$ 的分子可以被 n 整除.

实际上,我们可以证明以下更一般的定理:

定理 6 设 $\dfrac{a_1}{b_1},\dfrac{a_2}{b_2},\cdots,\dfrac{a_n}{b_n}$ 为 n 个有理数,其中 $\left(n,\prod\limits_{i=1}^{n}b_i\right)=1$,则存在 $1\leqslant k\leqslant m\leqslant n$,使得 $\sum\limits_{i=k}^{m}\dfrac{a_i}{b_i}$ 的分子能被 n 整除.

为了证明定理 6 我们还需要一个引理:

引理 3 在任意 n 个自然数构成的集合中,总有一个非空子集,它所含的数之和能被 n 整除.(1848 年匈牙利数学奥林匹克;1970 年英国数学奥林匹克)

证明 假设结论对集合 $\{a_1,a_2,\cdots,a_n\}$ 不成立,则以下 n 个和

$$S_{(1)}=a_1,S_{(2)}=a_1+a_2,\cdots,S_{(n)}=a_1+a_2+\cdots+a_n$$

都不被 n 整除,因为被 n 除时不为零的余数只有 $n-1$ 个,所以,由抽屉原理知,必存在两个数 $S_{(i)},S_{(j)}(1\leqslant$

$i \leqslant j \leqslant n$)和一个自然数 r,使
$$S_{(i)} \equiv S_{(j)} \equiv r \pmod{n}$$
故
$$S_{(j)} - S_{(i)} = a_{i+1} + a_{i+2} + \cdots + a_j \equiv 0 \pmod{n}$$
且
$$\{a_{i+1}, a_{i+2}, \cdots, a_j\} \subseteq \{a_1, a_2, \cdots, a_n\}$$
与假设矛盾,故引理正确.

现在我们来证明定理 6.

定理 6 的证明　设 $b = \prod_{i=1}^{n} b_i, c_i = \dfrac{a_i b}{b_i}$,有
$$\sum_{i=k}^{m} \frac{a_i}{b_i} = \sum_{i=k}^{m} \frac{c_i}{b} = \frac{\sum_{i=k}^{m} c_i}{b}$$

因为 $(n,b) = 1$,所以一旦能证得 $n \mid \sum_{i=k}^{m} c_i$,就可以推出定理 6 成立,且存在整数 $1 \leqslant k \leqslant m \leqslant n$,使 $n \mid \sum_{i=k}^{m} c_i$(这一点已由引理保证).

当我们取诸 $a_i = 1, b_i = i (i = 1, 2, \cdots, p-1)$ 时,显然 $(p, \prod_{i=1}^{p-1} i) = (p, (p-1)!) = 1$(因为 p 为素数). 故定理 2 可以看成是定理 5 这个存在性结论的一个实现.

§3　利用 Catalan 恒等式给出的简单证明

本书开头提到的那道 IMO 试题 B 有一个非常简便的证法,它基于著名的 Catalan(卡塔兰)恒等式和定

理 2 的证法. 据该题的提出者,法兰克福大学数学系教授 Arthur Engel 在其所著的《数学竞赛问题的创作》一文中所说:

注意以下两个事实:

(1) $1 - \frac{1}{2} + \frac{1}{3} - \frac{1}{4} + \cdots - \frac{1}{2n} + \frac{1}{2n+1}$

$= 1 + \frac{1}{2} + \frac{1}{3} + \cdots + \frac{1}{2n+1} -$

$2\left(\frac{1}{2} + \frac{1}{4} + \cdots + \frac{1}{2n}\right)$

$= \frac{1}{n+1} + \frac{1}{n+2} + \cdots + \frac{1}{2n+1}$

(2) 在和式 $\frac{1}{n+1} + \frac{1}{n+2} + \cdots + \frac{1}{2n+1}$ 中,首尾两项相加,通分,第二项与倒数第二项相加,通分 …… 分子都是同一个数 $3n+2$. 这种办法,在 Gauss(高斯)还是一个小学生的时候就用到过.

令 $3n+2=1\,979$,于是 $n=659, n+1=660, 2n+1=1\,319$,到这一步,1 979 这个数字消失了.

级数中两个简单的办法产生出一个完全不同的题目.

由命题人的意图我们可以得到试题 B 的一个简便证法,并且我们可以将 1 979 推广到任意大于 3 的素数.

定理 7 设 $p > 3$ 是一个素数,用 $S'_{(n)}$ 表示交错调和级数 $\sum_{k=1}^{n}(-1)^{k-1}\frac{1}{k}$ 的前 n 项和,则 p 整除 $S'_{\left(\left[\frac{2p}{3}\right]\right)}$ 的分子,其中 $[x]$ 是 Gauss 函数.

证明 我们注意到级数 $S'_{\left(\left[\frac{2p}{3}\right]\right)}$ 中的偶数项之和

Wolstenholme 定理

可以写成 $-\sum_{k=1}^{[\frac{2p}{3}]}\frac{1}{2k}$,故

$$S'_{([\frac{2p}{3}])} = \sum_{1\leqslant k\leqslant \frac{2p}{3}}\frac{1}{k} - 2\sum_{1\leqslant 2k\leqslant \frac{2p}{3}}\frac{1}{2k}$$

$$= \sum_{1\leqslant k<\frac{2p}{3}}\frac{1}{k} - \sum_{1\leqslant k\leqslant \frac{p}{3}}\frac{1}{k}$$

$$= \sum_{\frac{p}{3}<k<\frac{2p}{3}}\frac{1}{k}$$

$$= \sum_{\frac{p}{3}<k<\frac{p}{2}}\frac{1}{k} + \sum_{\frac{p}{2}<k<\frac{2p}{3}}\frac{1}{k}$$

$$= \sum_{\frac{p}{3}<k<\frac{p}{2}}\frac{1}{k} + \sum_{\frac{p}{3}<k<\frac{p}{2}}\frac{1}{p-k}$$

$$= \sum_{\frac{p}{3}<k<\frac{p}{2}}\left(\frac{1}{k} + \frac{1}{p-k}\right)$$

$$= p\sum_{\frac{p}{3}<k<\frac{p}{2}}\frac{1}{k(p-k)}$$

由于 $p>3$ 是素数,当 $\frac{p}{3}<k<\frac{p}{2}$ 时,$p\nmid k(p-k)$,故上式分子中的因数 p 不会约去,即 p 整除 $S'_{([\frac{2p}{3}])}$ 的分子.

在定理 6 证明的前两步就用到了著名的 Catalan 恒等式.

正如 Engel 教授所指出的:"这(Catalan 恒等式)是人所共知的结果,在许多竞赛中出现过."它们有些是直接不加改动当作试题,有一些是稍加变形再当作试题,例如 1936 年匈牙利数学奥林匹克第一题.

试题 E 求证

$$\frac{1}{1\cdot 2}+\frac{1}{3\cdot 4}+\frac{1}{5\cdot 6}+\cdots+\frac{1}{(2n-1)\cdot 2n}$$
$$=\frac{1}{n+1}+\frac{1}{n+2}+\frac{1}{n+3}+\cdots+\frac{1}{2n} \qquad (1)$$

证明 因为 $\dfrac{1}{k(k+1)}=\dfrac{1}{k}-\dfrac{1}{k+1}$,所以式(1)左端为

$$\left(1-\frac{1}{2}\right)+\left(\frac{1}{3}-\frac{1}{4}\right)+$$
$$\left(\frac{1}{5}-\frac{1}{6}\right)+\cdots+\left(\frac{1}{2n-1}-\frac{1}{2n}\right)$$
$$=1-\frac{1}{2}+\frac{1}{3}-\frac{1}{4}+\frac{1}{5}-\frac{1}{6}+\cdots+\frac{1}{2n-1}-\frac{1}{2n}$$

由 Catalan 恒等式知上式等于 $\dfrac{1}{n+1}+\dfrac{1}{n+2}+\cdots+\dfrac{1}{2n}$.

更多的时候是先进行推广再取特例. 首先我们可将 Catalan 恒等式推广为:

设 $a_1,a_2,a_3,\cdots$ 是满足 $a_{kp}=ba_k$ 的序列,其中 p 与 b 是两个常数,令

$$S=\frac{1}{a_{n+1}}+\frac{1}{a_{n+2}}+\cdots+\frac{1}{a_{np}}$$

则有

$$S=\left(\frac{1}{a_1}+\frac{1}{a_2}+\cdots+\frac{1}{a_{p-1}}+\frac{1-b}{a_p}\right)+$$
$$\left(\frac{1}{a_{p+1}}+\frac{1}{a_{p+2}}+\cdots+\frac{1}{a_{2p-1}}+\frac{1-b}{a_{2p}}\right)+\cdots+$$
$$\left(\frac{1}{a_{(n-1)p+1}}+\frac{1}{a_{(n-1)p+2}}+\cdots+\frac{1-b}{a_{np}}\right) \qquad (2)$$

证明 (1)我们取 $a_k=k(k=1,2,\cdots,np)$,显然 $p=2$ 及 $b=2$ 满足条件 $a_{kp}=ba_k$,于是 $1-b=-1$,故

Wolstenholme 定理

由式(2)知

$$\frac{1}{n+1} + \frac{1}{n+2} + \cdots + \frac{1}{2n}$$
$$= \frac{1}{1} - \frac{1}{2} + \frac{1}{3} - \frac{1}{4} + \cdots + \frac{1}{2n-1} - \frac{1}{2n}$$

(2) 若取 $a_k = k(k=1,2,\cdots)$，但 $p=3, b=3$，则有

$$\frac{1}{n+1} + \frac{1}{n+2} + \frac{1}{n+3} + \cdots + \frac{1}{3n}$$
$$= \left(\frac{1}{1} + \frac{1}{2} - \frac{2}{3}\right) + \left(\frac{1}{4} + \frac{1}{5} - \frac{2}{6}\right) + \cdots +$$
$$\left(\frac{1}{3n-2} + \frac{1}{3n-1} - \frac{2}{3n}\right)$$

如果对此恒等式再取 $n=160$，便得到香港数学会提供给第 30 届 IMO 的一道预选题：

试题 F 求证

$$1 + \frac{1}{2} - \frac{2}{3} + \frac{1}{4} + \frac{1}{5} - \frac{2}{6} + \cdots + \frac{1}{478} + \frac{1}{479} - \frac{2}{480}$$
$$= \sum_{k=0}^{159} \frac{641}{(160+k)(480-k)}$$

证明 由推广的 Catalan 恒等式(2)知

$$1 + \frac{1}{2} - \frac{2}{3} + \frac{1}{4} + \frac{1}{5} - \frac{2}{6} + \cdots + \frac{1}{478} + \frac{1}{479} - \frac{2}{480}$$
$$= \frac{1}{160} + \frac{1}{161} + \cdots + \frac{1}{480}$$
$$= \left(\frac{1}{160} + \frac{1}{480}\right) + \left(\frac{1}{161} + \frac{1}{479}\right) + \cdots + \left(\frac{1}{319} + \frac{1}{321}\right)$$
$$= \sum_{k=0}^{159} \frac{641}{(160+k)(480-k)}$$

(3) 若取 $a_k = k^2 (k=1,2,3,\cdots), p=2, b=4$，则有

$$\frac{1}{(n+1)^2} + \frac{1}{(n+2)^2} + \cdots + \frac{1}{(2n)^2}$$

$$= \left(\frac{1}{1} - \frac{3}{4}\right) + \left(\frac{1}{9} - \frac{3}{16}\right) + \cdots +$$
$$\left[\frac{1}{(2n-1)^2} - \frac{3}{(2n)^2}\right]$$

同样还可以得到恒等式

$$\frac{1}{(n+1)^3} + \frac{1}{(n+2)^3} + \cdots + \frac{1}{(2n)^3}$$
$$= \left(\frac{1}{1} - \frac{7}{8}\right) + \left(\frac{1}{27} - \frac{7}{64}\right) + \cdots +$$
$$\left[\frac{1}{(2n-1)^3} - \frac{7}{(2n)^3}\right]$$

§4　Catalan 恒等式与级数求和

以上我们都是就数论的内容来讨论 Catalan 恒等式的应用,然而 Catalan 提出这一恒等式却是出于数学分析的需要,当时他正任列日大学的分析学教授(从 1856 年开始). 下面我们将指出这一恒等式是如何被想到的.

设 $f(x)$ 为有限区间 $[a,b]$ 上的有界函数,横坐标为 $x_0, x_1, x_2, \cdots, x_{n-1}, x_n$ 的点,这里

$$a = x_0 < x_1 < x_2 < \cdots < x_{n-1} < x_n = b$$

构成这个区间的一个分划,用 m_i 和 M_i 分别表示在第 i 个子区间 $[x_{i-1}, x_i]$ 上 $f(x)$ 的下确界和上确界($i = 1, 2, \cdots, n$),分别称

$$L = \sum_{i=1}^{n} m_i(x_i - x_{i-1}), U = \sum_{i=1}^{n} M_i(x_i - x_{i-1})$$

为属于分划 $x_0, x_1, \cdots, x_{n-1}, x_n$ 的下和与上和.

Wolstenholme 定理

如果取 $x_i = \dfrac{n+i}{n}, a=1, b=2, f(x) = \dfrac{1}{x}$,即用 $n+1$ 个分点 $\dfrac{n}{n}, \dfrac{n+1}{n}, \dfrac{n+2}{n}, \cdots, \dfrac{n+n}{n}$ 将区间 $[1,2]$ 分成 n 个子区间. 设 L_n 和 U_n 表示函数 $f(x) = \dfrac{1}{x}$ 属于这个分法的下和与上和,则数列 $U_1, L_1, U_2, L_2, \cdots, U_n, L_n, \cdots$ 就是下列级数的部分和数列

$$1 - \frac{1}{2} + \frac{1}{3} - \frac{1}{4} + \cdots + \frac{1}{2n-1} - \frac{1}{2n} + \cdots$$

事实上,有

$$L_n = \frac{1}{n} \sum_{i=1}^{n} \frac{1}{1+\dfrac{i}{n}} = \frac{1}{n+1} + \frac{1}{n+2} + \cdots + \frac{1}{n+n}$$

故由 Catalan 恒等式知

$$L_n = 1 - \frac{1}{2} + \frac{1}{3} - \frac{1}{4} + \cdots + \frac{1}{2n-1} - \frac{1}{2n}$$

此外

$$U_n = \frac{1}{n} + \frac{1}{n+1} + \cdots + \frac{1}{2n-1}$$
$$= L_n + \frac{1}{n} - \frac{1}{2n} = L_n + \frac{1}{2n}$$

显然 $\lim\limits_{n \to \infty} L_n = \lim\limits_{n \to \infty} U_n$,并且我们可以证明这个极限等于 $\ln 2$.

事实上,有

$$L_n = \frac{1}{n} \sum_{i=1}^{n} \frac{1}{1+\dfrac{i}{n}}$$

当 $n \to \infty$ 时

$$\lim_{n \to \infty} L_n = \int_0^1 \frac{\mathrm{d}x}{1+x} = \ln 2$$

即
$$1-\frac{1}{2}+\frac{1}{3}-\frac{1}{4}+\cdots+\frac{1}{2n-1}-\frac{1}{2n}+\cdots=\ln 2$$

当然这个结果不用 Catalan 恒等式也可以得到. 1987 年, M. Finkelstein 在《美国数学月刊》上发表了一篇短文,用一种新方法证明了这一结果.

他注意到
$$\frac{1}{2}\left(\frac{2}{3}-\frac{2}{4}\right)=\frac{1}{3}-\frac{1}{4}$$
$$\frac{1}{4}\left(\frac{4}{5}-\frac{4}{6}\right)=\frac{1}{5}-\frac{1}{6}$$
$$\frac{1}{4}\left(\frac{4}{7}-\frac{4}{8}\right)=\frac{1}{7}-\frac{1}{8}$$
$$\vdots$$

一般地,有
$$\frac{1}{2^n}\left(\frac{2^n}{2^n+2k-1}-\frac{2^n}{2^n+2k}\right)$$
$$=\frac{1}{2^n+2k-1}-\frac{1}{2^n+2k}$$
$$(k=1,2,\cdots,2^{n-1};n=1,2,\cdots)$$

则
$$\ln 2=\int_1^2\frac{\mathrm{d}x}{x}=\left(1-\frac{1}{2}\right)+\left(\frac{1}{3}-\frac{1}{4}\right)+\cdots$$
$$=1-\frac{1}{2}+\frac{1}{3}-\frac{1}{4}+\cdots$$

利用这一结果可以帮助我们求许多级数的和. 例如:

定理 8

$$\frac{n}{2n+1}+\frac{1}{2^3-2}+\frac{1}{4^3-4}+\cdots+\frac{1}{(2n)^3-2n}$$

Wolstenholme 定理

$$= \sum_{k=1}^{n} (-1)^{k-1} \frac{1}{k}$$

证明 因为

$$\frac{1}{(2k)^3 - 2k} = \frac{1}{2k} \frac{1}{(2k)^2 - 1}$$

$$= \frac{1}{4k}\left(\frac{1}{2k-1} - \frac{1}{2k+1}\right)$$

$$= \frac{1}{2}\left[\frac{2k-(2k-1)}{2k(2k-1)} - \frac{(2k+1)-2k}{2k(2k+1)}\right]$$

$$= \frac{1}{2}\left(\frac{1}{2k-1} - \frac{1}{2k} - \frac{1}{2k} + \frac{1}{2k+1}\right)$$

所以

$$\sum_{k=1}^{n} \frac{1}{(2k)^3 - 2k} = \frac{1}{2}\left[\left(1 + \frac{1}{3} + \cdots + \frac{1}{2n-1}\right) + \right.$$

$$\left(\frac{1}{3} + \frac{1}{5} + \cdots + \frac{1}{2n-1}\right) +$$

$$\left.\frac{1}{2n+1} - 2\left(\frac{1}{2} + \frac{1}{4} + \cdots + \frac{1}{2n}\right)\right]$$

$$= \frac{1}{2}\left[2\left(1 + \frac{1}{3} + \cdots + \frac{1}{2n-1}\right) - 1 + \right.$$

$$\left.\frac{1}{2n+1} - 2\left(\frac{1}{2} + \frac{1}{4} + \cdots + \frac{1}{2n}\right)\right]$$

$$= \left(1 + \frac{1}{3} + \frac{1}{5} + \cdots + \frac{1}{2n-1}\right) -$$

$$\left(\frac{1}{2} + \frac{1}{4} + \cdots + \frac{1}{2n}\right) - \frac{n}{2n+1}$$

于是

$$\sum_{k=1}^{n} \frac{1}{(2k)^3 - 2k} + \frac{n}{2n+1} = \sum_{k=1}^{n} (-1)^{k-1} \frac{1}{k}$$

故

$$\sum_{k=1}^{\infty} \frac{1}{(2k)^3 - 2k} = -\frac{1}{2} + \ln 2$$

利用同样的办法我们还可以证明

$$1 - \frac{1}{4} + \frac{1}{7} - \frac{1}{10} + \cdots + \frac{(-1)^{n+1}}{3n-2} + \cdots = \frac{1}{3}\left(\frac{\pi}{\sqrt{3}} + \ln 2\right)$$

(1950 年第 11 届 Putnam 数学竞赛试题)

我们注意到

$$\frac{1}{a} - \frac{1}{a+b} + \frac{1}{a+2b} - \frac{1}{a+3b} + \cdots$$

$$= \int_0^1 \frac{t^{a-1}}{1+t} \mathrm{d}t \quad (a > 0, b > 0)$$

所以只需计算 $\int_0^1 \frac{\mathrm{d}t}{1+t^3}$ 即可. 而

$$\int \frac{\mathrm{d}t}{1+t^3} = \frac{1}{6}\left[\ln\frac{(t+1)^2}{t^2-t+1} + 2\sqrt{3}\arctan\frac{2t-1}{\sqrt{3}}\right] + c$$

故

$$\int_0^1 \frac{\mathrm{d}t}{1+t^3} = \frac{1}{3}\left(\frac{\pi}{\sqrt{3}} + \ln 2\right)$$

在分析学中有一个重要的常数叫作 Euler(欧拉) 常数,定义为

$$c = \lim_{m \to \infty}\left(\sum_{k=1}^m \frac{1}{k} - \ln m\right)$$

利用 Catalan 恒等式我们可以证明 Euler 常数的另一表达式

$$c = 1 - \sum_{n=1}^{\infty} \sum_{m=2^{n-1}+1}^{2^n} \frac{n}{(2m-1)(2m)}$$

证明 令

$$s_n = \sum_{k=1}^{2^n} \frac{1}{k}, \sigma_n = \sum_{k=1}^{2^n} \frac{(-1)^{k+1}}{k} \quad (n = 0, 1, \cdots)$$

Wolstenholme 定理

由 Catalan 恒等式

$$\sum_{k=1}^{2^n} \frac{(-1)^{k+1}}{k} = \sum_{k=1}^{2^n} \frac{1}{k} - 2\sum_{k=1}^{2^{n-1}} \frac{1}{2k}$$

知有 $\sigma_n = s_n - s_{n-1}$,我们考虑定义

$$c = \lim_{m \to \infty}\left(\sum_{k=1}^{m} \frac{1}{k} - \ln m\right)$$

右边对应于 $m = 2^n (n=1,2,\cdots)$ 的子序列,使得

$$c = \lim_{n \to \infty}(s_n - n\ln 2) \qquad (1)$$

由前面知

$$\ln 2 = 1 - \frac{1}{2} + \frac{1}{3} - \frac{1}{4} + \cdots + (-1)^{n+1}\frac{1}{n} + \cdots$$

故

$$\ln 2 = \sigma_n + r_n \quad (n=1,2,\cdots)$$

其中

$$r_n = \sum_{k=2^n+1}^{\infty} \frac{(-1)^{k+1}}{k}$$

由于当 $0 < r_n < \frac{1}{2^n}$ 时 $\lim_{n\to\infty} nr_n = 0$,故式(1)变为

$$c = \lim_{n \to \infty}(s_n - n\sigma_n)$$

将其转化为通常意义上的级数,有

$$c = (s_1 - \sigma_1) + \sum_{n=1}^{\infty}[s_{n+1} - (n+1)\sigma_{n+1} - (s_n - n\sigma_n)]$$

利用式(1) 此式可简化为

$$c = 1 - \sum_{n=1}^{\infty} n(\sigma_{n+1} - \sigma_n)$$

用 σ_n 的诸值来代替 σ_n 便得

$$c = 1 - \sum_{n=1}^{\infty} n\left(\frac{1}{2^n+1} - \frac{1}{2^n+2} + \cdots - \frac{1}{2^{n+1}}\right)$$

$$= 1 - \sum_{n=1}^{\infty} \sum_{m=2^{n-1}+1}^{2^n} \frac{n}{(2m-1)(2m)}$$

对于 Catalan 级数和 $\sum_{k=1}^{\infty} (-1)^{k+1} \frac{1}{k} = \ln 2$,我们可以将其推广为如下的定理:

定理 9 $\lim_{p \to \infty} \sum_{k=p}^{\lambda p - 1} \frac{1}{k+1} = \ln \lambda.$

显然取 $\lambda = 2$ 时,即为 $\sum_{k=1}^{\infty} (-1)^{k+1} \frac{1}{k} = \ln 2.$

我们还可以进一步推广这一结果,得到以下定理:

定理 10 设 $f(x)$ 是定义在 $(0, \infty)$ 上的函数,且在 $(0, \infty)$ 内其二阶对数的导数有确定符号. 例如 $[\ln f(t)]'' \geqslant 0, \lim_{t \to \infty} \frac{f'(t)}{f(t)} = 0.$ 此外,设已给函数 $\varphi(p)$ 和 $\psi(p)$ 在 p 为整数时取正整数值. 又设当 p 足够大时不等式 $\psi(p) > \varphi(p)$ 成立,且

$$\lim_{p \to \infty} \varphi(p) = \lim_{p \to \infty} \psi(p) = \infty, \lim_{p \to \infty} \frac{f[\psi(p)]}{f[\varphi(p)]} = \lambda$$

则 $\lim_{p \to \infty} \sum_{k=\varphi(p)}^{\psi(p)-1} \frac{f'(k)}{f(k)} = \ln \lambda.$ 其证明超出本书的范围,故不赘述.

与 Catalan 级数(交错调和级数)有关的还有如下关于简单重排的问题.

所谓简单重排是指它的正项组成的子序列及负项组成的子序列都保持原先的次序. 例如

$$1 + \frac{1}{3} - \frac{1}{2} + \frac{1}{5} + \frac{1}{7} - \frac{1}{4} + \frac{1}{9} + \frac{1}{11} - \frac{1}{6} + \cdots$$

(2)

就是一个简单的重排.

Wolstenholme 定理

如果 $\sum_{k=1}^{\infty} a_k$ 是交错调和级数的简单重排,令 p_n 是 $\{a_1, a_2, \cdots, a_n\}$ 中的正项数,a 是重排中正项的渐近密度,即 $a = \lim\limits_{n \to \infty} \dfrac{p_n}{n}$.

对没进行重排的交错调和级数 $a = \dfrac{1}{2}$,对重排级数 $a = \dfrac{2}{3}$.

1983 年,A. Pringsheim 证明了如下有趣的结论:

定理 11 交错调和级数的简单重排收敛的充要条件是极限 $a = \lim\limits_{n \to \infty} \dfrac{p_n}{n}$ 存在,且其和为

$$\ln 2 + \frac{1}{2} \ln \frac{a}{1-a}$$

例如

$$1 - \frac{1}{2} - \frac{1}{4} + \frac{1}{3} - \frac{1}{6} - \frac{1}{8} + \frac{1}{5} - \frac{1}{10} - \frac{1}{12} + \cdots = \frac{1}{2} \ln 2$$

显然 $a = \dfrac{1}{3}$,则

$$\ln 2 + \frac{1}{2} \ln \frac{a}{1-a} = \ln 2 + \frac{1}{2} \ln \frac{\frac{1}{3}}{1 - \frac{1}{3}}$$

$$= \ln 2 + \frac{1}{2} \ln \frac{1}{2} = \frac{1}{2} \ln 2$$

其实这个级数早在 1906 年就已经被 H. P. Manning 考虑过,它是用巧妙地加括号得到的,将级数变为

$$\left(1 - \frac{1}{2}\right) - \frac{1}{4} + \left(\frac{1}{3} - \frac{1}{6}\right) - \frac{1}{8} + \left(\frac{1}{5} - \frac{1}{10}\right) - \frac{1}{12} + \cdots$$

$$= \frac{1}{2}\left(1 - \frac{1}{2} + \frac{1}{3} - \frac{1}{4} + \cdots\right)$$
$$= \frac{1}{2}\ln 2$$

本节围绕一道 IMO 试题介绍了一些与之相关的背景材料,试图使读者感受到一点数学美,正如 J. H. Murdoch 所指出:"某些典型数学思维的美,实际上能被中小学儿童所欣赏,例如一个干净利索的证明,比一个笨拙费力的证明要美;又如一个能代替许多特例的简明推广式."

§5 哈代论 Wolstenholme 定理

定理 12 如果 p 是一个素数,$p > 3$,那么分数
$$1 + \frac{1}{2} + \frac{1}{3} + \cdots + \frac{1}{p-1} \tag{1}$$
的分子能被 p^2 整除.

当 $p = 3$ 时这个结果是错误的,至于这个分数是否化成了最简分数,这是无关紧要的,因为在任何情形下其分母都不能被 p 整除.

此定理可以表述成不同的形式.若 i 与 m 互素,则同余式
$$ix \equiv 1 \pmod{m}$$
恰好有一个根,称它为 $i \pmod{m}$ 的相伴元.可以用 $\bar{i}$ 来记这个相伴元,不过当我们只关心整数时,采用记号
$$\frac{1}{i}$$
(或者 $1/i$) 来表示相伴元常常更方便.更一般地,在类

Wolstenholme 定理

似的情况下可以用

$$\frac{b}{a}$$

(或者 b/a)来记 $ax \equiv b$ 的解.

然后就可以将 Wolstenholme 定理表述成以下形式.

定理 13 如果 $p > 3$,且 $\frac{1}{i}$ 是 $i \pmod{p^2}$ 的相伴元,那么

$$1 + \frac{1}{2} + \frac{1}{3} + \cdots + \frac{1}{p-1} \equiv 0 \pmod{p^2}$$

可以首先证明

$$1 + \frac{1}{2} + \frac{1}{3} + \cdots + \frac{1}{p-1} \equiv 0 \pmod{p}^{①} \quad (2)$$

由此可对这个符号做一诠释. 为此, 只需注意, 如果 $0 < i < p$, 那么

$$i \cdot \frac{1}{i} \equiv 1 \pmod{p}, (p-i) \cdot \frac{1}{p-i} \equiv 1 \pmod{p}$$

从而

$$i\left(\frac{1}{i} + \frac{1}{p-i}\right) \equiv i \cdot \frac{1}{i} - (p-i) \cdot \frac{1}{p-i} \equiv 0 \pmod{p}$$

$$\frac{1}{i} + \frac{1}{p+i} \equiv 0 \pmod{p}$$

求和即得欲证之结果.

其次来证 Wolstenholme 定理的两种形式(定理 12 和定理 13)等价. 如果 $0 < x < p$,且 $\overline{x}$ 是 $x \pmod{p^2}$ 的

---

① 自然,这里的 $\frac{1}{i}$ 是 $i \pmod{p}$ 的相伴元,它对 $\pmod{p}$ 是确定的,但就 p 的任意倍数而言,它对 $\pmod{p^2}$ 是不确定的.

相伴元,那么
$$\overline{x(p-1)!} = x\overline{x} \cdot \frac{(p-1)!}{x} \equiv \frac{(p-1)!}{x} \pmod{p^2}$$
于是
$$(p-1)!\,(\overline{1}+\overline{2}+\cdots+\overline{p-1})$$
$$\equiv (p-1)!\,\left(1+\frac{1}{2}+\cdots+\frac{1}{p-1}\right) \pmod{p^2}$$

右边的分数包含了这两个定理中的结论的解释,由此推出它们的等价性.

为证明定理本身,在恒等式
$$(x-1)(x-2)\cdots(x-p+1)$$
$$=x^{p-1}-A_1 x^{p-2}+\cdots+A_{p-1}$$
中取 $x=p$(p 为偶素数). 于是
$$(p-1)! = p^{p-1}-A_1 p^{p-2}+\cdots-A_{p-2}p+A_{p-1}$$
但是 $A_{p-1}=(p-1)!$,于是
$$p^{p-2}-A_1 p^{p-3}+\cdots+A_{p-3}p-A_{p-2}=0$$
由 $p>3$,有
$$p\mid A_1,p\mid A_2,\cdots,p\mid A_{p-3}$$
由此推出 $p^2\mid A_{p-2}$,即有
$$p^2\mid (p-1)!\,\left(1+\frac{1}{2}+\cdots+\frac{1}{p-1}\right)$$
这等价于 Wolstenholme 定理. 于是
$$C_p=1+\frac{1}{2^2}+\cdots+\frac{1}{(p-1)^2}$$
的分子是 $A_{p-2}^2-2A_{p-1}A_{p-3}$,从而它能被 p 整除,这样就得到:若 $p>3$,则有 $C_p\equiv 0\pmod{p}$.

31

Wolstenholme 定理

§6　Wolstenholme 定理的一个证明

数论中有一个和素数有关的著名定理：

Wolstenholme 定理　设素数 $p>3$，以 $\frac{1}{s}$ 表示满足

$$ss^* \equiv 1 \pmod{p^2}$$

的一个整数 s^*，则

$$1+\frac{1}{2}+\frac{1}{3}+\cdots+\frac{1}{p-1} \equiv 0 \pmod{p^2} \quad (1)$$

华罗庚[1]是用多项式的方法给出该定理的证明的，Hardy，Wright[2]用幂级数的方法给出了一个证明，Bayat[3]用群论的方法给出了一个证明，孙琦、洪绍方[4]用 p-adic 数的方法给出了一个证明. 在本节中，我们用初等数论的简单知识给出该定理的一个证明.

引理 4　设素数 $p>3$，则：

(ⅰ) 对每一个适合 $1 \leqslant i \leqslant \frac{p-1}{2}$ 的整数 i，存在唯一的一个整数 k 满足

$$ik \equiv \pm 1 \pmod{p} \quad (1 \leqslant k \leqslant \frac{p-1}{2}) \quad (2)$$

---

[1]　华罗庚. 数论导引. 北京：科学出版社，1979.

[2]　G. H. Hardy, E. M. Wright. An introduction to the number theory. 4th ed. London: Oxford Univ. Press, 1960.

[3]　M. Bayat. Amer. Math. Monthly. 1997, 104: 557-560.

[4]　孙琦，洪绍方. Wolstenholme 定理的一个 p-adic 证明及其推广. 四川大学学报(自然科学版), 1999, 36(5): 840-844.

且不同的 i 对应不同的 k；

（ii）对（i）中的每一对整数 i,k，有

$$\prod_{\substack{j=1\\j\neq i\\j\neq p-i}}^{p-1} j \equiv k^2 \pmod{p} \tag{3}$$

证明 （i）存在性. 因素数 $p > 3$，故对每一个适合 $1 \leqslant i \leqslant \dfrac{p-1}{2}$ 的整数 i，都有 $(p,i)=1$. 因此，存在唯一的一个整数 l 满足

$$il \equiv 1 \pmod{p} \quad (-\dfrac{p-1}{2} \leqslant l \leqslant \dfrac{p-1}{2})$$

显然，$l \neq 0$. 设

$$k = \begin{cases} l, 1 \leqslant l \leqslant \dfrac{p-1}{2} \\ -l, -\dfrac{p-1}{2} \leqslant l \leqslant -1 \end{cases}$$

则整数 k 满足式（2）.

唯一性. 设整数 k' 满足

$$ik' \equiv \pm 1 \pmod{p} \quad (1 \leqslant k' \leqslant \dfrac{p-1}{2}) \tag{4}$$

则由（2）（4）两式得

$$\begin{cases} ik \equiv 1 \pmod{p} \\ ik' \equiv -1 \pmod{p} \end{cases} \tag{5}$$

或

$$\begin{cases} ik \equiv -1 \pmod{p} \\ ik' \equiv 1 \pmod{p} \end{cases} \tag{6}$$

或

$$\begin{cases} ik \equiv 1 \pmod{p} \\ ik' \equiv 1 \pmod{p} \end{cases} \tag{7}$$

Wolstenholme 定理

或

$$\begin{cases} ik \equiv -1 \pmod{p} \\ ik' \equiv -1 \pmod{p} \end{cases} \quad (8)$$

显然,(5)(6)两式都不会成立,否则

$$i(k+k') = ik + ik' \equiv 0 \pmod{p}, p \mid k+k'$$

但 $2 \leqslant k+k' \leqslant p-1$,矛盾. 由(7)或(8)可得

$$i(k-k') = ik - ik' \equiv 0 \pmod{p}, p \mid k-k'$$

但 $-\dfrac{p-1}{2} \leqslant k-k' \leqslant \dfrac{p-1}{2}$,故 $k=k'$.

最后证明不同的 i 对应不同的 k. 设整数 i, i', $k \left(1 \leqslant i, i', k \leqslant \dfrac{p-1}{2}\right)$ 满足

$$ik \equiv \pm 1 \pmod{p} \text{ 且 } i'k \equiv \pm 1 \pmod{p}$$

则

$$\begin{cases} ik \equiv 1 \pmod{p} \\ i'k \equiv -1 \pmod{p} \end{cases} \quad (9)$$

或

$$\begin{cases} ik \equiv -1 \pmod{p} \\ i'k \equiv 1 \pmod{p} \end{cases} \quad (10)$$

或

$$\begin{cases} ik \equiv 1 \pmod{p} \\ i'k \equiv 1 \pmod{p} \end{cases} \quad (11)$$

或

$$\begin{cases} ik \equiv -1 \pmod{p} \\ i'k \equiv -1 \pmod{p} \end{cases} \quad (12)$$

类似可证(9)(10)两式都不成立,而由式(11)或(12)可得 $i=i'$.

(ii) 因整数 $i, k \left(1 \leqslant i, k \leqslant \dfrac{p-1}{2}\right)$ 满足 $ik \equiv$

$\pm 1 (\mod p)$,故
$$k^2 i(p-i) \equiv -(ki)^2 \equiv -1 (\mod p) \quad (13)$$
由 Wilson(威尔逊)定理[①]得
$$(p-1)! \equiv -1 (\mod p) \quad (14)$$
由(13)(14)得
$$(p-1)! \equiv k^2 i(p-i) (\mod p) \quad (15)$$
但因$(i(p-i),p)=1$,故由式(15)即可得式(3)成立.

Wolstenholme 定理的证明 易得
$$\sum_{i=1}^{p-1} \prod_{\substack{j=1 \\ j \neq i}}^{p-1} j = \sum_{i=1}^{\frac{p-1}{2}} \left[\prod_{\substack{j=1 \\ j \neq i}}^{p-1} j + \prod_{\substack{j=1 \\ j \neq p-i}}^{p-1} (p-j) \right] = p \sum_{i=1}^{\frac{p-1}{2}} \prod_{\substack{j=1 \\ j \neq i \\ j \neq p-i}}^{p-1} j$$
$$(16)$$

由引理 4 可得
$$\sum_{i=1}^{\frac{p-1}{2}} \prod_{\substack{j=1 \\ j \neq i \\ j \neq p-i}}^{p-1} j \equiv \sum_{k=1}^{\frac{p-1}{2}} k^2 = \frac{p^3-p}{24} \equiv 0 (\mod p) \quad (17)$$

由(16)(17)两式得
$$\sum_{i=1}^{p-1} \prod_{\substack{j=1 \\ j \neq i}}^{p-1} j \equiv 0 (\mod p^2) \quad (18)$$

由式(18)即可得式(1)成立.

[①] 柯召,孙琦. 数论讲义(上册). 2 版. 北京:高等教育出版社,2001.

Wolstenholme 定理

§7 Wolstenholme 定理的推广

对于 Wolstenholme 定理,从 19 世纪直到新近都有不少数学工作者在研究和推广,如 Leudesdorf, Chowla, Rao, Jacobstal, Glaisher, Gupta 等. 其中基本的是 Leudesdorf 关于 Wolstenholme 定理的若干推广,见 *An Introduction to the Theory of Number* 中的定理 128,131. 本节将万大庆(四川大学)、康继鼎(成都地质学院)的这些结果进行了推广和统一.

下面先引进一些记号,设 m,k 是正整数.

$T(m) = \{t \mid 1 \leqslant t \leqslant m, (t,m) = 1\}$;$T_k(m) = \{(t_1,\cdots,t_k) \mid (t_1,\cdots,t_k)$ 是 $T(m)$ 的一个无重 k-排列$\}$.

又设 $a_1,\cdots,a_k$ 是 k 个正整数,记

$$S_m(a_1,\cdots,a_k) = \sum_{(t_1,\cdots,t_k) \in T_k(m)} \frac{1}{t_1^{a_1}\cdots t_k^{a_k}}$$

$$N(a_1,\cdots,a_k) = \prod_{\substack{p\text{是素数},\, p-1 \mid a_{i_1}+\cdots+a_{i_r}+1 \\ \text{对某组}\, 1 \leqslant i_1 < \cdots < i_r \leqslant k}} p$$

$$M(m) = \prod_{\substack{p\text{是素数} \\ p^b \parallel m \Rightarrow p \mid \varphi(\frac{m}{p^b})}} p$$

其中 $\varphi(m)$ 是 Euler 函数,$\varphi(1) = 1$.

有了以上的记号,*An Introduction to the Theory of Number* 中的定理 128,131 就可以分别叙述为如下的形式(形式上有些改变):

定理 14 设 m 是一个正整数,$m > 1$,则

$$\frac{2(m,N(1))}{((m,N(1)),M(m))}S_m(1)\equiv 0(\bmod\ m^2)$$

定理 15 设 p 是一个奇素数,$k=1$,$a_1=2v+1<p-2$,则

$$S_p(2v+1)\equiv 0(\bmod\ p^2)$$

下面我们将定理 14 和定理 15 进行推广,并统一成下述的定理 16,证明亦不是很复杂.

定理 16 设 $a_1,\cdots,a_k$ 是 k 个正整数,而 $2\nmid\sum_{i=1}^{k}a_i$,又 $m=2^b\prod_{j=1}^{n}p_j^{b_j}>1$ 是正整数 m 的标准分解式,则有

$$\frac{2(m,N(a_1,\cdots,a_m))}{((m,N(a_1,\cdots,a_k)),M(m))}S_m(a_1,\cdots,a_k)\equiv 0(\bmod\ m^2)$$

证明 当 $k>\varphi(m)$ 时,$S_m(a_1,\cdots,a_k)=0$,定理 16 成立.下设 $1\leqslant k\leqslant\varphi(m)$.用归纳法.当 $k=1$ 时,$2\nmid a_1$.于是

$$2S_m(a_1)=\sum_{t_1\in T_1(m)}\left(\frac{1}{t_1^{a_1}}+\frac{1}{(m-t_1)^{a_1}}\right)$$

$$\equiv\sum_{t_1\in T_1(m)}\frac{ma_1 t_1^{a_1-1}}{t_1^{a_1}(m-t_1)^{a_1}}(\bmod\ m^2)$$

$$\equiv a_1 m\sum_{t_1\in T_1(m)}\frac{1}{t_1(m-t_1)^{a_1}}(\bmod\ m^2)$$

$$\equiv -a_1 m\sum_{t_1\in T_1(m)}t_1^{a_1+1}(\bmod\ m^2)$$

$$\equiv -a_1 m\sum_{t_0\in T_1(2^b)}\sum_{t_1\in T_1(p_1^{b_1})}\cdots\sum_{t_n\in T_1(p_n^{b_n})}\left(\frac{m}{2^b}t_0+\frac{m}{p_1^{b_1}}t_1+\cdots+\frac{m}{p_n^{b_n}}t_n\right)^{a_1+1}(\bmod\ m^2)\qquad(1)$$

(ⅰ) 当 $b<2$ 时,经验证知

Wolstenholme 定理

$$\frac{2(m,N(a_1))}{((m,N(a_1)),M(m))}S_m(a_1) \equiv 0 \pmod{2^{2b}}$$

(ii) 当 $b \geqslant 2$ 时, $\pm 5^i (i=0,1,\cdots,2^{b-2}-1)$ 作成模 2^b 的一个缩系. 此时, 由(1)及 $2 \mid a_1+1$ 得

$$2S_m(a_1) \equiv -a_1 m\varphi\left(\frac{m}{2^b}\right)\left(\frac{m}{2^b}\right)^{a_1+1}\sum_{t_0 \in T_1(2^b)} t_0^{a_1+1} \pmod{2^{2b}}$$

$$\equiv -2a_1 m\varphi\left(\frac{m}{2^b}\right)\left(\frac{m}{2^b}\right)^{a_1+1}\sum_{t=0}^{2^{b-2}-1} 5^{i(a_1+1)} \pmod{2^{2b}}$$

(2)

而

$$\sum_{i=0}^{2^{b-2}-1} 5^{i(a_1+1)} = \frac{5^{(a_1+1)2^{b-2}}-1}{5^{a_1+1}-1} \quad (3)$$

设

$$5^{a_1+1} = 2^\beta x + 1$$

其中 $2 \nmid x, \beta \geqslant 3$ (因 $2 \mid a_1+1$). 则有

$$5^{(a_1+1)2^{b-2}} = (2^\beta x+1)^{2^{b-2}} = 2^{\beta+b-2}y+1$$

再由(2)(3)便得

$$2S_m(a_1) \equiv -2^{b-1}ma_1\varphi\left(\frac{m}{2^b}\right)\left(\frac{m}{2^b}\right)^{a_1+1}\frac{y}{x} \pmod{2^{2b}}$$

因此(注意 $2 \mid N(a_1)$)

$$\frac{2(m,N(a_1))}{((m,N(a_1)),M(m))}S_m(a_1) \equiv 0 \pmod{2^{2b}}$$

(iii) 设 g_j 是素数上 $p_j^{b_j}$ 的原根, 由(1)得

$$2S_m(a_1) \equiv -a_1 m\varphi\left(\frac{m}{p_j^{b_j}}\right)\left(\frac{m}{p_j^{b_j}}\right)^{a_1+1}\sum_{t_j \in T_1(p_j^{b_j})} t_j^{a_1+1} \pmod{p_j^{2b_j}}$$

$$= -a_1 m\varphi\left(\frac{m}{p_j^{b_j}}\right)\left(\frac{m}{p_j^{b_j}}\right)^{a_1+1} \cdot$$

$$\frac{g_j^{(a_1+1)\varphi(p_j^{b_j})}-1}{g_j^{a_1+1}-1} \pmod{p_j^{2b_j}} \quad (4)$$

若$(p_j-1)\nmid(a_1+1)$,则$g_j^{a_1+1}\not\equiv 1(\bmod\ p_j)$,但
$$g_j^{(a_1+1)\varphi(p_j^{b_j})}\equiv 1(\bmod\ p_j^{b_j})$$
由(4)得
$$2S_m(a_1)\equiv 0(\bmod\ p_j^{b_j})$$

若$(p_j-1)\mid(a_1+1)$,设$g_j^{a_1+1}=p_j^{\beta_j}x_j+1$,$p_j\nmid x_j$,$\beta_j\geqslant 1$,则
$$g_j^{(a_1+1)\varphi(p_j^{b_j})}=p_j^{\beta_j+b_j-1}y_j+1$$
由(4)得
$$2S_m(a_1)\equiv -a_1 m\varphi\left(\frac{m}{p_j^{b_j}}\right)\left(\frac{m}{p_j^{b_j}}\right)^{a_1+1}p_j^{b_j-1}\frac{y_j}{x_j}(\bmod\ p_j^{2b_j})$$
则有
$$\frac{2(m,N(a_1))}{((m,N(a_1)),M(m))}S_m(a_1)\equiv 0(\bmod\ p_j^{2b_j})$$

综上可知,定理16对$k=1$时成立.现在设定理16对小于k的正整数已成立,而$1<k\leqslant\varphi(m)$.由$2\nmid\sum_{i=1}^k a_i$,不妨设$2\nmid a_k$.利用恒等式

$$\sum_{(t_1,\cdots,t_k)\in T_k(m)}\frac{1}{t_1^{a_1}\cdots t_1^{a_k}}$$
$$=\left(\sum_{(t_1,\cdots,t_{k-1})\in T_{k-1}(m)}\frac{1}{t_1^{a_1}\cdots t_{k-1}^{a_{k-1}}}\right)\left(\sum_{t_k\in T_1(m)}\frac{1}{t_k^{a_k}}\right)-$$
$$\sum_{(t_1,\cdots,t_{k-1})\in T_{k-1}(m)}\left[\frac{1}{t_1^{a_1+a_k}t_2^{a_2}\cdots t_{k-1}^{a_{k-1}}}+\right.$$
$$\left.\frac{1}{t_1^{a_1}t_2^{a_2+a_k}\cdots t_{k-1}^{a_{k-1}}}+\cdots+\frac{1}{t_1^{a_1}t_2^{a_2}\cdots t_{k-2}^{a_{k-2}}t_{k-1}^{a_{k-1}+a_k}}\right] \tag{5}$$

及整除关系
$$\frac{(m,N(a_k))}{((m,N(a_k)),M(m))}\Big|\frac{(m,N(a_1,\cdots,a_k))}{((m,N(a_1,\cdots,a_k)),M(m))} \tag{6}$$

$$\frac{(m,N(a_1,\cdots,a_{i-1},a_i+a_k,a_{i+1},\cdots,a_{k-1}))}{((m,N(a_1,\cdots,a_{i-1},a_i+a_k,a_{i+1},\cdots,a_{k-1})),M(m))} \Bigg|$$

$$\frac{(m,N(a_1,\cdots,a_k))}{((m,N(a_1,\cdots,a_k)),M(m))} \quad (1\leqslant i\leqslant k-1)$$

(7)

由归纳假设知定理 16 对 k 亦成立. 证毕.

于定理 16 中取 $k=1, a_1=1$ 即得定理 14，又取 $k=1, m=p$ 是一个奇素数，$a_1=2v+1 < p-2$，则得定理 15.

推论 存在与 m 无关的正整数 $2N(a_1,\cdots,a_k)$，使得

$$2N(a_1,\cdots,a_k)S_m(a_1,\cdots,a_k) \equiv 0 (\bmod\ m^2)$$

对所有的正整数 n 均成立.

§8 Wolstenholme 定理的一个 p-adic 证明及其推广

本节利用 p-adic 方法给出 Wolstenholme 定理的一个新的证明，进一步给出了 Wolstenholme 定理的如下推广：设 $m \geqslant 0$ 和 $n \geqslant 1$ 为整数，记 $\langle n \rangle = \{1, 2, \cdots, n\}$，如果 $p_1, p_2, \cdots, p_n$ 为 n 个不同的全大于 3 的素数，那么分数

$$\sum_{\substack{j=1 \\ \forall i \in \langle n \rangle, (j,p_i)=1}}^{p_1 p_2 \cdots p_n} \frac{1}{mp_1 p_2 \cdots p_n + j}$$

的分子被 $p_1^2 p_2^2 \cdots p_n^2$ 整除.

在数论中有许多美妙的同余式，如 Wilson 定理、Fermat 小定理等，而如下的 Wolstenholme 定理则是

另一个著名的同余定理.

定理 17(Wolstenholme) 设素数 $p>3$,那么有理分数

$$\sum_{j=1}^{p-1}\frac{1}{j}=1+\frac{1}{2}+\cdots+\frac{1}{p-1}$$

的分子被 p^2 整除.

下面我们将用 p-adic 数的方法给出一个新的、简短的证明,然后给出 Wolstenholme 定理关于素数乘积的推广.

设 Q_p 表示 p-adic 有理数域,Z_p 表示 Q_p 的整数环(即 p-adic 整数环). 首先给出以下的引理.

引理 5 设 $u \in Z_p$,且 $u \not\equiv 0 \pmod{p}$,那么存在唯一的一个 p-adic 整数 $l \in Z_p$,使得 $ul=1$,从而

$$\frac{1}{u}=l \in Z_p$$

证明 设 $f(x)=ux-1$,又设 u_0 为 u 的 p-adic 展开式中的第一个数字,则由 $u \not\equiv 0 \pmod{p}$ 可得 $1 \leqslant u_0 \leqslant p-1$. 于是存在整数 $w \in \{1,2,\cdots,p-1\}$,使得 $u_0 w \equiv 1 \pmod{p}$,即 $f(w) \equiv 0 \pmod{p}$. 注意到 $f'(w)=u \not\equiv 0 \pmod{p}$,则由 Hensel 引理①可知,存在唯一的 p-adic 整数 $l \in Z_p$,使得 $f(l)=0$,且 $l \equiv w \pmod{p}$. 这就证明了引理 5.

对于素数 p,记 $Z_p^* = \left\{x \in Z_p \mid \frac{1}{x} \in Z_p\right\}$. 通常称 Z_p^* 中的 p-adic 整数为 p-adic 单位.

---

① N. Koblitz. p-adic numbers,p-adic analysis and zeta-functions. New York:Springer Verlag,1984.

Wolstenholme 定理

引理 6 设 m 为正整数,s 和 t 为 p-adic 单位. 如果 $s \equiv t \pmod{p^m}$,那么 $\dfrac{1}{s} \equiv \dfrac{1}{t} \pmod{p^m}$.

证明 由 $\dfrac{1}{s} - \dfrac{1}{t} = (t-s) \cdot \dfrac{1}{st}$ 及 $t \equiv s \pmod{p^m}$ 立即得证.

下面关于组合数的恒等式是熟知的.

引理 7 设整数 k 满足 $0 \leqslant k \leqslant p-1$,其中 p 为素数. 对于整数 v,$1 \leqslant v \leqslant k$,以 S_v 表示 $1, \dfrac{1}{2}, \dfrac{1}{3}, \cdots, \dfrac{1}{k}$ 的第 v 次初等对称函数,那么

$$\binom{p-1}{k} = (-1)^k(1 - pS_1 + p^2 S_2 + \cdots + (-1)^k p^k S_k)$$

定理 17 的证明 设 $(j, p) = 1$,则由引理 5 可知 $\dfrac{1}{j}, \dfrac{1}{j^2} \in Z_p$. 容易看出,要证明定理 17 成立等价于证明如下同余式在 p-adic 整数环 Z_p 中成立

$$\sum_{j=1}^{p-1} \dfrac{1}{j} \equiv 0 \pmod{p^2} \tag{1}$$

下面证明在 Z_p 中式(1)成立. 由引理 7 可得

$$\binom{p-1}{k} \equiv (-1)^k (1 - p \sum_{j=1}^{k} \dfrac{1}{j} + \dfrac{p^2}{2}((\sum_{j=1}^{k} \dfrac{1}{j})^2 - \sum_{j=1}^{k} \dfrac{1}{j^2})) \pmod{p^3} \tag{2}$$

在式(2)中令 $k = p-1$,可推得(注意 $p \geqslant 5$ 为素数)

$$\sum_{j=1}^{p-1} \dfrac{1}{j} \equiv \dfrac{p}{2}(\sum_{j=1}^{p-1} \dfrac{1}{j})^2 - \dfrac{p}{2} \sum_{j=1}^{p-1} \dfrac{1}{j^2} \pmod{p^2} \tag{3}$$

由于,一方面我们有

$$\sum_{j=1}^{p-1} \frac{1}{j} \equiv \sum_{j=1}^{\frac{p-1}{2}} \left(\frac{1}{j} + \frac{1}{p-j} \right)$$

$$\equiv \sum_{j=1}^{\frac{p-1}{2}} \frac{p}{j(p-j)}$$

$$\equiv p \sum_{j=1}^{\frac{p-1}{2}} \frac{1}{j(p-j)}$$

$$\equiv 0 \pmod{p} \tag{4}$$

另一方面,因为

$$\frac{3}{4} \sum_{j=1}^{p-1} \frac{1}{j^2} \equiv \sum_{j=1}^{p-1} \frac{1}{j^2} - \frac{1}{4} \sum_{j=1}^{p-1} \frac{1}{j^2}$$

$$\equiv \sum_{j=1}^{p-1} \frac{1}{j^2} - \sum_{j=1}^{p-1} \frac{1}{(2j)^2} \pmod{p}$$

而 $(p,2)=1$,所以 $\{2j\}_{j=1}^{p-1}$ 仍为 $\bmod p$ 的一个缩系,再利用引理 6 可得

$$\sum_{j=1}^{p-1} \frac{1}{(2j)^2} \equiv \sum_{j=1}^{p-1} \frac{1}{j^2} \pmod{p} \tag{5}$$

因此由式(5)得 $\frac{3}{4} \sum_{j=1}^{p-1} \frac{1}{j^2} \equiv 0 \pmod{p}$. 注意到 $\frac{3}{4} \in Z_p^*$,故我们有

$$\sum_{j=1}^{p-1} \frac{1}{j^2} \equiv 0 \pmod{p} \tag{6}$$

又由于 $\frac{1}{2} \in Z_p^*$,那么由式(3)(4)及(6)立即得知式(1)在 p-adic 整数环 Z_p 中成立,这就完成了定理 17 的证明.

定理 18 设 m 为非负整数,如果 $p > 3$ 为素数,那

么有理数 $\sum_{j=1}^{p-1} \dfrac{1}{mp+j}$ 的分子被 p^2 整除.

证明　我们只要证明在 Z_p 中下式成立即可

$$\sum_{j=1}^{p-1} \dfrac{1}{mp+j} \equiv 0 (\bmod\ p) \qquad (7)$$

因

$$\sum_{j=1}^{p-1} \dfrac{1}{jmp+j^2} \equiv \sum_{j=1}^{p-1} \dfrac{1}{j^2} \equiv 0 (\bmod\ p)$$

故有

$$\sum_{j=1}^{p-1} \dfrac{1}{mp+j} - \sum_{j=1}^{p-1} \dfrac{1}{j} \equiv \sum_{j=1}^{p-1} \left(\dfrac{1}{mp+j} - \dfrac{1}{j}\right)$$

$$\equiv -mp \sum_{j=1}^{p-1} \dfrac{1}{jmp+j^2}$$

$$\equiv 0 (\bmod\ p^2)$$

再由定理 17 立即得到式(7),证明完毕.

令 $m=0$,则定理 18 成为 Wolstenholme 定理. 下面的定理指出了 Wolstenholme 定理的另一推广. 我们需要如下的引理.

引理 8　设 R 为任意有限集合,f 为定义在 R 上的复值函数. 对 R 的子集 T,记 $\overline{T}=R\backslash T$. 如果 $R_1,R_2,\cdots,R_m$ 为有限集 R 的给定的 m 个不同子集,那么

$$\sum_{x \in \bigcap_{i=1}^{m} R_i} f(x) = \sum_{x \in R} f(x) + \sum_{t=1}^{m}(-1)^t \cdot \sum_{1 \leqslant i_1 < \cdots < i_t \leqslant m} \sum_{x \in \bigcap_{j=1}^{t} R_{i_j}} f(x)$$

定理 19　设 n 为正整数且记 $\langle n \rangle = \{1,2,\cdots,n\}$. 如果 $p_1,p_2,\cdots,p_n$ 为 n 个全大于 3 的互不相同的素数,那么有理分数

$$\sum_{\substack{j=1 \\ \forall i \in \langle n \rangle, (j,p_i)=1}}^{p_1 p_2 \cdots p_n} \frac{1}{j} \tag{8}$$

的分子被 $p_1^2 p_2^2 \cdots p_n^2$ 整除.

证明 记 $P = p_1 p_2 \cdots p_n$,令 $R = \{j \in Z_+ \mid 1 \leqslant j \leqslant P\}$,且 $(j, p_1) = 1\}$,$R_i = \{j \in R \mid p_{i+1} \text{ 整除 } j\}$,其中 $1 \leqslant i \leqslant n-1$. 令 $f(x) = \dfrac{1}{x}$,则由引理 8 可得

$$\sum_{\substack{j=1 \\ \forall i \in \langle n \rangle, (j,p_i)=1}}^{p_1 p_2 \cdots p_n} \frac{1}{j}$$

$$= \sum_{m=0}^{\frac{P}{p_1}-1} \sum_{j=1}^{p_1-1} \frac{1}{mp_1+j} - \sum_{i=2}^{n} \sum_{m=0}^{\frac{P}{p_1 p_i}-1} \sum_{j=1}^{p_1-1} \frac{1}{p_i(mp_1+j)} +$$

$$\sum_{2 \leqslant i_1 < i_2 \leqslant n} \sum_{m=0}^{\frac{P}{p_1 p_{i_1} p_{i_2}}-1} \sum_{j=1}^{p_1-1} \frac{1}{p_{i_1} p_{i_2}(mp_1+j)} + \cdots +$$

$$(-1)^{n-1} \sum_{j=1}^{p_1-1} \frac{1}{p_2 \cdots p_n^j}$$

因此

$$\sum_{\substack{j=1 \\ \forall i \in \langle n \rangle, (j,p_i)=1}}^{p_1 p_2 \cdots p_n} \frac{1}{j} = \sum_{m=0}^{\frac{P}{p_1}-1} \sum_{j=1}^{p_1-1} \frac{1}{mp_1+j} +$$

$$\sum_{t=1}^{n-1} (-1)^t \sum_{2 \leqslant i_1 < \cdots < i_t \leqslant n} \frac{1}{p_{i_1} p_{i_2} \cdots p_{i_t}} \cdot$$

$$\sum_{m=0}^{\frac{P}{p_1 p_{i_1} \cdots p_{i_t}}-1} \sum_{j=1}^{p_1-1} \frac{1}{mp_1+j} \tag{9}$$

注意到 p_1 为大于 3 的素数,那么由定理 18 可得

$$\sum_{j=1}^{p_1-1} \frac{1}{mp_1+j} \equiv 0 \pmod{p_1^2} \tag{10}$$

Wolstenholme 定理

又对于任意 $2 \leqslant i_1 < i_2 < \cdots < i_t \leqslant n$,我们有 $\dfrac{1}{p_{i_1} p_{i_2} \cdots p_{i_t}} \in Z_{p_1}^*$,故由式(9)与式(10)立即可知,在 Z_p 中,下式成立

$$\sum_{\substack{j=1 \\ \forall i \in \langle n \rangle, (j, p_i) = 1}}^{p_1 p_2 \cdots p_n} \frac{1}{j} \equiv 0 \pmod{p_1^2}$$

所以有理分数(8)的分子被 p_1^2 整除.

同理可以证明有理分数(8)的分子被 $p_2^2, \cdots, p_n^2$ 整除. 因为 $p_1, p_2, \cdots, p_n$ 是两两互素的,所以有理分数(8)的分子被 $\prod\limits_{i=1}^{n} p_i^2$ 整除. 这就证得了定理 19.

注 在定理 19 中,如果条件不成立的话,那么结论就不一定成立. 例如,设 $p_1 = 3, p_2 = 5$,则

$$\sum_{\substack{j=1 \\ (j,15)=1}}^{15} \frac{1}{j} = 1 + \frac{1}{2} + \frac{1}{4} + \frac{1}{7} + \frac{1}{8} + \frac{1}{11} + \frac{1}{13} + \frac{1}{14}$$

$$= \frac{18\,075}{8\,008} = \frac{3 \times 5^2 \times 241}{2^3 \times 7 \times 11 \times 13}$$

从而分数 $\sum\limits_{\substack{j=1 \\ (j,15)=1}}^{15} \dfrac{1}{j}$ 的分子被 15 整除,而不被 15^2 整除.

定理 20 设 $m \geqslant 0$ 和 $n \geqslant 1$ 为整数,设 $p_1, p_2, \cdots, p_n$ 为 n 个全大于 3 的不同素数,那么有理分数

$$\sum_{\substack{j=1 \\ \forall i \in \langle n \rangle, (j, p_i) = 1}}^{p_1 p_2 \cdots p_n} \frac{1}{m p_1 p_2 \cdots p_n + j} \tag{11}$$

的分子被 $p_1^2 p_2^2 \cdots p_n^2$ 整除.

证明 记 $P = p_1 p_2 \cdots p_n$,利用引理 8,类似于式(9)我们有

$$\sum_{\substack{j=1 \\ \forall i \in \langle n \rangle, (j, p_i)=1}}^{p_1 p_2 \cdots p_n} \frac{1}{j^2} = \sum_{m=0}^{\frac{P}{p_1}-1} \sum_{j=1}^{p_1-1} \frac{1}{(mp_1+j)^2} +$$

$$\sum_{t=1}^{n-1} (-1)^t \sum_{2 \leqslant i_1 < \cdots < i_t \leqslant n} \frac{1}{(p_{i_1} p_{i_2} \cdots p_{i_t})^2} \cdot$$

$$\sum_{m=0}^{\frac{P}{p_1 p_{i_1} \cdots p_{i_t}}-1} \sum_{j=1}^{p_1-1} \frac{1}{(mp_1+j)^2} \quad (12)$$

类似于式(6)我们有

$$\sum_{j=1}^{p_1-1} \frac{1}{j^2} \equiv 0 (\bmod p_1)$$

而由引理 6 得

$$\frac{1}{(mp_1+j)^2} \equiv \frac{1}{j^2} (\bmod p_1)$$

那么

$$\sum_{j=1}^{p_1-1} \frac{1}{(mp_1+j)^2} \equiv \sum_{j=1}^{p_1-1} \frac{1}{j^2} (\bmod p_1)$$

所以

$$\sum_{j=1}^{p_1-1} \frac{1}{(mp_1+j)^2} \equiv 0 (\bmod p_1) \quad (13)$$

由式(12)与(13)即得

$$\sum_{\substack{j=1 \\ \forall i \in \langle n \rangle, (j, p_i)=1}}^{p_1 p_2 \cdots p_n} \frac{1}{j^2} \equiv 0 (\bmod p_1)$$

于是我们便有

$$\sum_{\substack{j=1 \\ \forall i \in \langle n \rangle, (j, p_i)=1}}^{p_1 p_2 \cdots p_n} \frac{1}{mp_1 \cdots p_n + j} - \sum_{\substack{j=1 \\ \forall i \in \langle n \rangle, (j, p_i)=1}}^{p_1 p_2 \cdots p_n} \frac{1}{j}$$

$$= -mp_1 p_2 \cdots p_n \sum_{\substack{j=1 \\ \forall i \in \langle n \rangle, (j, p_i)=1}}^{p_1 p_2 \cdots p_n} \frac{1}{jmp_1 \cdots p_n + j^2}$$

$$\equiv -mp_1 p_2 \cdots p_n \sum_{\substack{j=1 \\ \forall i \in \langle n \rangle, (j, p_i)=1}}^{p_1 p_2 \cdots p_n} \frac{1}{j^2} \equiv 0 \pmod{p_1^2}$$

(14)

所以有理分数(11)的分子被 p_1^2 整除. 类似可证有理分数 (11) 的分子被 $p_2^2, p_3^2, \cdots, p_n^2$ 整除, 定理 20 证明完毕.

§9 一个中学教师给出的 Wolstenholme 定理的推广

本节叙述江西省宁都县固厚中学的张树生老师对 Wolstenholme 定理的推广.

数学家华罗庚教授在他的名著《数论导引》第二章中证明了如下定理.

定理 21 对于一切奇素数 $p \geqslant 5$, 下式恒成立

$$\sum_{k=1}^{p-1} \frac{1}{k} \equiv 0 \pmod{p^2}$$

下面将定理 21 推广为如下定理.

定理 22 对于一切奇素数 $p \geqslant 5$, 下式恒成立

$$\sum_{k=1}^{p-1} \frac{1}{tp+k} \equiv 0 \pmod{p^2}$$

其中 t 为整数.

下面证明两个引理.

引理 9 对于一切奇素数 $p \geqslant 5$, 下式

$$\sum_{k=1}^{p-1} \frac{1}{k^2} \equiv 0 \pmod{p}$$

恒成立.

证明 因为 $x^2 \equiv 1 \pmod p$ 恰有两个解 1 和 $p-1$,所以可选取整数 y,使得

$$\frac{1}{y^2} \not\equiv 1 \pmod p, (y, p) = 1$$

因而

$$\frac{1}{y^2} \sum_{k=1}^{p-1} \frac{1}{k^2} = \sum_{k=1}^{p-1} \frac{1}{(yk)^2} \equiv \sum_{k=1}^{p-1} \frac{1}{k^2} \pmod p$$

所以

$$\left(\frac{1}{y^2} - 1\right) \sum_{k=1}^{p-1} \frac{1}{k^2} \equiv 0 \pmod p$$

从而可得

$$\sum_{k=1}^{p-1} \frac{1}{k^2} \equiv 0 \pmod p$$

引理 10 对于一切奇素数 $p \geqslant 5$,下式

$$\sum_{1 \leqslant x_i < x_j \leqslant p-1} \frac{1}{x_i x_j} \equiv 0 \pmod p$$

恒成立.

证明 从

$$\left(\sum_{k=1}^{p-1} \frac{1}{k}\right)^2 = \sum_{k=1}^{p-1} \frac{1}{k^2} + 2\left(\sum_{1 \leqslant x_i < x_j \leqslant p-1} \frac{1}{x_i x_j}\right)$$

和引理 9,即得引理 10.

定理 22 的证明 因为

$$\prod_{\substack{i=1\\i\neq k}}^{p-1}(tp+i) = (tp)^{p-2} + \cdots + \frac{(p-1)!}{k}\left(\sum_{\substack{i=1\\i\neq k}}^{p-1}\frac{1}{i}\right)tp + \prod_{\substack{i=1\\i\neq k}}^{p-1} i$$

$$\equiv \frac{(p-1)!}{k}\left(\sum_{\substack{i=1\\i\neq k}}^{p-1}\frac{1}{i}\right)tp + \prod_{\substack{i=1\\i\neq k}}^{p-1} i \pmod{p^2}$$

所以

Wolstenholme 定理

$$\sum_{k=1}^{p-1}\Big[\prod_{\substack{i=1\\i\neq k}}^{p-1}(tp+i)\Big]$$

$$\equiv \sum_{k=1}^{p-1}\Big[\frac{(p-1)!}{k}\Big(\sum_{\substack{i=1\\i\neq k}}^{p-1}\frac{1}{i}\Big)tp\Big]+\sum_{k=1}^{p-1}\Big(\prod_{\substack{i=1\\i\neq k}}^{p-1}i\Big)$$

$$= p!\, t\sum_{k=1}^{p-1}\Big[\frac{1}{k}\Big(\sum_{\substack{i=1\\i\neq k}}^{p-1}\frac{1}{i}\Big)\Big]+\sum_{k=1}^{p-1}\Big(\prod_{\substack{i=1\\i\neq k}}^{p-1}i\Big)\,(\bmod\ p^2)$$

由引理 10，得

$$\sum_{k=1}^{p-1}\Big[\frac{1}{k}\Big(\sum_{\substack{i=1\\i\neq k}}^{p-1}\frac{1}{i}\Big)\Big]=2\sum_{1\leqslant x_i<x_j\leqslant p-1}\frac{1}{x_ix_j}\equiv 0(\bmod\ p)$$

由定理 21，得

$$\sum_{k=1}^{p-1}\Big(\prod_{\substack{i=1\\i\neq k}}^{p-1}i\Big)=(p-1)!\sum_{k=1}^{p-1}\frac{1}{k}\equiv 0(\bmod\ p^2)$$

所以

$$\sum_{k=1}^{p-1}\Big[\prod_{\substack{i=1\\i\neq k}}^{p-1}(tp+i)\Big]\equiv 0(\bmod\ p^2)$$

注意到 $p\nmid\prod_{i=1}^{p-1}(tp+i)$，所以

$$\sum_{k=1}^{p-1}\frac{1}{tp+k}=\frac{\sum_{k=1}^{p-1}\Big[\prod_{\substack{i=1\\i\neq k}}^{p-1}(tp+i)\Big]}{\prod_{i=1}^{p-1}(tp+i)}\equiv 0(\bmod\ p^2)$$

由定理 22，不难得到如下推论.

推论 对于一切奇素数 $p\geqslant 5$，下式

$$\sum_{k=1}^{p^2-p}\frac{1}{k}\equiv 0(\bmod\ p^2)$$

恒成立.

第 1 编　推广加强编

§10　若干数论问题的注记

南京师范大学数学系的单墫教授 1991 年对几个与同余类有关的命题给出了新的简化证明.

上一节中张树生老师证明了对一切素数 $p \geqslant 5$，下式

$$\sum_{k=1}^{p-1} \frac{1}{tp+k} \equiv 0 (\bmod p^2) \tag{1}$$

成立，其中 t 为任一整数.

他认为这个定理推广了华罗庚《数论导引》第二章 §10 的 Wolstenholme 定理.

张树生老师的证明比较复杂，其实华罗庚书中的证法稍做修改即可得出(1). 令

$$\prod_{k=1}^{p-1}(x-(tp+k)) = x^{p-1} - s_1 x^{p-2} + \cdots + s_{p-1} \tag{2}$$

因为

$$\prod_{k=1}^{p-1}(x-(tp+k)) \equiv x^{p-1} - 1 (\bmod p)$$

所以

$$p \mid (s_1, s_2, \cdots, s_{p-2}) \tag{3}$$

在(2) 中令 $x = (2t+1)p$，则

$$\prod_{k=1}^{p-1}(tp+p-k)$$

$$= ((2t+1)p)^{p-1} - s_1((2t+1)p)^{p-2} + \cdots + s_{p-1}$$

即

$$0 = ((2t+1)p)^{p-2} - s_1((2t+1)p)^{p-3} + \cdots - s_{p-2}$$

Wolstenholme 定理

结合(3)得
$$s_{p-2} \equiv 0 \pmod{p^2}$$
即
$$p^2 \Big| \Big(\prod_{k=1}^{p-1}(tp+k) \cdot \sum_{k=1}^{p-1}\frac{1}{tp+k}\Big)$$
亦即式(1)成立.

设 $S_r(n,d)$ 表示 $\bmod\ n$ 的缩系中指数为 d 的元素的 r 次方幂和. 1952 年, R. Moller 将 Gauss 等人的古典结果
$$S_1(p, p-1) \equiv \mu(p-1) \pmod{p}$$
$$S_1(p, d) \equiv \mu(d) \pmod{p}$$
推广为
$$S_r(p, d) \equiv \frac{\varphi(d)}{\varphi(d_1)} \mu(d_1) \pmod{p} \tag{4}$$
其中 $d_1 = \dfrac{d}{(r,d)}$.

1980 年, H. Gupta 给出(4)的一个简化证明. 1987 年, 方玉光又将(4)推广为
$$S_r(p^\alpha, d) \equiv \frac{\varphi(d)}{\varphi(l_0)} \mu(l_0) \pmod{p^\alpha} \tag{5}$$
其中 l_0 的定义如下
$$d_1 = \frac{d}{(r,d)} = p^m l_0,\ p \nmid l_0 \tag{6}$$
在这里我们给出(5)的一个简短的新证明.

引理 11 设 g 为 $\bmod\ p^\alpha$ 的原根, 则对 $0 \leqslant m < \alpha$, 有
$$\sum_{h=1}^{p^m} g^{\varphi(p^\alpha)rh/p^m} \equiv p^m \pmod{p^\alpha} \tag{7}$$

证明 对 α 进行归纳.

当 $\alpha=1$ 时,$m=0$. 式(7)即 Fermat 小定理.

假设命题对于 $\alpha-1(\geqslant 1)$ 成立,则对 $0\leqslant m<\alpha$,有

$$\sum_{h=1}^{p^m} g^{\varphi(p^\alpha)rh/p^m} = \sum_{h=1}^{p^m} g^{\varphi(p^{\alpha-1})rh/p^{m-1}}$$
$$= \sum_{k=0}^{p-1}\sum_{h=1}^{p^{m-1}} g^{\varphi(p^{\alpha-1})r(h+kp^{m-1})/p^{m-1}}$$
$$= \sum_{h=1}^{p^{m-1}} g^{\varphi(p^{\alpha-1})rh/p^{m-1}} \cdot \sum_{k=0}^{p-1} g^{\varphi(p^{\alpha-1})rk} \tag{8}$$

由归纳假设,(8) 的前一个因子为 $p^{m-1}+a \cdot p^{\alpha-1}$,由 Euler 定理,有

$$g^{\varphi(p^{\alpha-1})} = 1+bp^{\alpha-1}$$

所以

$$\sum_{h=1}^{p^m} g^{\varphi(p^\alpha)rh/p^m} = (p^{m-1}+ap^{\alpha-1})\sum_{k=0}^{p-1}(1+bp^{\alpha-1})^{rk}$$
$$= (p^{m-1}+ap^{\alpha-1})\sum_{k=0}^{p-1}(1+brkp^{\alpha-1}+\cdots)$$
$$= (p^{m-1}+ap^{\alpha-1})(p+br \cdot p^{\alpha-1} \cdot \frac{p(p-1)}{2}+\cdots)$$
$$\equiv p^m (\bmod p^\alpha)$$

因此引理成立.

设 $r_1 = \dfrac{r}{(d,r)}$,因为 $h \equiv h' (\bmod d_1)$ 时,有

$$g^{\varphi(p^\alpha)r_1 h/d_1} \equiv g^{\varphi(p^\alpha)r_1 h'/d_1} (\bmod p^\alpha)$$

所以

$$S_r(p^\alpha,d) = \sum_{h(\bmod d)}^{*} g^{\varphi(p^\alpha)rh/d} = \sum_{h(\bmod d)}^{*} g^{\varphi(p^\alpha)r_1 h/d_1}$$

Wolstenholme 定理

$$= \frac{\varphi(d)}{\varphi(d_1)} \sum_{h(\bmod d_1)}^{*} g^{\varphi(p^a) r_1 h/d_1} \pmod{p^a} \quad (9)$$

而

$$\sum_{h(\bmod d_1)}^{*} g^{\varphi(p^a) r_1 h/d_1} = \sum_{h(\bmod d_1)} g^{\varphi(p^a) r_1 h/d_1} \sum_{\substack{s \mid d \\ s \mid d_1}} \mu(s)$$

$$= \sum_{s \mid d_1} \mu(s) \sum_{h(\bmod \frac{d_1}{s})} g^{\varphi(p^a) r_1 hs/d_1}$$

$$= \sum_{s \mid p^m} \mu(s) \sum_{t \mid l_0} \mu(t) \sum_{h(\bmod \frac{p^m l_0}{st})} g^{\varphi(p^a) r_1 hst/(p^m l_0)}$$

$$= \sum_{s \mid p} \mu(s) \sum_{t \mid l_0} \mu(t) \sum_{h(\bmod \frac{p^m l_0}{st})} g^{\varphi(p^a) r_1 hst/(p^m l_0)}$$

其中最里面的和在 $t \neq l_0$ 时,值为

$$\frac{g^{\varphi(p^a) r_1 \cdot \frac{st}{p^m l_0} \cdot \frac{p^m l_0}{st}} - 1}{g^{\varphi(p^a) r_1 \cdot \frac{st}{p^m l_0}} - 1} \equiv 0 \pmod{p^a}$$

在 $t = l_0$ 时,值为

$$\sum_{h(\bmod \frac{p^m}{s})} g^{\varphi(p^a) r_1 hs/p^m}$$

因此

$$\sum_{h(\bmod d_1)}^{*} g^{\varphi(p^a) r_1 h/d_1}$$

$$= \sum_{s \mid p} \mu(s) \mu(l_0) \sum_{h(\bmod \frac{p^m}{s})} g^{\varphi(p^a) r_1 hs/p^m}$$

$$= \mu(l_0) \Big(\sum_{h(\bmod p^m)} g^{\varphi(p^a) r_1 h/p^m} - \sum_{h(\bmod p^{m-1})} g^{\varphi(p^a) r_1 h/p^{m-1}} \Big)$$

$$\stackrel{\text{由}(7)}{\equiv} \mu(l_0)(p^m - p^{m-1}) \pmod{p^a}$$

$$\equiv \mu(l_0) \cdot \frac{\varphi(d_1)}{\varphi(l_0)} \pmod{p^a} \quad (10)$$

由(9)(10),有
$$S_r(p^a,d) \equiv \frac{\varphi(d)}{\varphi(d_1)} \cdot \mu(l_0) \cdot \frac{\varphi(d_1)}{\varphi(l_0)}$$
$$\equiv \frac{\varphi(d)}{\varphi(l_0)}\mu(l_0) \pmod{p^a}$$

当 $m=0$ 时,由 $d_1=l_0$ 及上面的推导过程容易看出式(5)仍然成立.

设 M 为某代数数域中的整理想,$M \neq 0,1$,$M \nmid 2$,且
$$\alpha_1,\alpha_2,\cdots,\alpha_n \qquad (11)$$
与
$$\beta_1,\beta_2,\cdots,\beta_n \qquad (12)$$
为 $\mathrm{mod}\ M$ 的两个完全剩余系,其中 $n=N(M)$. 旷京华、万大庆[①]曾证明积
$$\alpha_1\beta_1,\alpha_2\beta_2,\cdots,\alpha_n\beta_n \qquad (13)$$
不是 $\mathrm{mod}\ M$ 的完全系. 我们在这里另给一个证明:

若(13)是 $\mathrm{mod}\ M$ 的完系,不妨设前面 $\varphi(M)=t$ 个是 $\mathrm{mod}\ M$ 的缩系,这时 $\alpha_1,\alpha_2,\cdots,\alpha_t$ 与 $\beta_1,\beta_2,\cdots,\beta_t$ 也必然是 $\mathrm{mod}\ M$ 的缩系.

设素理想 $N\mid M$,若 $(\alpha_i\beta_i,M)=P$,则由于 α_i,β_i 均不在 $\mathrm{mod}\ M$ 的缩系中,必有 $P\mid\alpha_i$,$P\mid\beta_i$ 并且 $P\parallel M$,于是可设 $M=p_1p_2\cdots p_m$,其中 $p_i(1\leqslant i\leqslant m)$ 为不同的素理想.

用归纳法易知当且仅当 $(\alpha_i,M)=(\beta_i,M)=$

---

① 旷京华,万大庆. 关于覆盖剩余类的注记. 数论研究与评论,1948,4;1.

$p_{j_1} p_{j_2} \cdots p_{j_t}$ 时，$(\alpha_i \beta_i, M) = p_{j_1} p_{j_2} \cdots p_{j_t}$，并且这样的 i 恰有 $\varphi\left(\dfrac{M}{p_{j_1} p_{j_2} \cdots p_{j_t}}\right)$ 个.

特别地，设 $\alpha_{i_1}, \alpha_{i_2}, \cdots, \alpha_{i_k}$ 及 $\beta_{i_1}, \beta_{i_2}, \cdots, \beta_{i_k}$ 满足 $(\alpha_{i_1}, M) = \cdots = (\alpha_{i_k}, M) = (\beta_{i_1}, M) = \cdots = (\beta_{i_k}, M) = p_1 p_2 \cdots p_{m-1}$，其中 $k = \varphi(p_m)$，则 $(\alpha_{i_1} \beta_{i_1}, M) = \cdots = (\alpha_{i_k} \beta_{i_k}, M) = p_1 p_2 \cdots p_{m-1}$.

因为 $\alpha_{i_1}, \cdots, \alpha_{i_k}$ 是 $\mod M$ 的不同的剩余类，所以 $\alpha_{i_1}, \cdots, \alpha_{i_k}$ 是 $\mod p_m$ 的不同的剩余类. 同样 $\beta_{i_1}, \cdots, \beta_{i_k}$ 及 $\alpha_{i_1} \beta_{i_1}, \cdots, \alpha_{i_k} \beta_{i_k}$ 也都是 $\mod p_m$ 的不同剩余类，于是它们均为 $\mod p_m$ 的缩系. 由 Wilson 定理，有

$$\alpha_{i_1} \alpha_{i_2} \cdots \alpha_{i_k} \equiv -1 \pmod{p_m}$$

$$\beta_{i_1} \beta_{i_2} \cdots \beta_{i_k} \equiv -1 \pmod{p_m}$$

$$(\alpha_{i_1} \beta_{i_1})(\alpha_{i_2} \beta_{i_2}) \cdots (\alpha_{i_k} \beta_{i_k}) \equiv -1 \pmod{p_m}$$

但将前两个式子相乘所得结果与第三个式子矛盾，这表明(13)不是 $\mod M$ 的完系.

旷京华证明了以下定理：

定理 23 设 A 为代数数域 K 中的理想，$B = (2, A)$，并且 $N(B) = 2$. 若 $n = N(A)$，且

$$\alpha_1, \alpha_2, \cdots, \alpha_n \tag{14}$$

与

$$\beta_1, \beta_2, \cdots, \beta_n \tag{15}$$

是 $\mod A$ 的两组完全剩余系，则

$$\alpha_1 + \beta_1, \alpha_2 + \beta_2, \cdots, \alpha_n + \beta_n \tag{16}$$

不是 $\mod A$ 的完全剩余系.

这个定理显然是从 $K = \mathbf{Q}$ 时相应的命题推广而来. 我们的证明如下：

因为 $N(B) = 2$，所以 B 是素理想，设

$$A = B^a N$$
$$(2) = B^b M$$

其中 M, N, B 两两互素;$a \geqslant 1, b \geqslant 1$ 并且至少有一个为 1.

因为 $-\alpha_1, -\alpha_2, \cdots, -\alpha_n$ 也是 $\bmod A$ 的完系,所以

$$\sum(\alpha_i + \beta_i) \equiv \sum(\alpha_i + (-\alpha_i)) \equiv 0 (\bmod A) \tag{17}$$

另一方面,对 $\bmod A$ 的任一完系(14),考虑和 $\sum \alpha_i (\bmod A)$,将其中形如 α_i 与 $\alpha'_i \equiv -\alpha_i (\bmod A)$ 的两项互相抵消,只剩下满足

$$\alpha_i \equiv -\alpha_i (\bmod A) \tag{18}$$

的那些 α_i.

(18) 即 $B^a N \mid (2\alpha_i)$,从而 $B^a N \mid B^b M (\alpha_i)$.由于 M, N, B 两两互素,不论 $a = 1$ 或 $b = 1$,均有

$$B^{a-1} N \mid (\alpha_i)$$

因为 $N(A) + N(B^{a-1} N) = N(B) = 2$,所以恰有两个 α_i 满足(18).其中一个当然是 $\alpha_i \equiv 0 (\bmod A)$,另一个 $\alpha_i \not\equiv 0 (\bmod A)$,这样,对 $\bmod A$ 的任一完系(14),有

$$\sum \alpha_i \not\equiv 0 (\bmod A)$$

因而,由(17)即知结论成立.

§11 数论史专家 Dickson 对 $1,2,\cdots,p-1$ 模 p 的对称函数相关结果的综述

我们应该记
$$s_n = 1^n + 2^n + \cdots + (p-1)^n$$
并取 p 为素数.

E. Waring 记 $\alpha,\beta,\cdots$ 为 $1,2,\cdots,x$,并考虑了
$$s = \alpha^a \beta^b \gamma^c + \cdots + \alpha^b \beta^a \gamma^c + \cdots + \alpha^a \beta^b \gamma^d \cdots$$
若 $t = a+b+c+\cdots < x$ 是奇数,且 $x+1$ 是素数,则 s 能被 $(x+1)^2$ 整除;若 $t < 2x$ 且 $a,b,\cdots$ 均是与 $2x+1$ 互素的偶数,则 s 能被 $2x+1$ 整除.

V. Bouniakowsky 记录到,s_m 能被 p^2 整除,若 $p>2$ 且 m 是奇数, $m \not\equiv 1 (\bmod\ p-1)$;若 $m \equiv 1 (\bmod\ p-1)$ 且 $m \equiv 0 (\bmod\ p)$ 也有同样的结论.

C. von Staudt 证明了,若 $S_n(x) = 1 + 2^n + \cdots + x^n$,则
$$S_n(ab) \equiv b S_n(a) + na S_{n-1}(a) S_1(b-1)(\bmod\ a^2)$$
$$2S_{2n+1}(a) \equiv (2n+1) a S_{2n}(a)(\bmod\ a^2)$$
若 $a,b,\cdots,l$ 成对互素,则
$$\frac{S_n(ab\cdots l)}{ab\cdots l} - \frac{S_n(a)}{a} - \cdots - \frac{S_n(l)}{l} = 整数$$

A. Cauchy 证明了
$$1 + \frac{1}{2} + \cdots + \frac{1}{p-1} \equiv 0 (\bmod\ p)$$

G. Eisenstein 指出,依据 m 能否被 $p-1$ 整除可判断 $s_m \equiv -1$ 或 $0 (\bmod\ p)$. 若 m,n 是小于 $p-1$ 的正整

数,则可依据 $m+n < p-1$ 或 $m+n \geqslant p-1$ 来判断

$$\sum_{\sigma=1}^{p-2} \sigma^m (\sigma+1)^n \equiv 0 \pmod{p}$$

或

$$\sum_{\sigma=1}^{p-2} \sigma^m (\sigma+1)^n \equiv -\binom{n}{p-1-m} \pmod{p}$$

L. Poinsot 记录到,当 a 取值 $1,2,\cdots,p-1$ 时,$(ax)^n$ 有同 a^n 一样的剩余模 p,按顺序分开. 另外,$s_n x^n \equiv s_n \pmod{p}$,取 x 为不是 $x^n \equiv 1$ 根的一个数. 因此,若 n 不被 $p-1$ 整除,则 $s_n \equiv 0 \pmod{p}$.

J. A. Serret 应用 Newton 的恒等式

$$(x-1)\cdots(x-p+1) \equiv 0$$

推断出 $s_n \equiv 0 \pmod{p}$,除非 n 能被 $p-1$ 整除.

J. Wolstenholme 证明了

$$1 + \frac{1}{2} + \frac{1}{3} + \cdots + \frac{1}{p-1}$$

$$1 + \frac{1}{2^2} + \cdots + \frac{1}{(p-1)^2}$$

的分子分别能被 p^2 和 p 整除,其中 $p > 3$ 是素数. 证法也已被 C. Leudesdorf,A. Rieke,E. Allardice,G. Osborn,L. Birkenmajer,P. Niewenglowski,N. Nielsen,H. Valentiner 等人给出.

V. A. Lebesgue 证明了,若 m 不能被 $p-1$ 整除,应用恒等式

$$(n+1)\sum_{k=1}^{x} k(k+1)\cdots(k+n-1)$$
$$= x(x+1)\cdots(x+n) \quad (n=1,2,\cdots,p-1)$$

则 s_m 能被 p 整除.

Wolstenholme 定理

P. Frost 证明了,若 p 是不整除 $2^{2r}-1$ 的素数,则 $\sigma_{2r},\sigma_{2r-1},p(2r-1)\sigma_{2r}+2\sigma_{2r-1}$ 的分子分别能被 p,p^2,p^3 整除,其中

$$\sigma_k = 1 + \frac{1}{2^k} + \cdots + \frac{1}{(p-1)^k}$$

σ_{2r} 的项的前半部分和的分子能被 p 整除;对于奇数项和具有同样的性质.

J. J. Sylvester 指出,选自 $1,2,\cdots,m$ 的 n 个不同数的所有积的和 $S_{n,m}$ 等于表达式 $(1+t)(1+2t)\cdots(1+mt)$ 中 t^n 的系数且能被包含在集 $m-n+1,\cdots,m,m+1$ 的任意项中的大于 $n+1$ 的每个素数整除.

E. Fergola 指出,若 $(a,b,\cdots,l)^n$ 代表将 $(a+b+\cdots+l)^n$ 的展式中每个数值系数用单位元替换所得到的表达式,则

$$(x,x+1,\cdots,x+r)^n = \sum_{j=0}^{n} \binom{r+n}{j}(1,2,\cdots,r)^{n-j}x^j$$

出现在级数 $n+2,n+3,\cdots,n+r$ 中的数 $(1,2,\cdots,r)^n$ 能被大于 r 的每个素数整除.

G. Torelli 证明了

$$(a_1,\cdots,a_n)^r = (a_1,\cdots,a_{n-1})^r + a_n(a_1,\cdots,a_n)^{r-1}$$
$$(a_1,\cdots,a_n,b)^r - (a_1,\cdots,a_n,c)^r$$
$$= (b-c)(a_1,\cdots,a_n,b,c)^{r-1}$$
$$(x+a_0,x+a_1,\cdots,x+a_n)^r$$
$$= \sum \binom{n+r}{j}(a_0,\cdots,a_n)^{r-j}x^j$$

它成为 Fergola 的 $a_i = i(i=0,1,\cdots,n)$ 的情形. Sylvester 定理的证法和推断 $S_{j,i}$ 能被 $\binom{i+1}{j+1}$ 整除的

证法已被给出.

C. Sardi 应用 Lagrange 定理从方程 $A_1 = \binom{p}{2}, \cdots$ 推出了 Sylvester 定理. 当 $A_p = S_{p,n}$ 时解方程,我们得到

$$p!(-1)^{p+1}S_{p,n} = \begin{vmatrix} -1 & 0 & 0 & \cdots & 0 & \binom{n+1}{2} \\ \binom{n}{2} & -2 & 0 & \cdots & 0 & \binom{n+1}{3} \\ \binom{n}{3} & \binom{n-1}{2} & -3 & \cdots & 0 & \binom{n+1}{4} \\ \vdots & \vdots & \vdots & & \vdots & \vdots \\ \binom{n}{p} & \binom{n-1}{p-1} & \binom{n-2}{p-2} & \cdots & \binom{n-p+2}{2} & \binom{n+1}{p+1} \end{vmatrix}$$

若 $n+1$ 是素数,我们看到应用最后一列有 $S_{n-1,n}$ 能被 $n+1$ 整除. 当 $p=n-1$ 时,记此行列式为 D. 那么,若 $n+1$ 是素数,则 D 显然能被 $n+1$ 整除. 相反,若 D 能被 $n+1$ 整除且所得的商能被 $(n-1)!$ 整除,则 $n+1$ 是素数. 它表明

$$mS_{m,n} = \sum_{p=1}^{m} (-1)^{p+1} r_p S_{m-p,n}$$
$$r_p = 1^p + 2^p + \cdots + n^p$$

当 $m=1,2,\cdots,n$ 时,我们看到 r_p 能被出现在 $n+1$ 或 n 中的同 $2,3,\cdots,p+1$ 互素的任意整数整除. 因此,若 $n+1$ 是素数,则它整除 $r_1, r_2, \cdots, r_{n-1}$,同时 $r_n \equiv n(\bmod n+1)$;若 $n+1$ 整除 r_{n-1},则它是素数.

Sardi 证明了 Sylvester 定理和 Fergola 阐明的

Wolstenholme 定理

公式
$$\sum_{r=0}^{k}(-1)^r S_{r,n+r-1}\sigma_{k-r,n+r}=0$$

Sylvester 指出,若 $p_1, p_2, \cdots$ 是连续素数 $2,3,\cdots$,则
$$S_{j,n}=\frac{(n+1)n(n-1)\cdots(n-j+1)}{p_1^{e_1}p_2^{e_2}\cdots}F_{j-1}(n)$$

其中 $F_k(n)$ 是具有整系数的 k 次多项式,且素数 p 的指数 e 由
$$e=\sum_{k=0}^{\infty}\left[\frac{j}{(p-1)p^k}\right]$$

给出.

E. Cesàro 阐述了 Sylvester 定理且指出若 $m-n$ 是素数,则 $S_{n,m}-n!$ 能被 $m-n$ 整除.

E. Cesàro 指出素数 p 整除 $S_{m,p-2}-1, S_{p-1,p}+1$,但 $m=p-1, S_{m,p-1}$ 除外. 又每个素数 $p>\frac{n+1}{2}$,且整除 $S_{p-1,n}+1$,而素数 $p=\frac{n+1}{2}, \frac{n}{2}$ 整除 $S_{p-1,n}+2$.

O. H. Mitchell 讨论了 $0,1,\cdots,k-1$ 的对称函数的剩余模 k(任意整数). 结尾他求出了 $(x-\alpha)(x-\beta)\cdots$ 的余数,其中 $\alpha, \beta, \cdots$ 是 k 的 $s-$ 互素数中的较小者(小于 k 的数,它包含 s 但 k 的素因子都包含在 s 中). 这些结果被扩展到模 $p, f(x)$ 的情形,其中 p 是一个素数.

F. J. E. Lionnet 阐明且 Moret-Blanc 证明了,若素数 $p=2n+1>3$,则 $1,2,\cdots,n$ 的具有指数 $2a$ 的方幂和(在 0 与 $2n$ 之间)与 $n+1, n+2, \cdots, 2n$ 的类似和能被 p 整除.

M. d'Ocagne 证明了 Torelli 的第一个关系.

E. Catalan 阐明并在后来证明了 s_k 能被素数 $p > k+1$ 整除. 若 p 是一个奇素数且 $p-1$ 不能整除 k,则 s_k 能被 p 整除;然而,若 $p-1$ 整除 k,则 $s_k \equiv -1 \pmod{p}$. 令 $p = a^{\alpha} b^{\beta} \cdots$,若 $a-1, b-1, \cdots$ 中没有一个整除 k,则 s_k 能被 p 整除;相反,则 s_k 不能被 p 整除. 若素数 $p > 2$, $p-1$ 不是 $k+l$ 的因子,则

$$S = 1^k(p-1)^l + 2^k(p-2)^l + \cdots + (p-1)^k 1^l$$

能被 p 整除;但若 $p-1$ 整除 $k+l$,则

$$S \equiv -(-1)^l \pmod{p}$$

若 k 和 l 的奇偶性相反,则 p 整除 S.

M. d'Ocagne 为 Fergola 的符号证明了关系

$$(a \cdots fg \cdots l v \cdots z)^n = \sum (a \cdots f)^{\lambda} (g \cdots l)^{\mu} \cdots (v \cdots z)^{\rho}$$

概括所有使 $\lambda + \mu + \cdots + \rho = n$ 的组合,用 $\alpha^{(p)}$ 记取 p 次的 α,我们有

$$(\alpha^{(p)} ab \cdots l)^n = \sum_{i=0}^{n} \alpha^i (1^{(p)})^i (ab \cdots l)^{n-i}$$

它表明 $(1^{(p)})^n$ 等于每取一次 $p-1$ 的 $n+p-1$ 个事件的组合数. 二项式系数间的各种代数关系被导出.

L. Gegenbauer 考虑了多项式

$$f(x) = \sum_{i=0}^{p-2+k} b_i x^i \quad (1-p < k \leqslant p-1)$$

且证明了

$$\sum_{\lambda=1}^{p-1} \frac{f(\lambda)}{\lambda^{p-2}} \equiv -b_{p-2} \pmod{p} \quad (k < p-1)$$

$$\sum_{\lambda=1}^{p-1} \frac{f(\lambda)}{\lambda^{p-3}} \equiv -b_{p-2} - b_{2p-3} \pmod{p} \quad (k = p-1)$$

并推断了关于 s_n 被 p 除的整除性定理.

Wolstenholme 定理

E. Lucas 应用 x^n-1 的符号表达式 $(s+1)^n-s^n$ 证明了关于 s_n 被 p 除的整除性定理.

N. Nielsen 证明了,若 p 是奇素数且 k 是奇数,$1<k<p-1$,则每取一次 k 得到的 $1,2,\cdots,p-1$ 的积的和能被 p^2 整除. 当 $k=p-2$ 时,这个结论就归于 Wolstenholme.

N. M. Ferrers 证明了,若 $2n+1$ 是素数,则每取一次 r 的 $1,2,\cdots,2n$ 的积的和能被 $2n+1$ 整除,其中 $r<2n$;然而每取一次 r 的 $1,2,\cdots,n$ 的平方的积的和能被 $2n+1$ 整除,其中 $r<n$.

J. Perott 给出了,若 $n>p-1$,则 s_n 能被 p 整除的一个新证法.

R. Rawson 证明了,Ferrers 的第 2 个定理.

G. Osborn 证明了,当 $r<p-1$ 时,若 r 是偶数,则 s_r 能被 p 整除;若 r 是奇数,则 s_r 能被 p^2 整除. 若 r 是奇数且 $1<r<p$,则每取一次 r 的 $1,2,\cdots,p-1$ 的积的和能被 p^2 整除.

J. W. L. Glaisher 给出了每取一次 r 的 $a_1,a_2,\cdots,a_i$ 的积的和 $S_r(a_1,\cdots,a_i)$ 的一些定理. 若 r 是奇数,则 $S_r(1,\cdots,n)$ 能被 $n+1$ 整除($n+1$ 是素数的特殊情形被 Lagrange 和 Ferrers 所证明). 若 $r>1$ 是奇数,$n+1>3$ 是素数,则 $S_r(1,\cdots,n)$ 能被 $(n+1)^2$ 整除. 若 $r>1$ 是奇数,$n>2$ 是素数,则 $S_r(1,\cdots,n)$ 能被 n^2 整除. 若 $n+1$ 是素数,则 $S_r(1^2,\cdots,n^2)$ 能被 $n+1$ 整除 $(r=1,\cdots,n-1,r\neq\dfrac{n}{2}$,当它与 $(-1)^{1+\frac{n}{2}}$ 模 $n+1$ 同余时). 若 $p\leqslant n$ 是素数,k 是 $\dfrac{n+1}{p}$ 的商,则 $S_{p-1}(1,\cdots,n)\equiv$

$-k(\bmod p)$；$n=p-1$ 的情形是 Wilson 定理.

S. Monteiro 记录到 $2n+1$ 整除 $(2n)!\sum_{n=1}^{2n}\dfrac{1}{r}$.

J. Westlund 重新给出了 Serret 和 Tchebychef 的讨论.

Glaisher 证明了他的较早的定理. 还有，若 $p=2m+1$ 是素数，则
$$(m-t)pS_{2t}(1,\cdots,2m) \equiv S_{2t+1}(1,\cdots,2m)(\bmod p^3)$$
根据 n 的奇偶性来判断
$$S_{2t}(1,\cdots,n) \equiv S_{2t}(1,\cdots,n-1)(\bmod n^2 \text{ 或 } \tfrac{1}{2}n^2)$$
当 $m>3$ 为奇数时，$S_{2m-3}(1,\cdots,2m-1)$ 能被 m^2 整除，且
$$S_{m-2}(1^2,\cdots,(m-1)^2), S_{2m-4}(1,\cdots,2m-1)$$
能被 m 整除. 他给出了当 $r=1,2,\cdots,7$ 时就 n 而言的 $S_r(1,\cdots,n)$ 和 $A_r = S_r(1,\cdots,n-1)$ 的值；当 $n \leqslant 22$ 时 $S_r(1,\cdots,n)$ 的数值，还有关于 A_r 和 S_r 的因子的已知定理列表. 当 r 是奇数，$3 \leqslant r \leqslant m-2$ 时，$S_r(1,\cdots,2m-1)$ 能被 m 整除；当 m 是大于 3 的素数时它能被 m^2 整除. 他证明了，若 $1 \leqslant r \leqslant \dfrac{p-3}{2}$，且 B_r 是 Bernoulli 数，则
$$\dfrac{2S_{2r+1}(1,\cdots,p-1)}{p^2} \equiv \dfrac{-(2r+1)S_{2r}(1,\cdots,p-1)}{p}$$
$$\dfrac{S_{2r}(1,\cdots,p-1)}{p} \equiv \dfrac{(-1)^r B_r}{2r}(\bmod p)$$

Glaisher 给出了 σ_k 模 p^2 和 p^3 的余数，并证明了 $\sigma_2, \sigma_4, \cdots, \sigma_{p-3}$ 能被 p 整除，$\sigma_3, \sigma_5, \cdots, \sigma_{p-2}$ 能被 p^2 整除，其中 p 是素数.

Wolstenholme 定理

Glaisher 证明了，若 p 是奇素数，则根据 $2n$ 是否为 $p-1$ 的倍数来判断

$$1+\frac{1}{3^{2n}}+\frac{1}{5^{2n}}+\cdots+\frac{1}{(p-2)^{2n}}\equiv 0 \text{ 或 } -\frac{1}{2}\pmod p$$

他得到了代数级数中数的类似次幂的倒数和的余数.

F. Sibirani 证明了 Sylvester 给出的 $S_{n,m}$（给定了 $S_{n,m+1}$），指出

$$S_{i,j}=jS_{i-1,j-1}+S_{i,j-1}$$

$$\begin{vmatrix} S_{n,n} & S_{n-1,n} & \cdots & S_{n-k+1,n} \\ \vdots & \vdots & & \vdots \\ S_{n+k-1,n+k-1} & S_{n+k-2,n+k-1} & \cdots & S_{n,n+k-1} \end{vmatrix}=(n!)^k$$

K. Hensel 应用 Poinsot 的方法证明了具有整系数的 $1,2,\cdots,p-1$ 的任意 v 次整对称函数能被素数 p 整除，其中 v 不是 $p-1$ 的倍数.

W. F. Meyer 给出了推论，若 $a_1,a_2,\cdots,a_{p-1}$ 与模 p^n 不同余，且每个 $a_i^{p-1}-1$ 能被 p^n 整除，则 $a_1,a_2,\cdots,a_{p-1}$ 的任意 v 次整对称函数能被 p^n 整除，其中 v 不是 $p-1$ 的倍数. 在与 p 互素的 $\phi(p^n)$ 个余数模 p^n 中，有 $p^k(p-1)^2$ 使 $a^{p-1}-1$ 能被 p^{n-1-k} 整除，但不能被 p 的更高次幂整除，其中 $k=1,\cdots,n-1$；余下的 $p-1$ 个余数给出了上面的 $a_1,a_2,\cdots,a_{p-1}$.

A. Aubry 在

$$(x+1)^n-x^n=nx^{n-1}+Ax^{n-2}+\cdots+Lx+1$$

中取 $x=1,2,\cdots,p-1$ 并增加了结果. 因此

$$p^n=ns_{n-1}+As_{n-2}+\cdots+Ls_1+p$$

因此由归纳法，若 $n<p$，则 s_{n-1} 能被素数 p 整除.

U. Conoina 证明了，若 n 不能被 $p-1$ 整除，则 s_n 能被素数 $p>2$ 整除. 令 s 是 $n,p-1$ 的最大公约数，

$\mu\delta = p-1$. n 次模 p 的 μ 个不同余数 r_i 是 $x^\mu \equiv 1 \pmod{p}$ 的根,由此对于不被 $p-1$ 整除的 n,有

$$\sum r_i \equiv 0 \pmod{p}$$

对于每个 r_i, $x^n \equiv r_i$ 有 δ 个非同余根. 因此

$$\delta_n \equiv \delta \sum r_i \equiv 0 \pmod{p}$$

他也证明了,若 $p+1$ 是大于 3 的素数, n 是不被 p 整除的偶数,则 $1^n + 2^n + \cdots + \left(\dfrac{p}{2}\right)^n$ 能被 $p+1$ 整除.

W. H. L. Janssen van Raay 考虑了,当素数 $p > 3$ 时,有

$$A_h = \frac{(p-1)!}{h!}, B_h = \frac{(p-1)!}{h(p-h)}$$

并证明了 $B_1 + B_2 + \cdots + B_{\frac{p-1}{2}}$ 能被 p 整除,且

$$A_1 + \cdots + A_{p-1}, 1 + \frac{1}{2} + \frac{1}{3} + \cdots + \frac{1}{p-1}$$

能被 p^2 整除.

U. Concina 证明了,若对于 k, p 的任意素因子 n 不能被 $p-1$ 整除,则

$$S = 1 + 2^n + \cdots + k^n$$

能被奇数 k 整除. 下面,令 k 是偶数,对于奇数 $n > 1$,根据 k 能否被 4 整除来判断 S 能被 k 整除还是仅能被 $\dfrac{k}{2}$ 整除. 当 n 是偶数时, S 仅能被 $\dfrac{k}{2}$ 整除,使得 n 不能被 k 的任意素因子减去单位元整除.

N. Nielsen 记 C_p^r 为 $1, \cdots, p-1$ 中每取一次 r 的积的和,且

$$s_n(p) = \sum_{s=1}^{p} s^n, \sigma_n(p) = \sum_{s=1}^{p} (-1)^{p-s} s^n$$

Wolstenholme 定理

若 $p > 2n+1$ 是素数,则
$$\sigma_{2n}(p-1) \equiv s_{2n}(p-1) \equiv 0 \pmod{p}$$
$$s_{2n+1}(p-1) \equiv 0 \pmod{p^2}$$

若 $p = 2n+1 > 3$ 是素数,且 $1 \leqslant r \leqslant n-1$,则 C_p^{2r+1} 能被 p^2 整除.

Nielsen 证明了,当 $2p+1 \leqslant n$ 时, $2D_n^{2p+1}$ 能被 $2n$ 整除,其中 D_n^s 是每取一次 s 的 $1,3,5,\cdots,2n-1$ 的积的和;他还证明了
$$2^{2q+1}s_{2q}(n-1) \equiv 2^{2q}s_{2q}(2n-1) \pmod{4n^2}$$
和连续偶整数式与连续奇整数式间的方幂和;还有当交替项是负数时,他证明了 C_p^r 间的关系,包括 Glaisher 的最终公式.

Nielsen 证明了最后引用的结果. 令 p 是一个奇素数. 若 $2n$ 不能被 $p-1$ 整除,则有
$$s_{2n}(p-1) \equiv 0 \pmod{p}$$
$$s_{2n+1}(p-1) \equiv 0 \pmod{p^2}$$
但若 $2n$ 能被 $p-1$ 整除,则
$$s_{2n}(p-1) \equiv -1 \pmod{p}$$
$$s_{2n+1}(p-1) \equiv 0 \pmod{p}$$
$$s_p(p-1) \equiv 0 \pmod{p^2}$$

T. E. Mason 证明了,若 p 是奇素数,$i > 1$ 是奇整数,则 $1,2,\cdots,p-1$ 每取一次 i 的积的和 A_i 能被 p^2 整除. 若 $p > 3$ 是素数,则当 k 是非 $m(p-1)+1$ 型奇数时,s_k 能被 p^2 整除;当 k 是非 $m(p-1)$ 型偶数时,s_k 能被 p 整除,且若 k 是后者的形式,则 s_k 不能被 p 整除. 若 $k = m(p-1)+1$,则根据 k 能否被 p 整除来判断 s_k 能被 p^2 整除还是能被 p 整除. 令 p 为合数且 r 为它的

第1编 推广加强编

最小素因子，则 $r-1$ 是使 A_t 不能被 p 整除的最小整数 t 且反之成立. 因此 p 是素数当且仅当 $p-1$ 是使 A_t 能被 p 整除的最小的 t. 若我们用 s_k 替换 A_i，则后两个定理仍成立.

T. M. Putnam 证明了 Glaisher 的定理：若 n 不是 $p-1$ 的倍数，且

$$\sum_{j=1}^{\frac{p-1}{2}} j^{p-2} \equiv \frac{2-2^p}{p} \pmod{p}$$

则 s_{-n} 能被 p 整除.

W. Meissner 将 p 的一个原根 h 的连续方幂的余数模 p（素数）整理成一个 t 行 τ 列的长方形表，其中 $t\tau = p-1$. 这里给出了 $p=13, h=2, t=4$ 时的这个表. 令 R 取遍任意一列中的数，则 $\sum R$ 和 $\sum \frac{1}{R}$ 均能被 p 整除. 若 t 是偶数，则 $\sum \frac{1}{R}$ 能被 p^2 整除，例如 $\frac{1}{1} + \frac{1}{8} + \frac{1}{12} + \frac{1}{5} = \frac{13^2}{120}$. 当 $t = p-1$ 时，该定理成为 Wolstenholme 的第一个定理.

Nielsen 证明了他的定理和 Glaisher 的最终结果.

Nielsen 像 Aubry 一样进行研究并证明了

$$s_{2n+1} \equiv 0 \pmod{p^2},\ \sum_{j=1}^{\frac{p-1}{2}} j^{2n} \equiv 0 \pmod{p}$$
$$\left(1 \leqslant n \leqslant \frac{p-3}{3}\right)$$

然后应用 Newton 的恒等式我们得到 Wilson 定理和 Nielsen 的最后结果.

E. Cahen 阐明了 Nielsen 定理.

Wolstenholme 定理

F. Irwin 阐明并由 E. B. Esaott 证明了,若 S_j 是 $1, \frac{1}{2}, \frac{1}{3}, \cdots, \frac{1}{t}$ 每取一次 j 的积的和,其中 $t = \frac{p-1}{2}$,则 $2S_2 - S_1^2, \cdots$ 能被奇素数 p 整除.

第 2 编
基 础 编

整除性的基本性质,整除的特征

第 2 章

§1 整除性:一般定理

处理除法时,我们既关心商数,又关心余数;加法、减法、乘法,每种运算只有一个结果,除法带来两个结果,即商数和余数.

但是当除法能除尽时,显然注意力只集中在商数上,它成了运算的唯一结果;做除法就是求商数.被除数这时等于除数跟商数的积,因而除法表现为乘法的逆运算.被除数也等于商数跟除数的积,可见除数含几个单位,被除数就是几个等于商数的数之和;做除法就是求这些相等部分中的一个部分,或者说将被除数分成一些相等的部分,这些部分的数目等于除数.这就是除法一词的原意.通常所谓

Wolstenholme 定理

的取五分之一、十二分之一这一类说法,就是这个意思. 暂时,这些字样只当以 5 除或以 12 除能整除时才有意义.

当 a 能被 b 整除时,常用符号 $\dfrac{a}{b}$(读作 a 除以 b)表商数. 暂时,当 a 不能被 b 整除时,这个符号没有任何意义. 当 b 为 1 时,商为 a,从而 $\dfrac{a}{1}$ 跟 a 同义. 当 a 能被 b 整除而商为 q 时,我们不加区别地写作

$$\frac{a}{b}=q, a=bq$$

照这样

$$\frac{24}{8}=3, 24=8\times 3$$

意义完全相同.

注意一下关于符号 $\dfrac{a}{b}$ 的用法,首要的是假设 a 被 b 整除,当它们出现在计算或等式中时,注意把分数线跟符号"=,+,-,×"写平. 例如

$$\frac{24}{8}+\frac{12}{3}=3+4=7$$

$$\frac{24}{8}\times\frac{28}{7}=3\times 4=12$$

设代数和的每一项都能被 m 整除,那么代数和本身也是这样,并且它除以 m 所得的商等于各项除以 m 所得商的代数和.

事实上,代数和的每一项被 m 整除,就是它以 m 作为一个因数,因此代数和本身也含因数 m,即能被 m 整除.

这样,设 a,b,c,d 能被 m 整除,则有
$$\frac{a-b+c-d}{m}=\frac{a}{m}-\frac{b}{m}+\frac{c}{m}-\frac{d}{m}$$

特别地,如果两数之和以及其中一数能被 m 整除,那么另一数也能被 m 整除.

事实上,第二部分等于和与第一部分之差,并且这个差的两部分都能被数 m 整除.

设两数 a,b 之差以及 a,b 之一能被 m 整除,则另一数亦然.

事实上,设数 $a-b$ 及 b 能被 m 整除,则其和 $(a-b)+b$ 即 a 也能被 m 整除;设 a 及 $a-b$ 能被 m 整除,则其差 b 亦然.

普遍言之,若一个代数和能被 m 整除,又设所有的项除一个以外都能被 m 整除,那么可以肯定,这一项也能被 m 整除.

设一数 a 是 b 的倍数,那么 a 的任何倍数也是 b 的倍数.

事实上,设 $a=a'b$,其中 a' 是 a 除以 b 的商,那么 a 的任何倍数
$$ma=m\times a'b=ma'\times b$$
当然是 b 的倍数.我们可以叙述下面的定理:

对两数之乘积,若其一因数能被一数整除,那么乘积也能被该数整除,并且要以该数除乘积,只需以它除所考虑的因数.

这个定理可以推广到任意多个因数之积,其中有一个因数能被作为除数的那个数整除,因为这个乘积可以看作得自该因数乘以其余各因数之积.

在两个因数之积的情况下,刚才建立的命题可以

Wolstenholme 定理

换一种方式叙述. 例如乘积 $15\times 7=(3\times 5)\times 7$, 设以 5 除之, 则商为 3×7, 于是看出, 先以 5 除 15, 再以 7 乘其商, 或先以 7 乘 15, 再以 5 除其积, 结果是一样的.

当一个数 a 能被 b 整除时, 那么先以 b 除 a 再以 c 乘商数, 或先将 a,c 相乘再以 b 除所得之积, 结果是一样的.

以 5 除 15×7, 这是取 15 的 7 倍的五分之一; 以 5 除 15, 这是取它的五分之一, 以 7 乘结果, 我们得到 15 的五分之一的 7 倍. 所以 15 的 7 倍的五分之一跟 15 的五分之一的 7 倍是一回事.

读者从这里可以看出, 这种说法在一般情况下也是成立的; 但不要忘记这里的除法指的是整除.

当除法除得尽时, 将被除数和除数同乘以(不等于零的)一数之后, 除法依然是能除尽的, 并且两个商相同.

事实上, 设 a 能被 b 整除, q 为商数, 则有
$$a=bq$$
以不等于零的任一数 m 同乘上式两端得
$$am=bqm=(bm)q$$
此式表明 am 被 bm 除尽, 商仍为 q.

换言之, 若 a 能被 b 整除, 则 am 能被 bm 整除, 且可写作
$$\frac{a}{b}=\frac{am}{bm}$$

反之, 如果一个除法是能除尽的, 并且被除数和除数能被同一数除尽, 那么当被除数和除数以此数除过之后, 除法还是能除尽的, 并且商数不变.

事实上, 设 $a=bq$; 设被除数 a 及除数 b 能被 m 整

除,商数分别为 a' 及 b';a 除以 m 的商 a' 即是 bq 除以 m 的商,此商即 $b'q$;等式 $a'=b'q$ 表明 a' 能被 b' 整除,且商为 q,跟 a 除以 b 的商一样.

设两数 a,a' 能分别被 b,b' 整除,那么它们的积 aa' 能被 bb' 整除,并且后者的商等于前面两个商的积.

事实上,设两商为 q 及 q',则有
$$a=bq, a'=b'q'$$
从而
$$a \times a' = bq \times b'q'$$
或
$$aa' = (bb') \times (qq')$$

此式表明 aa' 能被 bb' 整除,商的确就是原来两个商的积 qq'.换言之,若 a 被 b 整除,a' 被 b' 整除,则 aa' 被 bb' 整除,且可写作
$$\frac{a}{b} \times \frac{a'}{b'} = \frac{aa'}{bb'}$$

被除数及除数同乘一数时,商不变,余数被乘以该数.

设原来的除法中,被除数、除数、商数、余数分别为 a,b,q,r,而 c 是乘数,我们有
$$a = bq + r, r < b$$
在等式和不等式两端乘以 c,则有
$$ac = bcq + rc, rc < bc$$
所以 ac 除以 bc 时,确实商是 q,而余数是 rc.

此命题包含下面一个结论:

当被除数和除数能被同一数整除时,余数也能被该数整除;设以该数除被除数和除数,那么商不改变,

而余数被除以该数.

事实上,设原来的被除数、除数、商数、余数分别为 a,b,q,r;设数 c 能除尽 a,b,商分别为 a',b';设 a' 除以 b' 时商为 q',而余数为 r'.因 $a=a'c, b=b'c$,按原定理,$q=q'$ 且 $r=r'c$,即 r 也被 c 整除,且商数为 r'.

以下命题是特别关系到余数的.

在除法中,当被除数加上或减去除数的一个倍数时,余数不变.

事实上,设被除数、除数、商数、余数分别为 a,b,q,r,则有
$$a=bq+r, r<b$$
以 bm 表示除数的任意倍数,则有
$$a+bm=b(q+m)+r, r<b$$
$$a-bm=b(q-m)+r, r<b$$
可见 $a+bm$ 或 $a-bm$ 除以 b 的余数是 r,而商是 $q+m, q-m$.

这个定理包含着下面一个结论:

代数和除以一个数时,如果在代数和中去掉或引进一些能被该数整除的项,那么余数是不变的.

设两数 a 与 a' 之差能被 b 整除,那么 a,a' 除以 b 时所得的余数相同.

事实上,a,a' 中较大的数等于另一数加上除数 b 的一个倍数.

反之,若两数 a,a' 除以一数 b 给出相同的余数 r,则其差能被 b 整除.

事实上,若以 q,q' 表示商数,则有
$$a=bq+r, a'=bq'+r$$

假设 a 比 a' 大,则
$$a - a' = bq - bq' = b(q - q')$$

设被除数是若干因数的乘积,若将其中一个因数加上或减去除数的一个倍数,那么余数不变.

事实上,所说的乘积可以看作若干个我们想要改动的因数之和.

容易看出,如果将乘积中的某个因数加上或减去除数的一个倍数,余数是不会变的;因此一下子对被除数所有的因数做这样的变动,余数也是不变的.

例如把乘积 $12 \times 17 \times 8$ 当作被除数,把 5 当作除数,由于
$$12 = 2 \times 5 + 2, 17 = 3 \times 5 + 2, 8 = 5 + 3$$
如果将 12 代以 2,17 代以 2,8 代以 3,那么余数不变.

特别地,可以将被除数的每个因数代以它除以 5 所得的余数,我们所考虑的余数并不改变.在本例中,将 12,17,8 分别代以 2,2,3,得到 $2 \times 2 \times 3 = 12$;以 5 除余 2,从而 $12 \times 17 \times 8$ 以 5 除也是余 2.

§2 整除的特征

我们有兴趣算一算除法的余数而不过问商数,特别想知道一下这个余数是否等于零.代替做整个除法,我们往往利用上面一些定理,用一些比较简单的数代替被除数而又算出相同的余数.

下述法则主要是与十进制相联系的.

Wolstenholme 定理

被 $2, 5; 4, 25; \cdots$ 整除的特征

从等式
$$10 = 2 \times 5$$
推导出
$$100 = 10^2 = 2^2 \times 5^2 = 4 \times 25$$
$$1\,000 = 10^3 = 2^3 \times 5^3 = 8 \times 125$$
一般有
$$10^n = 2^n \times 5^n$$

由于 10 被 2 和 5 整除,凡是 10 的倍数都被 2 和 5 整除,或者说,凡是十的倍数都是 2 和 5 的倍数;同理,凡是百的倍数都是 4 和 25 的倍数,凡是千的倍数都是 8 和 125 的倍数.由此可知,想求一数 A 被 2 或 5 除所得的余数,就可以忽略 A 中十的倍数,换言之,只要保留 A 右端最后的数字;想求 A 除以 4 或 25 所得的余数,可以忽略 A 中百的倍数,而将 A 代以它右端最后两个数字;同理,想求 A 除以 8 和 125 得到的余数,可忽略 A 中千的倍数或将 A 代以最后三个数字的集合,等等.

例如 874 367 除以 4 的余数,跟 67 除以 4 的余数相同,即是 3;除以 125 的余数跟 367 除以 125 的余数相同,亦即 117.

特别有下述定理:

要使一个数能被 2 整除,必须也只需它的个位数字是 0, 2, 4, 6, 8 之一,因为这些是仅有的能被 2 整除的数字.

能被 2 整除的数称为偶数.

以数字 1, 3, 5, 7, 9 收尾的数不能被 2 整除,它们是奇数.

要使一个数能被 5 整除,必须也只需它以 0 或 5 收尾,因为能被 5 整除的数字只有 0,5.

要使一个数能被 4 整除,必须也只需它最后两数字形成的数能被 4 整除.

要使一个数能被 25 整除,必须也只需它以 00,25,50 或 75 收尾.

要使一个数能被 8 整除,必须也只需它最后三数字所形成的数能被 8 整除.

……

被 9 或 3 整除的特征

一数除以 9 或 3 的余数分别等于该数各数字之和除以 9 或 3 的余数.

证明奠基于下述备注:

1 后面跟着几个 0 的数以 9 除余 1.

事实上,$10=9+1$;1 后面带着不论多少 0 的数是 10 的幂;将每个因数 10 减去 9,余数不变;于是所有的因数都变为 1,乘积变为 1,所以以 9 除余 1. 这个命题还可这样看出:$10^n=(10^n-1)+1$,10^n-1 写出来是 n 个 9 连写,即 9 的倍数,因而 10^n 总是 9 的倍数加 1,例如
$$10\ 000=9\ 999+1=9\times 1\ 111+1$$

现在考查数 7 805 643,它等于
$$1\ 000\ 000\times 7+100\ 000\times 8+1\ 000\times 5+$$
$$100\times 6+10\times 4+3$$

如果将每一个部分用它除以 9 的余数来代替,那么总和除以 9 的余数不变;每个部分是一个乘积,可将其一因数用它除以 9 的余数 1 来代替;因此 7 805 643 除以 9

Wolstenholme 定理

的余数等于

$$1\times 7+1\times 8+1\times 5+1\times 6+1\times 4+3$$

即数字之和除以 9 的余数. 证毕.

还可以说,每个数等于 9 的倍数加数字之和.

事实上,7 805 643 跟 7+8+5+6+4+3 除以 9 时给出相同的余数,它们的差能被 9 整除.

特别地,要使一个数能被 9 整除,必须也只需它的数字之和能被 9 整除.

由于 9 是 3 的倍数,显然可以说数 7 805 643 是 3 的倍数加它的数字之和 7+8+5+6+4+3;从而这个数跟它的数字之和除以 3 时给出相同的余数. 要使一个数能被 3 整除,必须也只需它的数字之和能被 3 整除.

要得到一个数除以 9 的余数,实践上是多次运用这个定理,每次抛弃 9 的倍数. 例如要算关于 7+8+5+6+4+3 的余数,我们求出和 7+8=15,将 15 代以 1+5=6;加上 5 得 11,将它代以 1+1=2;接连加上 6 和 4 得 12,将它代以 1+2=3;最后加 3;余数是 6. 如果数字之间有些 9,就可视而不见.

一般方法

从这个例子可以看出求被一数 a 整除的特征的一个一般方法.

假设我们已经知道了以 a 除 10,100,1 000,… 的余数,并考查任意一数,例如 7 805 643;把它写作

$$3+10\times 4+100\times 6+1\ 000\times 5+100\ 000\times 8+1\ 000\ 000\times 7$$

要得到它除以 a 的余数,就在这个和里把 10,100,1 000,… 分别代以它们除以 a 的余数. 当 $a=9$ 时这个

方法之所以变得很简单,是由于所有这些余数都是 1. 我们可以完全照样处理 $a=2,4,8,\cdots$ 或 $5,25,125,\cdots$;在这些情况下类似于上面的和式,除了前面几项,后面的余数都变为零,这就是关于这些数的整除性只跟所考查的数的后面几个数字相联系的原因所在. 下面会见到,这些余数最终会周期性地重复,于是出现应用此法的一种简化;现在不再进行这方面的一般讨论,让我们把它应用于 $a=11$ 的情况.

被 11 整除的特征

要得到任一数被 11 除的余数,可以如下进行:算出代表简单单位以及级别是偶数的合成单位(简单单位的级别是 0,算作偶数)的各数字之和;又算出代表级别是奇数的合成单位的各数字之和. 若第二个和小于或等于第一个和,把它从第一个和中减掉,所要求的余数跟关于这个差的余数是相同的;若第二个和大于第一个和,将第一个和加上 11 的一个合宜的倍数,使得足够减去第二个和;也可以将第二个和减去 11 的倍数;在每种情况下,差数除以 11 给出所求的余数.

事实上,10 和 100 除以 11,余数各为 10 和 1,因为 $100=99+1=11\times 9+1$;由此容易推断以 11 除数列 $10,100,1\,000,10\,000,\cdots$,余数是 10 和 1 交替出现;换言之,1 后面有奇数个 0,除以 11 时余数为 10,有偶数个 0 时余数为 1. 事实上,$1\,000=100\times 10$,除以 11 求余数时,因数 100 可用 1 代替,给出余数 10;$10\,000=100\times 100$ 除以 11 时,两个 100 都用 1 代替,给出余数 1,以下类推.

现在考查一个数

Wolstenholme 定理

$7\,850\,492 = 2 + 10 \times 9 + 100 \times 4 + 1\,000 \times 0 +$
$\qquad 10\,000 \times 5 + 100\,000 \times 8 + 1\,000\,000 \times 7$

此数除以 11 时,将 $10, 100, 1\,000, 10\,000, 100\,000,$ $1\,000\,000$ 分别代以 $10, 1, 10, 1, 10, 1$,则余数不变,于是右端变成

$\qquad 2 + 4 + 5 + 7 + 10 \times (9 + 0 + 8)$

其中出现了偶级单位的数字之和以及奇级单位的数字之和,后者乘以 $10 = 11 - 1$;上述结果可写作

$\qquad 2 + 4 + 5 + 7 + (11 - 1) \times (9 + 0 + 8)$
$\qquad = 2 + 4 + 5 + 7 + 11m - (9 + 0 + 8)$

m 是一个整数.命题证毕.在我们所考虑的例子中,差数是 $2 + 4 + 5 + 7 - (9 + 8) = 1$,所求余数为 1.

我们还可以宣称:任意一数总等于 11 的倍数加上偶级单位的数字之和,减去奇级单位的数字之和[①].

乘法用 9 或 11 的检验

设 a, b 是乘积 ab 的因数,设以任一数 c 作为除数,除 a, b 所得的余数分别为 a', b';那么以 c 除 ab 或 $a'b'$ 应得出相同的余数.我们选择除数 c 时要使得计算简单.我们可能倾向于以 $2, 5, 8, \cdots$ 作为 c,但检验只跟乘积的后面几个数字发生联系.相反地,除数 9 或 11 却是很合用的.

我们取 $98\,756 \times 823 = 81\,276\,188$. 被乘数和乘数除以 9 的余数分别是 8 和 4,乘积除以 9 的余数应等于 8×4 除以 9 的余数,即是 5;$81\,276\,188$ 除以 9 确是

---

① 要使一个数能被 11 整除,必须也只需它的偶级单位的数字之和跟奇级单位的数字之和相差 11 的倍数.

余 5.

如果用 11 作为除数,两因数的余数是 9,9,相应于乘积的余数应该等于相应于 81 的余数,即是 4. 具体检验得到证实.

有必要提醒注意,用 9 做检验,如果检验成功,并且检验本身无误,那么它只检验了这么一回事:如果有错误,错误是 9 的一个倍数.

同理用 11 做检验,如果有错误,错误是 11 的倍数.同时用 9 和 11 做检验,错误应该同时是 9 和 11 的倍数;下面会知道,它必然是 99 的倍数.

在同样原理的基础上,读者将不难找到一个方法以检验除法.

习　　题

1. 设一数的十位数字的 2 倍加上个位数字能被 4 整除,则此数能被 4 整除.

2. 设一数的百位数字的 4 倍加上十位数字的 2 倍,又加上个位数字,所得之和能被 8 整除,则此数能被 8 整除.

3. 设一数的个位数字加上其他数字之和的 4 倍,所得的和能被 6 整除,则此数能被 6 整除.

4. 一数跟它按反序书写的数,两者之差能被 9 整除.

5. 设一数数字的个数是偶数,则此数跟它按反序书写的数之和能被 11 整除.

6. 证明:求一数除以 99 的余数,可将此数从右端起每两个数字分一段,将各段相加,求其和除以 99 的

Wolstenholme 定理

余数.

7. 对于各数 999,9 999,…,101,1 001,10 001,… 推导类似上题的法则.

8. 从等式 1 001＝7×11×13 推导下述法则:要求一数除以 7,11 或 13 的余数,可将该数从右端起分为每三个数字一段,算出奇数段的和,有必要的话加上 7,11 或 13 的一个倍数,再减去偶数段的和,再将差数除以 7,11 或 13.那么除得的数就是所求的余数.

9. 任何奇数等于 4 的倍数加上或减去 1.

10. 任何奇数的平方除以 8 的余数是 1.

11. 设一奇数等于两数的平方和,那么它除以 4 的余数是 1.

12. 设 a 不能被 5 整除,那么 a^4-1 是 5 的倍数.

这种证明的方式是常用的,要点在于:要求除以 5 的余数时,a^4-1 中的 a 可用 a 除以 5 的余数来代替,这个余数可能是 1,2,3,4,我们逐个考查这些情况,结果都是被 5 整除的.

13. 设 a 不能被 7 整除,那么 a^6-1 能被 7 整除.

14. 两个连接整数之积总是偶数,取这个积的一半得出一个商,证明以 3 除它绝不会得出余数是 2.

15. p 个连接的整数之积能被 p 整除.

16. 设 $a \geqslant b$,不论 a,b 为何数,$a,b,a+b,a-b$,$2a+b,2a-b$ 各数中必有一个被 5 整除.

17. 在以 a 为底的进位制中,被 $a-1$ 和 $a+1$ 整除的特征各是什么?

18. 设 a,b 两数不能被 3 整除,那么 a^6-b^6 能被 3 整除.

19. 证明：不论 a,b,n 为何数，$a^n - b^n$ 能被 $a - b$ 整除.

设 n 为偶数，则 $a^n - b^n$ 能被 $a + b$ 整除.

设 n 为奇数，则 $a^n + b^n$ 能被 $a + b$ 整除.

特别地，设 n 为偶数，则 $2^n - 1$ 能被 3 整除；设 n 为奇数，则 $2^n + 1$ 能被 3 整除.

20. 给定一个多项式
$$A_0 x^n + A_1 x^{n-1} + A_2 x^{n-2} + \cdots + A_{n-1} x + A_n$$
其中 $A_0, A_1, \cdots, A_{n-1}, A_n$ 是已知数. 证明：要求当 x 代以任一数 a 时所得结果除以 p 的余数，只需将 x 代以 a 除以 p 的余数，再将所得结果除以 p 以求余数即可.

设在这个多项式中将 x 逐次代以 $0,1,2,3,\cdots$，并将所得结果除以 p，我们得出一系列的余数，它们是每 p 个周期性地出现的.

这个命题将在最后一章加以推广，在那里将得出许多结果.

21. 采用本章开头解释的符号，则有如下命题：

前 n 个自然数的和是 $\dfrac{n(n+1)}{2}$.

前 n 个自然数的平方和是 $\dfrac{n(n+1)(2n+1)}{6}$.

前 n 个自然数的立方和是 $\dfrac{n^2(n+1)^2}{4}$.

方程 $x_1 + x_2 + \cdots + x_{p+1} = n$ 的互异解数是
$$\frac{(n+1)(n+2)\cdots(n+p)}{1 \cdot 2 \cdots p}$$

从这些命题得出下述定理：

$n(n+1)(2n+1)$ 总能被 6 整除. p 个连接整数之积总能被前 p 个整数之积整除.

Wolstenholme 定理

几何级数的首项为 a，末项为 b，公比为 q，则各项之和 S 由公式

$$S = \frac{bq - a}{q - 1}$$

给出，假设 $q \neq 1$.

设 a 是不等于 1 的任何数，则有

$$\frac{a^{n+1} - 1}{a - 1} = 1 + a + a^2 + \cdots + a^n$$

22. 我们用三角形数、正方形数、五角形数、六角形数 …… 这些名词各表示一个算术级数的前若干项之和，这些级数的首项都是 1，公差分别是 1，2，3，4，…；求得前 n 项之和，就称之为第 n 个三角形数、正方形数……. 例如三角形数，这些数代表可以布置成三角形的点数，如图 2.1 所示.

图 2.1

对于其他的多角形数，读者不难做出类似的解释.

证明：一般而论，对应于边数为 q 的多角形数，第 n 个数由下面的公式给出

$$P_n^q = n + (q - 2) \times \frac{n(n-1)}{2}$$

符号 P_n^q 中的 q 是指标而非指数.

23. 前 n 个三角形数之和是一个角锥数. 我们把自然数列 $1,2,3,\cdots$ 中的数看作 1 级图形数，把三角形数看作 2 级图形数，把锥形数看作 3 级图形数，等等. 一般而论，所谓 q 级图形数的第 n 个数，是指 $q-1$ 级图形数的前 n 项之和. 证明：q 级图形数的第 n 个数由公式

$$F_n^q = \frac{n(n+1)(n+2)\cdots(n+q-1)}{1 \cdot 2 \cdot \cdots \cdot q}$$

给出,其中符号 F_n^q 中的 q 是指标而非指数.

前 n 个三角形数之和代表一个三角形的球状弹子堆所含的弹子数.前 n 个正方形数之和代表一个正方形的弹子堆所含的弹子数.我们假设从三角形或正方形的弹子堆由一层升高一层时,三角形或正方形每边少了一个弹子.弹子堆的顶上只有一个弹子.

24.用归纳法证明当 $p>1$ 时,数 C_n^p 等于从 n 起 p 个下降的、连接的数之积除以前 p 个整数之积所得的商,换言之

$$C_n^p = \frac{n(n-1)(n-2)\cdots(n-p+1)}{1 \cdot 2 \cdot 3 \cdot \cdots \cdot p}$$

当 $p=1$ 或 0 时,此公式应代以

$$C_n^1 = n, C_n^0 = 1$$

我们承认对帕斯卡三角形的前 n 行来说,公式为真,推导出对第 $n+1$ 行也成立.

最大公约数,最小公倍数

第 3 章

§1 最大公约数

一个数的约数是能整除该数的数,一数具有若干个约数,其中包括 1 和该数自身;例如 1,2,3,6 是 6 的约数.一数 a 的约数只有有限个,因为约数中除 a 以外都小于 a.

当 a 是 0 时例外,任何数都可看作 0 的约数,0 可视为任何数的倍数.由于 0 的这种例外性,以下我们不考虑它:当谈起一个数的约数时,我们设此数非零;当谈起一个数的倍数时,我们理解是非零倍数.

设给了若干非零数 $a,b,c,\cdots$,可能存在若干个都能整除它们的数:1 总是这样一个数;这些数称为 $a,b,c,\cdots$ 的公约数(或公因数).公约数的个数

是有限的,因为无论哪个都不能超过 $a,b,c,\cdots$ 中的最小数;这些数中有一个最大的,称为 $a,b,c,\cdots$ 的最大公约数.

最大公约数是算术中的一个基本概念,它的重要性从下述命题可以特别体现出来:

两个或若干个数的公约数和它们的最大公约数的约数是完全一样的,换言之,两个或若干个数的任何公约数是它们的最大公约数的一个约数.

这个命题的证明等到实际计算最大公约数时再给出.

两数的最大公约数

首先考查两数 a,b 的情况.若 b 能整除 a,则凡 b 的约数都是它的倍数 a 的约数,所以 a 和 b 的公约数即是 b 的约数.

现在设 a,b 之中没有一个能除尽另一个,那么这两数是互异的,假设 $a>b$.

以 c 表示 a 除以 b 的余数,那么 a 和 b 的公约数就是 b 和 c 的公约数.

事实上,设 a 除以 b 的商为 q,则有
$$a=bq+c$$
凡能整除 a 和 b 的数都能整除 bq,因此也能整除 c.凡能整除 b 和 c 的数都能整除 bq,它能整除 bq 和 c,因而能整除其和 a.照此说来,a,b 的公约数是 b,c 的公约数,b,c 的公约数是 a,b 的公约数,两者的公约数完全是一样的.定理得证.

若 c 整除 b,则 c 和 b 的公约数就是 c 的约数.所以 a 和 b 的公约数就是 c 的约数.

Wolstenholme 定理

若 c 不能整除 b,我们就跨进了一步,因为 c 是小于 b 的,这样求 a 和 b 的公约数的问题就化归为求比较小一点的两数 b 和 c 的公约数. 设以 c 除 b 余数是 d;b 和 c 的公约数就是 c 和 d 的公约数. 若 d 不能整除 c,以 e 表示 d 除 c 的余数,c 和 d 的公约数就是 d 和 e 的公约数;若 e 能整除 d,则 e 就是它的约数;若 e 不能整除 d,就照样继续下去.

逐次的余数 $c,d,e,\cdots$ 一次比一次小,只能求出有限个这样的数;但另一方面,这一系列运算是不会停止的,除非有那么一个余数它能整除它前面的一个余数. 因此这种情况一定要发生. 可能发生一种特别令人注目的情况,即得到的余数是 1;这个余数肯定整除前面一个. 假设在一切情况下,h 是一个余数,它能整除它前面的一个 g. a 和 b 的公约数就是 b 和 c 的,就是 c 和 d 的,d 和 e 的 …… 就是 g 和 h 的公约数,因而就是 h 的约数.

因此,求 a 和 b 的公约数就是求 h 的约数.

给了非零的两数 a 和 b,一定有一数 h 存在,使得 a 和 b 的公约数正好就是 h 的约数;此数可由上述运算得出,并称为 a 和 b 的最大公约数,这个命名是名实相符的,因为 h 的一切约数中,最大的就是 h.

例如考查两数 360 和 172,以 172 除 360,得商 2 余 16;以 16 除 172,得商 10 余 12;以 12 除 16,得商 1 余 4;以 4 除 12 得商 3 余 0. 360 和 172 的公约数即 172 和 16 的公约数,亦即 16 和 12 的公约数,亦即 12 和 4 的公约数,即是 4 的约数,因为 12 是 4 的倍数.

我们常常采用下面的计算安排,这个安排显示一

个除法链；代替将商数写在除数下面，我们把它们写在上面，把位置空出来写余数；并且这些商数在这里一无用处：

	2	10	1	3
360	172	16	12	4
344	160	12	12	
16	12	4	0	

4 是最大公约数．

把这个探讨稍加简化还能得点好处．

首先指出，要证明 a 和 b 的公约数就是 b 和 c 的公约数，主要是立足于等式

$$a = bq + c$$

之上，此式并不蕴涵 c 比 b 小，因此它不蕴涵 c 是 b 除 a 的余数；这个假设并没有起作用，直到后来表明余数逐次减小的时候．在一切情况下，只要 a, b, c 间有上面等式表达的联系，就完全可以用关于 b 和 c 的最大公约数的探求，来代替关于 a 和 b 的最大公约数的探求．

如果 a, b, c 之间以关系

$$a = bq - c$$

相联系，情况显然也是如此，因为把用于等式 $a = bq + c$ 的推理稍加改动就适用于上式．

现在假设 c 依然是 b 除 a 的余数，显然有

$$a = b(q+1) + c - b = b(q+1) - (b-c)$$

如果 $b - c < c$（即 $b < 2c$），那么用 $b - c$ 代替 c 以求最大公约数更为有利．例如在上面的例题中，用 $16 - 12 = 4$ 以代替 12 作为除数，就减少了一次除法．

法则

要求两个非零数的最大公约数,我们以小数除大数,如果能除尽,那么小数就是所求的最大公约数;否则就用余数来除刚才的除数;再用这个新除法的余数去除刚才的除数,以下类推,直到一个除法除尽. 这时作为除数的数就是所求的最大公约数.

若干数的最大公约数

现在考查若干个数 $a,b,c,d,\cdots$,由于两数 a,b 的公约数就是它们的最大公约数 D 的约数,显见 $a,b,c,d,\cdots$ 的公约数就是 $D,c,d,\cdots$ 的公约数. 以 D' 表示 D 和 c 的最大公约数,那么 $a,b,c,d,\cdots$ 的公约数就是 $D',d,\cdots$ 的公约数,等等;直到只剩下两个数. 于是 $a,b,c,d,\cdots$ 的公约数就是这两数的公约数或这两数的最大公约数的约数. 给了不论多少个数,总有一个数存在,它的约数正就是这些已知数的公约数. 我们称它为最大公约数. 求许多个数的最大公约数最后化归为求两数的最大公约数.

例如要求 $360,180,54,372$ 的最大公约数. 360 和 180 的最大公约数是 180, 四数的最大公约数就是 $180,54,372$ 三数的最大公约数. 180 和 54 的最大公约数是 18, 18 和 372 的最大公约数是 6, 四数的最大公约数是 6. $360,180,54,372$ 的公约数就是 6 的约数.

实践上求 n 个数的最大公约数,从较小的数开始有利.

当两个或几个数同乘以一数时,它们的最大公约数也乘以该数. 这意思是说,新的最大公约数等于原先的最大公约数乘以该乘数.

在两个数的情况,这由求两数最大公约数的过程可以看出. a,b 为所设两数,以 b 除 a 所得余数为 c,以 c 除 b 所得余数为 d $\cdots\cdots$,h 为最大公约数.

设以因数 m 乘两数 a,b,即以两数 ma,mb 代替 a,b,那么余数 c 将乘以 m,即 c 将代以 cm;仿此,以 cm 除 bm 时余数将是 dm;一切余数都乘以 m,所以最后一个余数,即最大公约数也乘以 m.

例如 360 和 172 的最大公约数为 4,$360 \times 5 = 1\,800$ 和 $172 \times 5 = 860$ 的最大公约数则是 $4 \times 5 = 20$.

现在考查三数 a,b,c 的情况.设 a,b 的最大公约数为 D,而 D,c 的最大公约数为 D',即 a,b,c 的最大公约数;那么我们说 am,bm,cm 的最大公约数是 $D'm$.事实上,am 和 bm 的最大公约数是 Dm,Dm 和 cm 的最大公约数(即 am,bm,cm 的最大公约数)是 $D'm$.

从三个数的情况逐次提高到四、五 $\cdots\cdots$ 个数,所以命题是普遍的.

当两个或若干个数能被同一数 m 整除时,它们的最大公约数也能被 m 整除;若施行除法运算,则最大公约数本身也将除以 m;即是说新数的最大公约数等于原来的最大公约数除以 m.

这个命题可以像上一命题一样证明;可以注意,上一命题就是从这一命题得来的.

例如,考查能被 m 整除的三数 a,b,c,设其最大公约数为 D;设以 m 除 a,b,c 得出的结果是 a',b',c',而此三数的最大公约数为 D',则 ma',mb',mc' 的最大公约数按上述命题应为 mD'.故有 $D = mD'$,即 D' 是 D 除以 m 的商数.

Wolstenholme 定理

彼此互素的数

特别地,设 D 为 $a,b,c,\cdots$ 各数的最大公约数,它们除以 D 的商为 $a',b',c',\cdots$,则 $a',b',c',\cdots$ 的最大公约数是 $\dfrac{D}{D}$ 或 1. 这些商数除 1 以外没有约数. 反之,设 $a',b',c',\cdots$ 的最大公约数为 1,且 D 为任一数,则各数 $a'D,b'D,c'D,\cdots$ 的最大公约数等于 $a',b',c',\cdots$ 的最大公约数乘以 D,即是说 D.

当两数的最大公约数为 1 时,此两数称为互素的. 例如 8 和 11 是互素的. 可以说:当两数除以它们的最大公约数时,商数是互素的;这样,$\dfrac{360}{4}=90$ 和 $\dfrac{172}{4}=43$ 是互素的;反之,当两数互素并以第三数乘此两数时,则此第三数即所得乘积的最大公约数①.

如果若干个数中,每个数跟另外的每个数互素,则称这些数为两两互素. 这样,3,8,11 是两两互素的;至于 10,12,7,虽说最大公约数是 1,却不是两两互素的.

顺便提醒一下,当两数互素时,一数的任何约数跟另一数的任何约数是互素的;因为如果这两个约数是同一数的倍数,那么所设两数也就是这样了.

我们来指出一个事实,即原命题可以从几个数的

---

① 如果我们同意说,当各数 $a,b,c,\cdots$ 的最大公约数为 1 时,此各数称为彼此互素的,那么正文的说法可以推广到两个以上的数的情况. 关于这个课题,各个著者的用词略有不同. 有人说,在这种情况下,这些数在它们整体上互素;另一些人只把我们所谓两两互素的一些数称为彼此互素. 为了避免混乱,当谈到若干个数时,我们指最大公约数为 1 的一些数.

最大公约数是它们的公约数中最大的一个这一点直接推出.

事实上,设已知数仍用 $a,b,c,\cdots$ 表示,它们的最大公约数用 D 表示,用 D 除 $a,b,c,\cdots$ 的商用 $a',b',c',\cdots$ 表示,那么我们说,$a',b',c',\cdots$ 除 1 以外不能再有任何约数 m.事实上,倘若有
$$a'=a''m, b'=b''m, c'=c''m, \cdots$$
则等式
$$a=a'D, b=b'D, c=c'D, \cdots$$
蕴涵着
$$a=a''mD, b=b''mD, c=c''mD, \cdots$$
从而各数 $a,b,c,\cdots$ 将有公约数 mD,如果 $m>1$,它就比 D 还大了.

两数的最大公约数,不因其中一数乘以与另一数互素的因数而改变.

事实上,设两数为 a,b,设 m 为与 b 互素的数,那么我们说 a,b 的最大公约数,跟 ma,b 的最大公约数是一样的.需要证明 ma 和 b 的公约数就是 a 和 b 的公约数. a 和 b 的公约数显然是 ma 和 b 的公约数,所以只要证明 ma 和 b 的公约数是 a 和 b 的公约数,即是说能整除 a;但由假设,b 和 m 的最大公约数为 1,因此 ba 和 ma 的最大公约数是 a,但凡能整除 b 和 ma 的数都能整除 ba 和 ma,因而能整除它们的最大公约数 a,这就是所要证明的.

反之,两数 a,b 的最大公约数不因其中一数除以跟另一数互素的数(我们自然假设能整除)而改变.

这个命题归根结底和上面一个命题是一样的:设

Wolstenholme 定理

m 与 b 互素,那么说 a 和 b 的最大公约数就是 ma 和 b 的最大公约数,跟说 ma 和 b 的最大公约数就是 a 和 b 的最大公约数,这两种说法是一回事.

设 b 与 m 互素,按 b 能整除 ma 或 b 与 ma 互素,我们由上述定理得出两个重要结果.

(1) 设 b 能整除乘积 ma,则 b 是 b 和 ma 的最大公约数,从而也是 b 和 a 的最大公约数,因为它跟 m 是互素的. 所以:

一数若能除尽两因数之积,而又与其一因数互素,则必能除尽另一因数.

例如 6 能整除 $60 = 12 \times 5$,而与 5 互素,所以能整除 12;15 也能整除 60,它既不能整除 12 也不能整除 5,但它与这两者都不互素.

(2) 设 b 既与 m 又与 a 互素,则 b 与 ma 互素,这是因为由定理,b 与 ma 的最大公约数就是 b 与 a 的最大公约数,因而是 1.

一数若与两因数互素,则必与其积互素.

第一个命题是算术上最重要的命题之一,它从最大公约数的概念很容易得出,对于这一理论我们采取这样的顺序安排,理由在此.

第二个命题可推广如下.

若一数跟一些数都互素,那么它跟这些数的积互素.

乘积只含两因数的情况已经证明了. 设数 a 与三数 p, q, r 中的每一个都互素,那么我们说它跟 pqr 互素. 事实上,a 既和 p 及 q 互素,也就和 pq 互素;既跟 pq 及 r 互素,也就跟 $pq \times r = pqr$ 互素了. 从三因数的情况

推出四、五 …… 因数的情况. 命题是普遍的.

设有两个乘积,一个的任一因数跟另一个的任何因数互素,那么这两个积互素.

事实上,以 abc, $pqrs$ 表示这两个积,假设 a, b, c 中的每一个跟 p, q, r, s 中的每一个是互素的, a 将与 $pqrs$ 互素, b, c 也是如此. $pqrs$ 既跟 a, b, c 互素,也就跟它们的积 abc 互素.

例如 3 跟 4,5,7 互素,因此跟它们的积 140 互素;3 和 13 跟 4,5,7 中的每一数互素,所以 $3 \times 13 = 39$ 跟 $4 \times 5 \times 7 = 140$ 互素.

作为上述定理的特例,可令两积的因数各自相等,得出下述定理:

设两数互素,则一数跟另一数的任何次幂互素;一数的任何次幂跟另一数的任何次幂互素.

例如 7 跟 5 互素,于是 7 跟 $5^3 = 125$ 互素, 5^3 跟 $7^4 = 2\,401$ 互素.

设一数能被两两互素的若干数整除,那就能被这些数的乘积整除.

设数 A 能被互素的两数 a, b 整除,以 q 表示 a 除 A 的商,则有 $A = aq$;与 a 互素的 b 能整除 aq, b 就应整除 q,以 q' 表示商,则有 $q = bq'$,从而
$$A = aq = a(bq') = abq'$$
此式表明 A 能被 ab 整除,商是 q'.

现设 A 能被两两互素的三数 a, b, c 整除. A 能被互素的两数 a, b 整除,就能被它们的乘积 ab 整除,但此积与 c 互素,因为 c 跟因数 a, b 互素; A 能被互素的两数 ab 及 c 整除,就能被乘积 abc 整除.

从三数 a,b,c 可过渡到四数 a,b,c,d,以下类推. 命题是普遍的. 不论是以各个因数顺次地或是以它们的乘积去除 A,商数是同一个.

§2 最小公倍数

设一数 A 不为零,能被若干个数 $a,b,c,\cdots$ 整除,则称它为这些数的公倍数.

给定了数 $a,b,c,\cdots$,将这些数乘起来,再乘一个任意因数,无疑是这些数的公倍数,因此这些数具有无限多个公倍数. 在这些公倍数中有一个最小的存在. 事实上,二者必居其一:或者没有一个公倍数比 $a,b,c,\cdots$ 的积更小,那么这个积就是所求的最小公倍数;或者有一些公倍数小于这个乘积,但是小于这个积的数只能有有限个,小于这个积的公倍数更是如此,在这些数中必有一个最小的.

设各数 $a,b,c,\cdots$ 两两互素,则由前面的定理,凡是这些数的公倍数都是乘积 $abc\cdots$ 的倍数,这个乘积因此就是 $a,b,c,\cdots$ 的最小公倍数,并且凡公倍数都是这个最小公倍数的倍. 求最小公倍数的办法本身表明:两个或若干个数的公倍数可以从其中的一个(最小的那个)乘以任一数得到.

首先考查两数 a,b. 设 D 是它们的最大公约数,设以 D 除 a,b 之商为 a',b',则有
$$a=a'D, b=b'D$$
且 a' 与 b' 互素. 凡 a 的倍数可写作 $a'Dm$,m 是某一个

数.要使这个数成为 b 的倍数,就要选择 m 使 $a'Dm$ 能被 b 或 $b'D$ 整除;若设商为 q,则有
$$a'Dm = b'Dq$$
以不等于零的 D 除之得
$$a'm = b'q$$
因此必须 b' 能整除 $a'm$,但 b' 与 a' 互素,所以 b' 应整除 m. 反之,若 m 能被 b' 整除,则 $a'm$ 亦然,从而 $a'mD$ 将能被 $b'D$ 即 b 整除. 照此说来,凡 a,b 的公倍数都可以在 $a'Dm$ 中将 m 代以 b' 的一个倍数,并且反过来,凡这样得出的数都是 a,b 的公倍数;b' 的倍数必呈 kb' 的形式,k 表示任一自然数;到此,凡 a,b 的公倍数必呈
$$a'D \times (kb') = a'b'D \times k$$
的形式,并且反过来也对. 从此可知,a,b 的公倍数就是 $a'b'D$ 的倍数;要得到它们可令 $k = 1, 2, 3, \cdots$. 最小的是 $a'b'D$.

例如 360 和 172 的最小公倍数等于 172 跟 $\dfrac{360}{4} = 90$ 之积,亦即 15 480;15 480 的倍数都是 360 和 172 的公倍数.

若 a, b 互素,则有 $D = 1, a' = a, b' = b$,上述证明表明 a, b 的公倍数就是它们的乘积的倍数.

数 $a'b'D$ 称为两数 a, b 的最小公倍数. 这个命名显然是得到解释的. 我们可以将它写作 ab' 或 $a'b$ 或 $\dfrac{ab}{D}$;因为我们知道,以 D 除乘积 ab,只需以 D 除两因数当中的一个,所以 $\dfrac{ab}{D}$ 就是 $a'b$. 我们得出下述定理:

两数的最小公倍数等于两数之积除以其最大公

约数;两数的公倍数就是它们的最小公倍数的倍数.

现在假设有若干个数,例如说四个数 a,b,c,d,要求它们的公倍数. 我们可以将 a,b 两数代以其最小公倍数 M;由于 a,b 的公倍数就是 M 的倍数,容易知道 a,b,c,d 的公倍数就是 M,c,d 的公倍数. 设 M,c 的最小公倍数为 M',那么 M,c,d 的公倍数就是 M',d 的公倍数. 最后以 M'' 表示 M',d 的最小公倍数,那么 M',d 的公倍数就是 M'' 的倍数.

这个推理是一般的,于是看出:

(1) 给了无论多少个数,一定有一个数 m 存在,使得这些已知数的公倍数就是 m 的倍数. 此数 m 称为已知各数的最小公倍数.

(2) 在求若干数的最小公倍数的过程中,两个或多个数可代以它们的最小公倍数.

比方说,360,172,18,21 的最小公倍数即 15 480(这是 360 和 172 的最小公倍数)和 126(这是 18 和 21 的最小公倍数)的最小公倍数;由于 15 480 和 126 的最大公约数是 18,所求最小公倍数等于 15 480 乘以 $\dfrac{126}{18} = 7$ 之积,即 108 360.

基本定理"两个或若干个数的公倍数就是它们的最小公倍数的倍数"可直接从最小公倍数的概念推出,指出这个事实并不是无益的.

事实上,设各数 $a,b,c,\cdots$ 的最小公倍数为 M,设 M' 是这些数的一个公倍数;若 M' 不能被 M 整除,设以 M 除 M' 的余数为 M'',则 M'' 应被 $a,b,c,\cdots$ 整除,于是 M'' 是 $a,b,c,\cdots$ 的一个公倍数;但 M'' 比 M 小,那么 M 就不是最小公倍数了.

这个命题包含类似于最大公约数的命题.

首先指出一个事实：如果若干个数 $D,D',D'',\cdots$ 的一个公倍数也出现在这个行列中，那么它就必然是这些数中最大的一个. 现设 $D,D',D'',\cdots$ 是 $a,b,c,\cdots$ 各数的所有的公约数；由于 $a,b,c,\cdots$ 是 $D,D',D'',\cdots$ 的公倍数，因而将能被它们的最小公倍数整除，它必然要出现在 $D,D',D'',\cdots$ 之中，因而是其中最大的一个. 照这样我们就有了最大公约数基本性质的第二个证明.

M 是 $a,b,c,\cdots$ 的最小公倍数的充要条件是 M 能被这些数的每一个整除，并且除得的商数是互素的.

（1）设 M 是 $a,b,c,\cdots$ 的最小公倍数，则以 $a,b,c,\cdots$ 除 M 所得的商数是互素的：以 $a',b',c',\cdots$ 表示这些商数，则
$$M = aa' = bb' = cc' = \cdots$$
若 $a',b',c',\cdots$ 除 1 以外还有一个公约数 k，则可令
$$a' = ka'', b' = kb'', c' = kc'', \cdots$$
从而有
$$M = aa''k = bb''k = cc''k = \cdots$$
M 能被 k 整除且有
$$\frac{M}{k} = aa'' = bb'' = cc'' = \cdots$$
$\frac{M}{k}$ 将是 $a,b,c,\cdots$ 的一个公倍数，而 M 将不是这些数的最小公倍数了.

（2）设 M 是 $a,b,c,\cdots$ 的一个公倍数，但不是最小公倍数，则以 $a,b,c,\cdots$ 除 M 所得的商数不是互素的.

事实上，设 $a,b,c,\cdots$ 的最小公倍数为 m，并以 a',

Wolstenholme 定理

$b', c', \cdots$ 表示商数 $\dfrac{m}{a}, \dfrac{m}{b}, \dfrac{m}{c}, \cdots$,则有
$$m = aa' = bb' = cc' = \cdots$$
并且 M 能被 m 整除;用 h 表示商数,按假设 h 比 1 大,则
$$M = mh = aa'h = bb'h = cc'h = \cdots$$
从而可知,以 $a, b, c, \cdots$ 除 M,商数分别是 $a'h, b'h, c'h, \cdots$,它们具有公约数 h.

当我们以同一数 h 乘或除各数 $a, b, c, \cdots$ 时(假设除法能除尽),则最小公倍数将乘以或除以 h.

事实上,设 M 是 $a, b, c, \cdots$ 的最小公倍数;Mh 能被 $ah, bh, ch, \cdots$ 整除,商数跟原先的相同,因此是互素的;所以 Mh 是 $ah, bh, ch, \cdots$ 的最小公倍数. 除以 h 时的证明与此相同.

最后的这些命题表明最小公倍数和最大公约数的理论的类似性,这些命题的证明并没有利用过这最后的理论.

我们指出,在一开始就为我们服务的命题"以 D 为最大公约数的两数 a, b 的最小公倍数是 $\dfrac{ab}{D}$",可以从这里立刻推出. 事实上,我们有
$$\frac{ab}{D} = a\frac{b}{D} = b\frac{a}{D}$$
即是说,数 $\dfrac{ab}{D}$ 能被 a, b 整除,并且商数分别是 $\dfrac{b}{D}$ 和 $\dfrac{a}{D}$;这些商数是互素的,因为 D 是两数 a, b 的最大公约数;所以 $\dfrac{ab}{D}$ 是 a, b 的最小公倍数. 仿此,读者可证下述命题,并且不难推广:

第 2 编　基础编

给定三数 a,b,c,设 D 是乘积 bc,ca,ab 的最大公约数,则 a,b,c 的最小公倍数为 $\dfrac{abc}{D}$.

习　题

1. 求 $360\times 473, 172\times 361$ 的最大公约数.

2. 在小于 100 的数中,哪些数跟 360 有最大公约数 4?

3. 设 b 与 a 互素,若以 b 除
$$a, 2a, 3a, \cdots, (b-1)a$$
证明:我们得到 $b-1$ 个互异的余数,其中没有一个是零并且只是各数 $1,2,3,\cdots,b-1$ 按某种顺序的排列.

这个命题有许多结果留待最后一章发展.

4. 给定了首项为 1,公比为 a 的无限几何级数
$$1, a, a^2, a^3, \cdots$$
若以与 a 互素的一数 b 除所有的项,则余数周期性地出现.有无限多个项存在,给出 1 作为余数;若 n 为最小的指数使 a^n-1 能被 b 整除,则余数的周期由 n 个不同的项所组成.对于 $a=2,b=23$,定出这个周期.

上述命题的各种结果将在最后一章展现,它是在以 a 为底的进位制中整除性特征一般理论的基础.

5. 设 a' 跟 b 互素,b' 跟 a 互素,则 a 和 b 的最大公约数即是 aa' 和 bb' 的最大公约数①.

6. 设三数 m,b,c 的最大公约数为 1,则 ma,b,c 的最大公约数和 a,b,c 的最大公约数相同.

---

① 此题不成立.例如设 $a=3,b=6,a'=7,b'=14$,则前提满足而结论不满足,若加上一个条件 a' 与 b' 互素,则命题成立.

7. 设 a,b 的最大公约数为 d，设 a',b 的最大公约数为 d'，且 d 与 d' 互素，则 aa',b 的最大公约数为 dd'.

8. 如果把求最大公约数的方法用之于数列 $0,1,1,2,3,5,8,13,21,\cdots$ 的连接两项，其中最初两数是 $0,1$，以下每一数是它前面两数之和，我们求出逐次的余数是这个数列前面的一些项. 这个数列连接的两项总是互素的.

9. 在习题 8 的数列中，我们知道有
$$u_{m+n} = u_{n-1}u_m + u_n u_{m+1}$$
证明：u_{m+n} 和 u_m 的最大公约数即 u_m 和 u_n 的最大公约数；这个最大公约数等于 u_d，这里 d 表示 m 和 n 的最大公约数.

10. 考查 n 个数 $a,b,c,\cdots$；取其中任意两数的最大公约数，将这样得到的数中互不相同的保留下来，记为 $a',b',c',\cdots$，对 $a',b',c',\cdots$ 像对 $a,b,c,\cdots$ 那样如法炮制，经过有限次运算后就得到所设的那些数的最大公约数.

11. 在求最大公约数的运算中，不可能有连接的两个以上的余数同时落在习题 8 的同样的两项之间；如果有两个落在这之间，那么在下一区间就一个也没有了.

从这一点出发，证明：求最大公约数的过程要求有一定回数的除法，这个回数最大等于两数中小数的数字个数的 5 倍.

12. 两数的最小公倍数是 96，两数之一是 6，另一数可能是什么？

13. 设 m 与 b 互素，则 ma 与 b 的最小公倍数等于 a

与 b 的最小公倍数乘以 m.

14. 设 A 是 p 个数 $a_1, a_2, \cdots, a_p$ 的最大公约数,B 是 q 个数 $b_1, b_2, \cdots, b_q$ 的最大公约数;从前 p 个数中任取一个数,乘以后 q 个数中的一个数,这样一共得出 pq 个积.证明:这 pq 个积的最大公约数是 AB.

证明:将"最大公约数"这几个字换为"最小公倍数",命题仍成立.

15. 设三数 m, a, b 的最大公约数为 1,则 m 与 ab 的最大公约数等于 m 与 a 的最大公约数乘以 m 与 b 的最大公约数.

16. 设 $x' = ax + by, y' = a'x + b'y$,且 $ab' - a'b = 1$,则 x, y 的最大公约数即 x', y' 的最大公约数.

素　数

第 4 章

凡除本数和1以外没有其他约数的数,称为素数[①],或质数.

例如 7 是素数,因为它不能被 2,3,4,5,6 中的任一个数整除.

"素数"这个名词在上一章曾用过,意义则不同:4 和 15 互素,这时牵涉到两个数,指一数相对于另一数而言. 相反,7 是绝对素数.

任何素数(绝对的)跟它所不能整除的数都是互素的. 任何素数跟比它小的数总是互素的.

凡不是素数的数必具有一个不等于1的素约数.

事实上,不是素数的一数 a 具有比它小的除 1 以外的约数;这些约数的个数是有限的,其中最小的一个数

---

① 有些著者不把 1 算在素数之内.

b 是素数,因为否则的话,b 将有一个比它自身小的约数(不等于1),且此数能整除 a;那么 b 就不是 a 的最小的约数了.

素数的序列是无限的. 这等于说,假设给了任意一个素数,那么还有更大的素数.

事实上,设有一个最大的素数 p,做一切不超过 p 的数的积并加上 1;二者必居其一:这样形成的数
$$1 \cdot 2 \cdot 3 \cdots p + 1$$
或者是素数,那么得到了比 p 更大的素数;或者它不是素数,那么这时它将具有一个素因数,但这个因数不可能是从 2 到 p 中的任一个,因为任何这样一个数能除尽上面的和的第一部分 $1 \cdot 2 \cdot 3 \cdots p$,也就应除尽第二部分 1,所以这个素因数只能比 p 大. 在这两种情况下都证明了还有比 p 大的素数.

在本节以及下面我们为了避免枯燥无味的重复,不把数 1 当作素数看待,当说起一个数的素因数时,我们指的是除 1 以外的因数. 最后,当说起一个数的倍数时,我们的理解是用大于 1 的数乘它得到的一些倍数.

首先来建立下述引理:

设数 A 小于数 a 的平方,并且不能被小于 a 的任何素数整除,那么可以肯定 A 是素数.

事实上,假设 A 的任何素约数至少等于 a,那么 A 的任何约数 D 也是如此,因为若 D 不是素数,它就有一个比它自身小的素约数,此数应除尽 A,从而至少等于 a.

现在假设 A 不是素数,用 D 表示 A 的约数($D \neq A$),并用 D' 表示 D 除 A 所得的商,那么 $D' \neq 1$ 且有

$A = DD'$;两数 D, D' 都是至少等于 a,它们的积将至少等于 a^2,而按假设 a^2 是大于 A 的;矛盾是明显的.

素数表的构成

给定一数 N,要作小于或等于 N 的素数的表,写出从 2 到 N 的自然数列

$$2, 3, 4, 5, \cdots, N$$

2 是素数,把 2 的倍数都画掉,这是从 2×2 开始的.下面没有被画去的数都不能被 2 整除.我们首先遇到的数是 3,小于 3 的素数只有 2;表上小于 3×3 并且未被画掉的数按引理全是素数,因为它们中每一个不具有小于 3 的素约数;特别 3 是素数.我们把 3 的倍数都画掉,这只需从 3×3 开始.在 3 以后的数还没被画掉的,没有一个能被 2 或 3 整除;其中第一个是 5;表上的数没有被画掉且小于 5×5 的,都是素数,因为它们不具有小于 5 的素约数;特别 5 是素数.我们把 5 的倍数都画掉,这只需从 5×5 开始.照这样继续做下去:假设我们把 p 的倍数都画掉了;在 p 之后还存在着的数,没有一个具有小于或等于 p 的素约数;设 p' 是这些数中的第一个;小于 p' 的素数就是那些我们把它们的倍数画掉了的;表上的数还没有被画掉而又小于 $p' \times p'$ 的,都是素数,因为它们不具有小于 p' 的素约数.若 $p'^2 > N$,就停止运算;否则就画掉 p' 的一切倍数,从 $p' \times p'$ 开始,等等.如果要作小于 100 的素数表,当我们画掉 7 的一切倍数以后就可以停止了.

从实践的观点讲,为了画掉一个数,例如说 5 的倍数,可从这些倍数之一,例如说 25 开始,如下进行:画掉 25 后,将笔尖逐次放在接下去的数 26,27,

28,… 上,不论已画过或尚未画,并口数 1,2,3,…;当数到 5 时,就把所落笔的数画掉,又开始数 1,2,3,…,重新数到 5 时,又画掉停笔的数,等等.再说一点,一切照这样办的同时,还可以从一开始就免去写偶数,2 是例外.理由读者是清楚的.

怎样判别给定的数是否为素数.假定给了一数 n 不在我们能支配的表的范围内,我们想知道它是不是素数.按照表上出现的顺序,逐次以素数 2,3,5,7,… 作除数来试验,直到以一个素数 p 作除数,这个除法还跟前面的一样没有成功,给出的商数 q 小于或等于 p',这里 p' 是指表上出现在 p 之后的素数;到此可以肯定 n 是素数.事实上有

$$n < p(q+1) < p' \times p'$$

n 不能被小于 p' 的任何素数整除,按引理就是素数.

举例来说,1 009 是素数:应用整除性的特征,它不能被 3 或 5 或 11 整除;以 7,13,17,19,23,29,31 作除数也不成功,最后的除法给出的商数是 32,此数小于 31 后面的素数 37.没有必要再往下试了.

此法假设了我们手头有素数表可供使用.若无表可用,就以自然数列的数 2,3,4,5,… 按顺序作除数来试验,但是我们明知道不是素数的数就免做试验.当我们以 p 为除数得出的商 q 比它自身小时,经过这次空试一场就可以停止了,事实上这时将有

$$n < p(q+1) < p^2$$

于是可以肯定 n 不具有小于 p 的任何素约数,因而是素数.

凡能整除一个乘积的素数,必能整除乘积的至少

Wolstenholme 定理

一个因数.

事实上,若此素数不能整除任何因数,那么它跟每个因数是互素的,因而跟它们的积也是互素的.

上述证明奠基于最大公约数的理论,由于这个命题是后面的重要基础,给出一个只应用第 2 章较初浅命题的直接证明,不是无用的.

首先考查两因数 a,b 的乘积,并设 p 为素数. 那么,如果 p 既不整除 a 又不整除 b,它就不能整除 ab;只需就 a,b 比 p 小的情况证明即可. 事实上,设以 p 除 a,b,以 a',b' 表示余数,则以 p 除 ab 和 $a'b'$,余数是相同的;如果第二个余数不为零,则第一个余数也不为零. 因此,当 a,b 小于 p 时证明了乘积 ab 不能被 p 整除,那么命题在一切情况下都被证明了.

现在假设对于一个小于素数 p 的数 a,我们能配上一个也是小于 p 的数使其与 a 的积能被 p 整除,并设这些数中 b 是最小的;b 是大于 1 的,因为 $a\times 1=a$ 比 p 小,是不可能被 p 整除的. 以 b 除 p,设商为 q,而余数为 r;则有 $p=bq+r$,从而有 $ap=abq+ar$;和数 $abq+ar$ 能被 p 整除,第一项也能,因为按假设 ab 能被 p 整除,从而第二部分 ar 应被 p 整除;但这是不可能的,因为 r 是小于 b 的,而按假设 b 是最小的数,它跟 a 配合给出一个能被 p 整除的乘积.

现在考查三个因数 a,b,c 的情况,其中没有一个能被素数 p 整除;p 既不能整除 a 又不能整除 b,就不能整除 ab;它既不能整除 ab 又不能整除 c,就不能整除乘积 abc. 从三个因数的情况可逐次提高到四、五、六……个因数;所以命题普遍成立,这个证法来源于 Gauss.

分解一数成素因数的积

任何非素数可分解成除 1 以外的素因数之积,分解的方式是唯一的.

每当我们说一些素因数的乘积时,我们总是理解数 1 不出现在这些因数之中.

(1) 分解是可能的.

设 A 不是素数,那么除 1 与 A 以外,它具有一个素因数 a;以 a 除 A 得商数 q,q 不是 1 也不是 A,并且 $A=aq$. 若 q 为素数,则分解完成.若 q 非素数,那么它具有非 1 非 q 的素因数 b;以 q' 表示 q 除以 b 的商,则 $q=bq'$,从而 $A=abq'$;若 q' 为素数,则分解完成;否则 q' 具有素因数 c,令 $q'=cq''$,则 $A=abcq''$,若 q'' 为素数,则分解完成,否则再进行下去.

$A, q, q', q'', \cdots$ 各数,后面一个是由前面一个除以大于 1 的数得到的,所以是愈来愈小的;小于 A 的数只有有限个,这一串运算一定要终止;只要得到的商数是素数,就终止了.这时分解完成,数 A 被写成素数之积 $abc\cdots r$,其中 $a, b, c, \cdots, r$ 都是异于 1 的素数.这些因数也许相同,也许不同.

(2) 分解只有一种方式.

假设 A 另有一种分解形式 $a'b'c'\cdots p'$,其中 $a', b', c', \cdots, p'$ 都是素数,或相等或不等.我们说这两个分解除因数的顺序以外是完全一样的.事实上,$abc\cdots r = a'b'c'\cdots p'$,$a$ 能整除左端,应整除右端,从而应整除右端一个因数,因而等于这一因数,假设 $a'=a$.消去相等的素数 a 与 a',应有 $bc\cdots r = b'c'\cdots p'$;把上面的推理用于此式得 $b=b'$,其余类推.左端每个因数总等于右端

Wolstenholme 定理

某个因数,因而除顺序可能不同外,因数的个数和数值是依次相等的.

现举一例表明如何分解.

试分解 360;逐次以素数试除. 由整除性的特征, 360 能被 2 整除,商为 180;此数仍能以 2 整除,商为 90;此数仍能以 2 整除,商为 45;此数不能以 2 整除,但能以 3 整除,商为 15;此数仍能以 3 整除,商为 5,5 是素数,分解完毕.

为了指出这些结果,采取如下安排:如图 4.1,画一条竖线,左上方写要分解的数,在此数对面右方写素因数,在其下方写商数;在这个商数对面写素因数,在其下方写商数;以下仿此,直到得到的商是素数为止;不要忘掉把它写在它自身的对面右方. 所有素因数都写在竖线右方. 总之,利用指数得

$$360 = 2 \cdot 2 \cdot 2 \cdot 3 \cdot 3 \cdot 5 = 2^3 \cdot 3^2 \cdot 5$$

```
3 6 0 | 2
1 8 0 | 2
  9 0 | 2
  4 5 | 3
  1 5 | 3
    5 | 5
```
图 4.1

当一数为素数时,应看作已经分解了. 正常地讲, 这不是一个乘积. 在这种情况下我们也(滥)用素数之积的说法.

用素数之积表示任意一数的方法在许多情况下是有用的,它使各种运算变得方便,使数的各种性质变得明显.

当两数 B,C 已分解成素因数时,它们的乘积的分解就立刻得到了;只需用某种方式把 C 的因数叠加到 B 的因数上去;换言之,乘积 BC 的因数就是出现在 B,C 中的因数,一个因数在乘积中出现的次数等于它在 B,C 中出现的次数之和.

利用指数记法,我们可以说,BC 的素因数是 B 或 C 的素因数,它所带的指数等于它在 B,C 中所带的指数之和,不要忘了,因数上没有带着指数的应当看作指数是 1.

例如两数
$$B = 2 \cdot 2 \cdot 2 \cdot 3 \cdot 3 \cdot 5, C = 2 \cdot 2 \cdot 5 \cdot 7 \cdot 11$$
之积是
$$BC = 2 \cdot 2 \cdot 2 \cdot 2 \cdot 2 \cdot 3 \cdot 3 \cdot 5 \cdot 5 \cdot 7 \cdot 11$$
$$= 2^5 \cdot 3^2 \cdot 5^2 \cdot 7 \cdot 11$$

在整除性方面的应用

设 A,B 两数都已分解成素因数之积,A 能被 B 整除的充要条件是:出现在 B 中的因数都应当出现在 A 中,并且出现在 B 中的次数应小于或等于出现在 A 中的次数.

(1) 条件是必要的. 事实上,设 A 能被 B 整除,且商为 C,也分解成素因数,则 $A=BC$. 右端跟左端一样已分解成因数,两个分解应该是一样的. 所以凡出现于 B 的因数应出现于 A,并且出现的次数至多等于出现于 A 的次数.

(2) 条件是充分的. 事实上,如果 A 含有 B 的一切因数并且次数至少相等,我们就把出现在 A 的因数分成两部分,前面写出现在 B 的全部因数,连次数也相同,其余的写在后面;很明显 A 能被 B 整除. 例如设
$$A = 2 \cdot 2 \cdot 3 \cdot 7 \cdot 7 \cdot 11, B = 2 \cdot 3 \cdot 7 \cdot 7$$
则有
$$A = (2 \cdot 3 \cdot 7 \cdot 7) \cdot (2 \cdot 11)$$
若采用指数记法,可将上述定理表达如下:

Wolstenholme 定理

　　A 被 B 整除的条件是:凡出现于 B 的因数都出现于 A 并且带有相等或较大的指数.商数 $\dfrac{A}{B}$ 这时是一个乘积,它的因数有两种,一种是出现于 A 中而 B 没有的因数,指数照旧,另一种是同时出现于 A,B 的因数,指数等于在 A,B 中的指数之差.

　　例如 $A = 2^3 \cdot 3^2 \cdot 5^3 \cdot 7 \cdot 19$ 能被 $B = 2^2 \cdot 5 \cdot 7$ 整除,且

$$\frac{A}{B} = 2^{3-2} \cdot 3^2 \cdot 5^{3-1} \cdot 19 = 2 \cdot 3^2 \cdot 5^2 \cdot 19$$

上述定理在整除性理论中是极为重要的,并且可以说能解决本章所提出的所有问题.

　　求一数的一切约数.

　　假设数 A 已分解成素因数.A 的除 1 以外的任何约数,应由 A 的各素因数组合而成,它们的指数相等或小些.把这样合成的一切数写出来,就得到 A 的一切约数.

　　为了不丢掉任何一个约数,可如下进行.

　　假如设 $A = 360 = 2^3 \cdot 3^2 \cdot 5$,在第一行写出数

$$1, 2, 2^2, 2^3 \qquad (1)$$

它们包括 1 以及只含因数 2 的约数;在第二行写出数

$$1, 3, 3^2 \qquad (2)$$

将第一行各数乘以第二行的每一数,我们构成了数

$$1, 2, 2^2, 2^3$$
$$1 \cdot 3, 2 \cdot 3, 2^2 \cdot 3, 2^3 \cdot 3$$
$$1 \cdot 3^2, 2 \cdot 3^2, 2^2 \cdot 3^2, 2^3 \cdot 3^2$$

它们包括 1 以及只含因数 2 和 3 的约数;最后把这些数乘以数

第 2 编　基础编

$$1, 5 \tag{3}$$

中的每一个,得出所求的一切约数

$$1, 2, 2^2, 2^3$$
$$3, 2\cdot 3, 2^2\cdot 3, 2^3\cdot 3$$
$$3^2, 2\cdot 3^2, 2^2\cdot 3^2, 2^3\cdot 3^2$$
$$5, 2\cdot 5, 2^2\cdot 5, 2^3\cdot 5$$
$$3\cdot 5, 2\cdot 3\cdot 5, 2^2\cdot 3\cdot 5, 2^3\cdot 3\cdot 5$$
$$3^2\cdot 5, 2\cdot 3^2\cdot 5, 2^2\cdot 3^2\cdot 5, 2^3\cdot 3^2\cdot 5$$

或

$$1, 2, 4, 8$$
$$3, 6, 12, 24$$
$$9, 18, 36, 72$$
$$5, 10, 20, 40$$
$$15, 30, 60, 120$$
$$45, 90, 180, 360$$

这些约数的个数显然等于(1)(2)(3)中所含项数的乘积,换言之,在一般情况下,等于 A 的分解中各素因数所带的指数加 1,再将所有这些数相乘所得之积. 我们的例中这个积等于 $(3+1)(2+1)(1+1)=24$. 只要有一个指数是奇数,这个积就是偶数;只有各指数都是偶数时,这个积才是奇数,这时 A 是一个数的平方. 例如 $A=2^4\cdot 3^6\cdot 7^2$ 时,约数的个数等于 $(4+1)\cdot(6+1)(2+1)=105$,而 A 等于 $2^2\cdot 3^3\cdot 7$ 的平方,即

$$(2^2\cdot 3^3\cdot 7)^2 = 2^{2\cdot 2}\cdot 3^{3\cdot 2}\cdot 7^{1\cdot 2} = A$$

设给定两个或若干个数 $A, B, C, \cdots$,并已分解成素因数,我们立刻就可以知道它们是否具有除 1 以外的公约数. 这样一个约数分解成素因数只包含所有 A,

$B,C,\cdots$ 各数的公共素因数；反之，凡这样的素因数所构成的乘积是 $A,B,C,\cdots$ 的公约数；其中最大的一个是取 $A,B,C,\cdots$ 一切的公共素因数且每个因数带上最小的指数所形成的. 按照一数的约数的形成法则，$A,B,C,\cdots$ 的公约数就是它们的最大公约数的约数.

两数或若干个数已分解成素因数，要得到它们的最大公约数，取它们的一切公约数相乘，每个约数所带的指数是该约数所带的各个指数中最小的一个.

例如设三数为
$$A = 2^3 \cdot 3^2 \cdot 5^3 \cdot 7 \cdot 11^2$$
$$B = 2 \cdot 3^3 \cdot 5 \cdot 11 \cdot 13$$
$$C = 2 \cdot 3^2 \cdot 5^2 \cdot 11 \cdot 19$$
则最大公约数为 $2 \cdot 3^2 \cdot 5 \cdot 11$.

若 $A,B,C,\cdots$ 没有公共的素因数，则它们互素.

若以同一数乘或除两数或若干数，则它们的最大公约数就以这数乘或除；若以两数的最大公约数除这两数，则商数互素，因为在除过之后，没有留下任何公因数；若以最大公约数以外的任何公约数除，那就还留下一些公约数，因而商数就不互素了，等等.

若干数 $A,B,C,\cdots$ 分解成了素因数，它们的最小公倍数也很容易得到.

每个公倍数分解成素因数后，应含出现在 $A,B,C,\cdots$ 中的一切因数，并且每个因数所带的指数应该是大于或等于它在 $A,B,C,\cdots$ 中所带的最大的一个指数. 反之，任何数分解成素因数后满足这样的条件，就是 $A,B,C,\cdots$ 的一个公倍数；最小公倍数是这样得到的：只取出现在 $A,B,C,\cdots$ 中的因数，并且每个因数所

118

带的指数等于它在 $A,B,C,\cdots$ 中所带的最大指数. 任何公倍数都是最小公倍数的倍数.

若干数已分解成素因数, 要形成它们的最小公倍数, 我们构作一个乘积, 它的每个因数是出现在 $A,B,C,\cdots$ 中的互异的因数, 每个因数所带的指数是它在 $A,B,C,\cdots$ 中所带的最大指数.

例如三数
$$2^3 \cdot 3^2 \cdot 5, 2 \cdot 3^3 \cdot 7 \cdot 11, 3^2 \cdot 7^2 \cdot 19$$
的最小公倍数是 $2^3 \cdot 3^3 \cdot 5 \cdot 7^2 \cdot 11 \cdot 19$.

若以 $A,B,C,\cdots$ 除它们的最小公倍数 M, 所得的商将不再有公约数了; 因为如果在这些商 $A',B',C',\cdots$ 中还有公约数 d, 令
$$A'=dA'', B'=dB'', C'=dC'', \cdots$$
则
$$M=AA'=BB'=CC'=\cdots$$
$$=dAA''=dBB''=dCC''=\cdots$$
表明 M 被 d 整除, 且 $\dfrac{M}{d}$ 是比 M 还要小的公倍数, 即 M 并非最小公倍数.

在一切公倍数中, 唯有最小公倍数具有此性质.

最后, 假设只考虑两数 A,B, 并设将它们的最大公约数 D 跟最小公倍数 M 乘起来, 那么可以看出, A 或 B 的每一个素因数都出现在积 DM 中. 若此因数不是公因数, 它在 DM 中的指数是在 A 或 B 的指数; 若是公因数, 它在 DM 中的指数等于它在 A,B 中的指数之和.

整数的性质很早就吸引了希腊人. 我们知道, 毕达哥拉斯学派研究过素数、三角形数、正方形数、多角

Wolstenholme 定理

形数、角锥数、完全数,等等.欧几里得的《几何原本》,总结了古希腊人在公元前 300 年关于几何以及算术方面所掌握的主要知识.这本书中就有本章和前章的一些重要的命题,特别是最大公约数、最小公倍数的概念;其中有难于证明的那个定理,即若一素数能整除两因数之积,而又与其一因数互素,则必能整除另一因数;还包括素数的个数是无限的这一定理.关于最后这一命题我们所给的证明,见《几何原本》.素数表的构造法也非常古老,要归功于 Ératosthène(公元前 250 年),通常称为埃氏筛法.

习 题

1. 考查直到 p 的一系列素数,设 A 是其中某些数的乘积,而 B 是所有其余的数的乘积,证明:数 $A+B$ 具有比 p 大的素因数;仿此,若设 $A>B$ 且 $A-B>1$,则对于 $A-B$ 也是如此.

2. 设在下列式子
$$x^2+x+17, 2x^2+29, x^2+x+41$$
中,以 $0,1,2,3,\cdots$ 代替 x,我们首先得到的结果都是素数.最小的 x 值使得所得到的不是素数的,分别是 $x=15, x=28, x=39$[①].

3. 最小的素数值是什么才能使得式子 $1\cdot 2\cdot 3\cdots p+1$ 取的值不是素数?

答:$p=5$.

以 A_p 代表不大于 p 的素数之积,使得 A_p+1 不是

---

① 应该是 $x=16, x=29, x=40$.

素数的最小 p 值是什么?

答: $p=13$.

4. p 是除 1 以外的素数,使得 2^p-1 不是素数的最小 p 值是什么?

答: $p=11$.

使得 $2^{2^n}+1$ 不是素数的最小 n 值是什么?

答: $n=5$ (2^{2^n} 表示 2 的 2^n 次幂).

5. 分解 $1\cdot 2\cdot 3\cdot 4\cdot 5\cdot 6\cdot 7\cdot 8\cdot 9\cdot 10$ 为素因数.

6. 当 n 不是素数时,2^n-1 也不是素数. 对于 n 取值 $4,6,8,9,10,12$ 时,将此数分解成素因数.

7. 乘积 $n(n+1)(2n+1)$ 总能被 6 整除.

我们证明三因数之一能被 3 整除,前两个数总有一个能被 2 整除. 类似的过程适用于很多情况.

8. 素数(2 和 3 除外)的平方减去 1 能被 24 整除.

9. 乘积 $ab(a^2+b^2)(a^2-b^2)$ 总能被 30 整除.

10. 数 a^7-a 总能被 42 整除.

11. 数 $a^{13}-a$ 总能被 546 整除.

12. 设数 a 以 4 收尾而又不能被 4 整除,那么乘积 $a(a^2-1)(a^2-4)$ 能被 480 整除.

13. 设 a 与 b 互素,则 $a+b$ 与 $a-b$ 除 1 与 2 以外没有公因数.

14. 设 a 与 b 互素,x 与 b 互素,y 与 a 互素,则 $ax+by$ 与 ab 互素.

容易看出,两数 $ax+by$ 与 ab 不能有公共的素因数:若 p 是这样一个因数,它就应整除 ab 的一个因数,例如说 a;若 p 能整除 $ax+by$ 及 a,p 就应整除 by,等等.

Wolstenholme 定理

这种证法是常用的.

15. 设三数 a,b,c 两两互素,则数 $bcx+acy+abz$ 与乘积 abc 互素的充要条件是 x,y,z 分别与 a,b,c 互素.

16. 设 a,b 互素,则两数 a^2-ab+b^2 与 $a+b$ 除 3 以外不可能有公共素因数.

17. 设一个素数 p 等于两数的平方差,则此两数是 $\dfrac{p-1}{2}$ 和 $\dfrac{p+1}{2}$.

18. 想知道数 p 是否是素数,我们可以将前 $\dfrac{p-1}{2}$ 个数 $1,2,\cdots,\dfrac{p-1}{2}$ 的平方逐次加于它,如果所得到的第一个平方数是 $p+\left(\dfrac{p-1}{2}\right)^2$,那么数 p 就是素数.

19. 一个素数不可能是若干个连接的奇数之和.

20. 求一个大于 3 的素数 p 使 $\dfrac{p^2-1}{8}$ 是素数.

21. 若 2^n+1 为素数,则 n 是 2 的幂.

22. 具有 15 个约数的数中,最小的数是什么?

23. 求约数最多的两位数.

24. a^m 的约数的个数是与 m 互素的.

25. 从等式
$$x^4+4y^4=(x^2-2xy+2y^2)(x^2+2xy+2y^2)$$
推导出:不可能有除 1,5 以外的素数 p 使方程
$$x^4+4y^4=p$$
有解.

26. 前 n 个数 $1,2,3,\cdots,n$ 中有多少个能被素数 p 整除?

27. 连接的 n 个数中能被素数 p 整除的数,至少跟前 n 个数中能被 p 整除的数一样多.

28. 设将前 n 个数的乘积 $1 \cdot 2 \cdot 3 \cdot \cdots \cdot n$ 分解成素因数,那么每个小于 n 的素数 p 出现时所带的指数等于以 $p, p^2, p^3, \cdots$ 逐次除 n 所得的商数之和.

29. 从上面一些命题推导出一个方法以证明命题:n 个连接的整数之积总能被乘积 $1 \cdot 2 \cdot 3 \cdot \cdots \cdot n$ 整除.

30. 一数 n 的约数可以两两配对,使每对中的两数之积等于 n. 如果 n 等于一个整数的平方,那么有一对的两个数相等,并且只有在平方数时才如此.

设数 n 的约数的个数记为 ν,那么当 n 不是平方数时,n 的一切约数之积等于 $n^{\frac{\nu}{2}}$. 当 $n = m^2$ 时,那么这个乘积等于 m^ν.

31. 设一数 n 分解成素因数后等于 $a^\alpha b^\beta c^\gamma \cdots$,其中 $a, b, c, \cdots$ 表示 n 的互异的素因数,则 n 的约数的个数等于 $(\alpha+1)(\beta+1)(\gamma+1)\cdots$;并且这些因数本身是将乘积

$(1 + a + a^2 + \cdots + a^\alpha) \cdot (1 + b + b^2 + \cdots + b^\beta) \cdot$
$(1 + c + c^2 + \cdots + c^\gamma) \cdot \cdots$

展开后各个不同的项,这些因数之和等于

$$\frac{a^{\alpha+1}-1}{a-1} \cdot \frac{b^{\beta+1}-1}{b-1} \cdot \frac{c^{\gamma+1}-1}{c-1} \cdot \cdots$$

32. 一数的整除部分(parties aliquotes)是指这个数的约数,但其本身不在内.

若一数等于其各整除部分之和,则称为完全数;若小于此和,则称为盈数(nombre abondant);若大

Wolstenholme 定理

于此和,则称为亏数(nombre dificient)①.

设 p 为素数且 2^p-1 也为素数,则数 $2^{p-1}(2^p-1)$ 为完全数.

求一些盈数、亏数的具体数字例子.

33. 一般以 $\nu(a)$ 表示一数 a 的约数的个数,而以 $\sigma(a)$ 表示 a 的约数之和. 设 $a,b,c,\cdots$ 两两互素,则有
$$\nu(abc\cdots)=\nu(a)\cdot\nu(b)\cdot\nu(c)\cdots$$
$$\sigma(abc\cdots)=\sigma(a)\cdot\sigma(b)\cdot\sigma(c)\cdots$$

34. 证明:若 n 为素数且 p 既非 0 又非 n,则 C_n^p 能被 n 整除.

仍设 n 为素数,证明:数
$$(a+b)^n-a^n-b^n$$
能被 n 整除.

从这里推证当 n 为素数时,a^n-a 能被素数 n 整除. 事实上,若命题对于两数 a,b 为真,则对于它们的和也是真的.

这个命题称为 Fermat 问题. 在最后一章将见到它的重要性.

---

① 这里的外文翻译为法文.

分　数

第 5 章

§1　分数的初始定义

数的概念是从各种对象的集合得来的,但是它适用于连续量的度量,而这一应用导致数的概念的推广,必须考虑一些新的数,跟我们一直到现在所考虑的完全不同的数. 从此刻起,我们将用 $0,1,2,3,\cdots$ 表示整数①,提醒一下读者,所谓自然数就是这些数,把 0 排除在外.

我们给新数一个具体的根源,考查最简单的一种量,即直线段的长度. 我们会鉴定两条这样的线段是否相等(例如利用圆规),我们会把它们

---

① 当说到相对数时,一个整数是一个数(正、负或零),它的绝对值是 $0,1,2,\cdots$ 中的一个;但此处不必害怕混淆,因为除末尾几节以外,并不涉及负数.

相加,一端跟一端接起来,我们会把它们分成相等的部分;无疑,所有这些运算只能近似地实现,但是想它们还是容易的.

由于我们眼前所关心的主要是线段的长度,我们就以"长度"代替"线段的长度".我们所用的一些字眼只有在有关度量系统的几章中才有确定的意义,但这也没有什么不便,因为读者对这些字眼早已习惯了.并且,此处的米还可能是任意一个长度,小时还可能是任意一个时间间隔,法郎还可能是任意一块贵重的金币.为了叙述上的方便,我们假设这种量都可以分成相等的一些部分;实际上并不如此,米和小时分得的份数过多,既难实现也不准确;我们并不把一块金法郎分成几个等份,这种分割是用辅币体现的.但是在一切情况下,不难假想我们所说的运算.

当我们说长度 AB(图 5.1)被含于另一长度 PQ 正好三次,或者 PQ 含 AB 正好三次,意思是说,从点 P

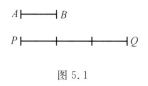

图 5.1

开始截取等于 AB 的线段三次,正好到达点 Q. 换言之,若分 PQ 成三等份,则每一份都等于 AB. 采用这种说法,自然就说凡等于 AB 的长度含 AB 正好一次.

同样我们说 1 小时正好含 60 分钟,1 分钟正好含 60 秒.

我们说线段 AB 是线段 PQ 的整除部分,那是说 PQ 正好含 AB 若干次. 如果 PQ 正好含 AB 七次,我们就说 AB 是 PQ 的七分之一.

同理,我们说1分钟是1小时的六十分之一,15分钟是1小时的四分之一.

度量

读者都清楚,各种度量的运算都要选择合宜的单位.要度量长度,首先要取一个长度单位,作为比较其他长度的标准.假设 AB 就是这个单位.

要度量线段 PQ,我们在 PQ 上从点 P 起截取一个单位,能截多少次就截多少次.可能发生这样的情况,我们停止在端点 Q,这时 PQ 正好含单位长度若干次,这个次数是整数,称为 PQ 的度量数.在图 5.1 上, PQ 的度量数是 3.

这种用整数来度量的情况,是在一条无限直线上从一个标志着 0 的点起沿着一定方向截取单位长度的情况;如果逐次将单位长度的终点记为 $1,2,3,4,\cdots$,每个标志的数字表明该点离开出发点 0 有多长的距离.在这些长度中,倘若我们愿意,就可以把长度 0 排进去,这是一条假想的线段的长度,它的原点跟终点重合在标志着 0 的同一点处.照这样,显见我们不能度量所有的长度,我们就不能度量原点在 0 而终点落在 $0,1,2,3,4,\cdots$ 所标志的任意两点之间的线段.

有些线段并非正好含单位整数次,为了度量这样的线段,可如下试行.

把单位长度 AB 分成若干等份,例如说 5 等份(图 5.2),每一等份称为五分之一单位;可能发生这样

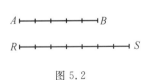

图 5.2

的情况,所考虑的长度 RS 正好含这些等份整数次,例如 7 次.这时我们说 RS 含五分之一单位 7 次.为了度量它,要用两个整数,此时是 5 和 7;一个表示要将单位分成多少等份,另一个表示所考虑的长度正好含每一等份的多少倍.我们看出这两个整数所处的地位完全不同.为了区别它们,便给以不同的名称,写在不同的位置,读出不同的顺序.

将单位长度分成的等份数称为分母,所考虑的线段含一等份的次数或倍数称为分子;分母写在下,分子写在上,中间以分数线隔开;在我们的例中,写作 $\frac{7}{5}$①,读为五分之七,先读分母,后读分子②,合在一起称为分数.

分数被看作数,在上例中,分数 $\frac{7}{5}$ 是长度 RS 的度量数.

利用分数我们所能度量的线段,是这样一些线段:将单位长度分成某个整数等份,然后端端相接地截取若干等份.在实际上,我们不能得到一切的长度,这一点将来还要回来谈.但是我们立刻可以指出一个事实,以 b 表示充分大的整数,将单位长度分为 b 等份,每一份就变得很小.假设所考虑的线段含一等份超过整数 a 次,而又不到 $a+1$ 次,那么所要测量的长度就介于以

---

① 记号 $\frac{a}{b}$ 在第 2 章已用过,表示在 b 能整除 a 时除得的商数.读者可以暂时不管我们所说的这些,两者的一致性,很快会明白的.

② 外国人先读分子,后读分母,读作 7 在 5 之上或 7 倍五分之一.

$$\frac{a}{b}, \frac{a+1}{b}$$

为度量的两个长度之间. 用这两个长度代替所考虑的长度,所产生的误差就小于一个等份,只要 b 充分大,这个误差就可以随意小. 两分数 $\frac{a}{b}, \frac{a+1}{b}$ 就称为所考虑线段的近似度量,前者称为弱值,后者称为强值,误差小于 $\frac{1}{b}$.

实际上,如果这样产生的误差已经不能被我们的测量仪器显示出来,就有理由忽略不计. 从实用上讲,整数和分数已足够度量一切长度,并且,眼前我们就只考虑以整数和分数为度量的一些长度,这些长度称为与单位长可公度.

比・公度

比和度量的概念说到底没有差别.

给了两条线段 RS 和 AB(图 5.2),假如有一条线段含在 RS 正好整数次,含在 AB 也正好整数次,那么这一线段称为 RS 和 AB 的公(共)度(量). 倘若我们取它为长度单位以测量 RS 和 AB,得出的度量数都是整数. 这样的两条线段能被同一线段同时量尽,就称为可公度的线段. 在图 5.2 上,RS 含公度 7 次,AB 含公度 5 次.

在本章,每当提到两个量的比时,我们总是假设它们是可公度的,假设它们有一个公度,各含公度整数次.

第一量与第二量两量之比是一个分数,分子表示第一量含公度的倍数,分母表示第二量含公度的倍数.

也可以说,第一量与第二量之比是一个分数,当我们取第二量作为度量单位时,这个分数就是第一量的度量数.

在上例中,RS 与 AB 之比是 $\frac{7}{5}$;AB 与 RS 之比是 $\frac{5}{7}$.

我们可以从 AB 推求出 RS 来,将 AB 分成 5 等份,将 7 段各等于 1 等份的线段端端相接连成的线段就是 RS. 我们说 RS 是 AB 的 $\frac{7}{5}$ 倍. 我们可以从 RS 推出 AB 来,将 RS 分成 7 等份,将 5 段等于 1 等份的线段端端相接连成一条线段就是 AB. AB 是 RS 的 $\frac{5}{7}$ 倍. AB 的每个 5 等份之一,等于 RS 的每个 7 等份之一,这就是 AB 和 RS 的公度.

两个时间间隔各是 7 分和 5 分,第一个对第二个的比是 $\frac{7}{5}$,第二个对第一个的比是 $\frac{5}{7}$.

可能出现进行比较的两量之一含在另一量中整数次,这时它就是它自身和另一量的公度,它含在它自身正好一次.

这样,在图 5.1 中,AB 含于 PQ 正好 3 次;PQ 与 AB 之比按照我们的规定应写作 $\frac{3}{1}$,AB 与 PQ 之比是 $\frac{1}{3}$. AB 与 AB 之比应写作 $\frac{1}{1}$.

在谈到比以前,我们没有引进过分母等于 1 的分数. 我们不说取 AB 作单位时,PQ 的度量是分数 $\frac{3}{1}$,但

知道是整数 3;我们不说长度单位以分数 $\frac{1}{1}$ 来度量,但知道是数 1.

无论谈到度量或是比时,使用同样的语言比较方便,这就是我们做出下述规定的原因:

当 n 为整数时,我们说量 A 与量 B 之比是 $\frac{n}{1}$ 或者说它是 n,这是同义语. 我们所表达的只不过是量 A 正好含量 B n 次. B 与 A 之比是 $\frac{1}{n}$. 说 A 与 B 之比是 $\frac{1}{1}$ 或是 1,表明量 A 与 B 相等.

自然地我们也说,当取 B 作单位时,A 的度量是整数 n 或分数 $\frac{n}{1}$.

米与分米之比是 $\frac{10}{1}$ 或 10,分米与米之比是 $\frac{1}{10}$,小时与分之比是 $\frac{60}{1}$ 或 60,分与小时之比是 $\frac{1}{60}$. 把一法郎看作跟 20 苏等价,那么法郎的价格与苏的价格之比是 $\frac{20}{1}$,苏的价格与法郎的价格之比是 $\frac{1}{20}$.

度量同一量的分数

以一个整数度量的长度显然只能以这个整数作为度量.

分母相同而分子不同的两个分数例如 $\frac{4}{7}$ 跟 $\frac{5}{7}$,不可能度量同一长度:事实上,说分数 $\frac{4}{7}$ 度量一个长度,即是说若分单位长度成 7 等份,那么所考虑的长度正好含 1 等份 4 次,既不能多又不能少.

Wolstenholme 定理

长度 A 与长度 B 之比,既不能表为两个不同的整数,也不能表为分母相同而分子不相同的两个分数.

但是,长度 A 与长度 B 之比,或者说取 B 作单位时 A 的度量,却有无限多的分数可以充当.

事实上,当我们说分数 $\frac{a}{b}$ 是 A 与 B 之比时,我们理解 A 和 B 有公度,即有一条线段 C 含于 A 正好 a 次,含于 B 正好 b 次;换言之,A 是 a 条等于 C 的线段端端相接并合而成,而 B 是 b 条等于 C 的线段端端相接并合而成;可以看出 C 的 c 分之一是 A 和 B 的一个公度,它含在 A 中 $c \times a$ 次,含在 B 中 $c \times b$ 次;于是说 A 和 B 之比是 $\frac{ca}{cb}$ 是合理、合法的;也可以说它是 $\frac{ac}{bc}$,因为两分数 $\frac{ca}{cb}, \frac{ac}{bc}$ 有相同的分子和相同的分母.

两个分数之一是从另一个以同一自然数乘分子和分母得来的,这两个分数度量的是同样的长度,都表达了线段 A 与线段 B 的长度之比.

当 A 与 B 的长度之比是 $\frac{a}{1}$ 或 a,即 $b=1$ 时,以上的推理照样适用而不必做任何改动. 这时可以说 A 与 B 之比是 $\frac{ca}{c}$,即是一个分数,分子能被分母整除,其商为 a.

容易找出两个分数 $\frac{a}{b}, \frac{a'}{b'}$ 度量同样的长度,都表达一线段 A 与一线段 B 的长度之比的充要条件.

按照以上推理,两分数
$$\frac{ab'}{bb'}, \frac{a'b}{b'b}$$

度量的长度分别和分数 $\frac{a}{b}, \frac{a'}{b'}$ 度量的长度相同;它们表达的度量是将单位长度分成 bb' 等份,而不是分成 b 等份或 b' 等份;但是现在它们有相同的分母了;要使它们度量同一长度,就只能有 $ab'=a'b$. 这个条件不但是必要的,显然也是充分的.

两分数度量同样长度的充要条件是:第一个分子乘第二个分母等于第二个分子乘第一个分母.

这个条件以及它所依靠的推理,当一个分母(例如第一个分母)为 1 时仍然有效. 两分数 $\frac{a}{1}, \frac{a'}{b'}$ 度量同一长度的充要条件于是就是 $ab'=a'$. 由于以 $\frac{a}{1}$ 作度量跟以 a 作度量根据我们的理解是一回事,得命题如下:

要使一个分数跟一个整数度量同样的长度,必须分数的分子能被分母整除,并且商数等于所说的整数.

§2 分数的第二个定义,等式,化成同分母

分数的抽象定义

现在对分数的具体起源加以抽象,给出下述定义.

分数是两个地位不同依次称为分子和分母的整数的集合. 这个集合自身称为数,关于它的运算规则下面马上就讲. 分子和分母是分数的两个项.

分子写在分母之上,中间用分数线隔开.

分子可以是任何整数,分母是除 0 以外的任何整数.

Wolstenholme 定理

关于这些新数的相等以及施行的运算,应一一重新介绍.

相等

按定义,分母是 1 的分数等于其分子,因而等于一个整数.

两个分数,如果第一个的分子乘第二个的分母等于第二个的分子乘第一个的分母,就是相等的,否则就是不等的.

为了表明这个相等的抽象定义是正确的,必须证明等于第三个分数的两个分数是相等的. 其实这个命题从具体的观点来说是明显的,因为这三个分数度量相同的长度;不求助于纯算术以外的任何概念,也很容易验证.

设 a, b, a', b', a'', b'' 是自然数,且两分数 $\dfrac{a}{b}, \dfrac{a'}{b'}$ 都等于分数 $\dfrac{a''}{b''}$,从相等的定义得

$$ab'' = a''b$$
$$a'b'' = a''b'$$

交叉相乘得

$$a'b''a''b = ab''a''b'$$

或

$$a'b \cdot a''b'' = ab' \cdot a''b''$$

约去不等于零的整数 $a''b''$,得 $a'b = ab'$,就是说两分数 $\dfrac{a}{b}, \dfrac{a'}{b'}$ 是相等的.

当 $b'' = 1$ 时证明仍有效,即是说等于同一整数的两个分数彼此相等.

一个分数跟另一分子为 0 的分数相等的充要条件是它的分子也应该是 0.

事实上，若在表明两分数 $\dfrac{a}{b}, \dfrac{a'}{b}$ 相等的等式 $ab' = a'b$ 中设 $a = 0$，则 $a'b$ 应为 0. 因为 b 是异于 0 的，所以必须 a' 为 0.

所以凡以 0 为分子的分数都应看作相等，其中有一个分数是 $\dfrac{0}{1}$，它的分母是 1，按上面所说它应看作等于它的分子 0.

凡以 0 为分子的分数都等于 0.

用同一自然数乘分数的两项，得到一个相等的分数.

设 $\dfrac{a}{b}$ 是已知分数，以 m 表示任一自然数，我们说有

$$\dfrac{a}{b} = \dfrac{am}{bm}$$

事实上，此式即是说 $abm = bam$，它是明显的.

当分数的两项能以同一自然数整除时，除过之后得一相等分数.

事实上，由上述定理，第一个分数等于第二个分数.

考查一个分数，它的分子 a 能被分母 b 整除，设商为 q，则 $a = bq$. 按上述定理，分数 $\dfrac{a}{b} = \dfrac{bq}{b}$ 也等于 $\dfrac{q}{1}$，即等于 q（按照前面的规定）. 所以：

当分数的分子能被分母整除时，这个分数就等于除得的商.

因此，当分子能被分母整除时，分数的概念就包

括第 2 章 §1 解释的除法概念作为其特例.

由于给了一个分数之后,有无限多个分数跟它相等,自然要在这些分数中寻找最简单的一个,使得它的两项愈小愈好.

化简(约分)

上述定理能够化简分数,即将其两项除以其公约数. 例如 $\frac{6}{8}$ 可代以 $\frac{3}{4}$.

这样,只要分数的两项不互素,就可以化简.

给了一个非零分数,只要将它的两项除以其最大公约数,就得到一个相等的分数,它的两项变成互素的.

例如 172 和 360 的最大公约数是 4,分数 $\frac{172}{360} = \frac{43}{90}$,它的两项是互素的.

两项互素的分数不能用约去公因数的办法化简,也没有别的办法化简. 换言之,没有别的分数跟它相等而两项更小些. 这是从下述定理知道的:

任何一个分数只要等于一个两项互素的分数[①],那么它的两项就是后者两项的相同倍数,即前一分数的两项是由后者的两项乘以同一自然数得来的.

事实上,设 $\frac{a}{b}$ 和 $\frac{a'}{b'}$ 是两个相等的分数,第二个的两项互素. 因 $ab' = a'b$,可见 b' 应整除 $a'b$;因 b' 与 a' 互素,b' 应整除 b,设商为 q,则有 $b = b'q$. 代回上面的等式,并约去公因数 $b'(b' \neq 0)$,于是同时有 $a = a'q, b =$

---

① 这样叙述把分子为 0 的分数排除在外,因为 0 跟任何数不互素.

第 2 编　基础编

$b'q$；第一个分数的两项 a,b 是由第二个分数的两项 a'，b' 乘以同一数 q 得到的. 除 $q=1$ 以外，总有 $a>a'$，$b>b'$.

分数的两项互素时，称为不可约分数或既约分数. 这一名称是合理的，因为不可能找到一个与既约分数相等而两项更小的分数.

我们把分母非 1 的不可约分数称为纯分数(nombre fractionnaire). 一个纯分数不可能等于整数. 相反地，一个整数可以看作分数，分母是 1. 我们说，分数包括整数.

化为公分母(通分)

给定了一些分数，我们可设法找出一些分数跟它们分别相等而又有共同的分母.

设给了三个分数 $\frac{3}{4}, \frac{7}{8}, \frac{5}{12}$. 显然我们可达到目的，只要将每个分数的两项同乘以另两分母之积，得出分数

$$\frac{3\cdot 8\cdot 12}{4\cdot 8\cdot 12}, \frac{7\cdot 4\cdot 12}{8\cdot 4\cdot 12}, \frac{5\cdot 4\cdot 8}{12\cdot 4\cdot 8}$$

它们跟原先的分数分别相等，而分母相同，即 $\frac{288}{384}, \frac{336}{384}, \frac{160}{384}$.

这个解答并不是唯一的；还有无限多个，并且其中有一个最简单的.

假设给定的分数是不可约的，试问怎样才能求得依次跟它们相等而公分母为最小的分数？我们就以刚才提到的三个分数为例进行推理，它们都是不可约

的. 假设 M 是一个有资格作公分母的数. 凡与不可约分数 $\frac{3}{4}$ 相等的分数,它的分母一定是 4 的倍数;照此说来 M 应是 4 的倍数. 同理, M 也应该是其余两个分母的倍数,因而是三个分母的公倍数. 反之,凡各分母的公倍数都有资格作公分母.

例如取 72 作为 M,则因 M 是 4 的 18 倍,8 的 9 倍, 12 的 6 倍,我们就找到三个分数
$$\frac{3\cdot 18}{4\cdot 18},\frac{7\cdot 9}{8\cdot 9},\frac{5\cdot 6}{12\cdot 6}$$
亦即
$$\frac{54}{72},\frac{63}{72},\frac{30}{72}$$

刚才介绍的办法显然能提供一切的解答. 最简解答来自取 M 为三个分母 4,8,12 的最小公倍数,此处是 24. 最简解答是 $\frac{18}{24},\frac{21}{24},\frac{10}{24}$.

为了把若干个不可约分数化为有公分母的最简分数,我们求各个分母的最小公倍数 M,它就是所求的公分母. 要求每个分数的新分子,以原分母除 M 得出一个商数,原分子乘以这个商数就是新分子.

当各分数的两项都已分解为素因数时,运算就没有什么困难了,用乘除运算立刻即得. 例如考查分数
$$\frac{3\cdot 7^2}{2^3\cdot 5^2\cdot 11},\frac{2\cdot 19}{5^3\cdot 17\cdot 3},\frac{11\cdot 7}{19\cdot 2^2\cdot 5}$$
最小公分母是 $2^3\cdot 3\cdot 5^3\cdot 11\cdot 17\cdot 19$,除以各分母,商依次是
$$3\cdot 5\cdot 17\cdot 19, 2^3\cdot 11\cdot 19, 2\cdot 3\cdot 5^2\cdot 11\cdot 17$$
于是所求分数是

第 2 编　基础编

$$\frac{3^2 \cdot 5 \cdot 7^2 \cdot 17 \cdot 19}{2^3 \cdot 3 \cdot 5^3 \cdot 11 \cdot 17 \cdot 19}$$

$$\frac{2^4 \cdot 11 \cdot 19^2}{2^3 \cdot 3 \cdot 5^3 \cdot 11 \cdot 17 \cdot 19}$$

$$\frac{2 \cdot 3 \cdot 5^2 \cdot 7 \cdot 11^2 \cdot 17}{2^3 \cdot 3 \cdot 5^3 \cdot 11 \cdot 17 \cdot 19}$$

在各分数的分母两两互素的特殊情况下,它们的最小公倍数就是它们的乘积.这时适用第一种办法.

假设给了一些整数和分数,而要求一些分数分别跟它们相等并且要有相同的分母.

这时只要应用上述法则,把整数看作分母是 1 的分数.实用上,我们采用分母非 1 的那些分数的最小公分母 M 作为分母,那么每个整数化成一个以 M 为分母的分数,分子是该整数跟 M 的乘积.

请注意,将分数化成公分母的办法,也可以用来化成具有公分子的分数,还可以将两个已知分数化成分别跟它们相等的分数使其中一个的分子等于另一个的分母.

§3　加法和减法

加法

为了定义两分数的加法,我们来回忆分数的意义.

首先假设两分数有共同的分母,例如 $\frac{3}{7}, \frac{5}{7}$. 取一个单位长度 AB(图 5.3),将它分成 7 等份;第一个分数 $\frac{3}{7}$ 度量一长度 CD,是将 3 个等份端端相接得来的;第

二个分数 $\dfrac{5}{7}$ 度量一长度 EF，是将 5 个等份端端相接得来的. 很自然地把两分数之和看作度量一长度 OP，是将 $3+5=8$ 个等份端端相接得来的，所以

$$\dfrac{3}{7}+\dfrac{5}{7}=\dfrac{3+5}{7}=\dfrac{8}{7}$$

所以自然地把两个或若干个同分母的分数之和看作一个分数，分母照旧，分子则是所设各分数的分子之和.

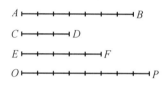

图 5.3

当所设分数的分母不同时，可先通分，化为同分母的分数，再求和. 所以得出下述定义，同时就是运算法则.

做若干整数或纯分数的加法，先将这些数代以依次相等并有公分母的一些分数，然后将各分子相加，取其和作分子，取公分母作分母，所得新分数称为所设整数或纯分数之和.

例如三个分数 $\dfrac{3}{4},\dfrac{7}{8},\dfrac{5}{12}$ 的和写作 $\dfrac{3}{4}+\dfrac{7}{8}+\dfrac{5}{12}$，用跟这些分数相等且分母相同的分数代替得

$$\dfrac{18}{24}+\dfrac{21}{24}+\dfrac{10}{24}=\dfrac{18+21+10}{24}=\dfrac{49}{24}$$

这个分数 $\dfrac{49}{24}$ 也是两数 2 与 $\dfrac{1}{24}$ 之和，因为 $2=\dfrac{48}{24}$.

但是,为了说明上述定义和法则的正确性,还需证明:当我们用两种不同的办法将所设分数化成有共同的分母,所得的和总是相等的.这个断言从加法的具体意义是充分明显的,但从纯算术也不难建立.

所要运算的和可能包括分数及整数,后者可看作分母是1的分数,所以不妨把要加的数都看作分数.

假设有三个分数,化成最简公分母表示为 $\dfrac{a}{D}$,$\dfrac{b}{D}$,$\dfrac{c}{D}$,则其和为 $\dfrac{a+b+c}{D}$.

如果用另外的方式化为公分母,那么新的分数可以从上面那些以同一数 q 乘其两项而得出,即可以表示为 $\dfrac{aq}{Dq}$,$\dfrac{bq}{Dq}$,$\dfrac{cq}{Dq}$,从而其和为

$$\frac{aq+bq+cq}{Dq} \text{ 或 } \frac{(a+b+c)q}{Dq}$$

这个分数是从分数 $\dfrac{a+b+c}{D}$ 以 q 乘其两项得来的,所以跟它相等.

仿此易证:给了一些整数或纯分数,另外又给了一些整数或纯分数依次跟前面的相等,那么前面的和跟后面的和是相等的.为了相信这一点,只需将各数化成具有公分母.

分母的加法归根结底化归为整数的加法.因此:

在整数或纯分数之和中,项的次序可以颠倒,不论多少项可以用它们的运算和(作为已经运算过了的和)来代替.要将一个和加于一数,可以逐次将这些数加于它,等等.在化成公分母后,只需把这些对整数当然成立的一些定理应用于分子就够了.

Wolstenholme 定理

分数的不等

给了两个不相等的分数,化成具有公分母,我们就知道这种不相等的关系;这时两个分子是不等的,一个大于另一个,分子大的那个分数称为大于分子小的分数,后者称为小于前者.无须声明,这个定义适用于有一个分数是整数的情况.

将"大于、小于"的字眼应用于分数,是跟这些字眼用于量的通常含义一致的.

回顾分数的具体意义并考查两个分数,例如

$$\frac{7}{12}=\frac{35}{60},\frac{4}{5}=\frac{48}{60}$$

按照上述定义,第一个应看作小于第二个,把单位长度分成 60 等份,35 等份端端相接所得的长度,由第一个分数度量;多截 13 等份(48=35+13),所得长度由第二个分数度量;说后面的量大于前面的量是符合我们对量的观念的;在另外一种解释下也是如此,把时间的单位小时分成 60 分,48 分的时间间隔就比 24 分的长.

从这个例还可以看出,一个分数大于另一个,就可以从后者加上一个非零分数得到

$$\frac{48}{60}=\frac{35}{60}+\frac{13}{60}$$

反之,同分母的两个分数(例如 $\frac{35}{60}$ 和 $\frac{13}{60}$)相加得出一个新分数,它的分子比 35 和 13 都大,因此按定义它比 $\frac{35}{60}$ 和 $\frac{13}{60}$ 都要大.

从这些说明可以断言:比较两个分数的结果,与

它们化成公分母的方式无关.

事实上,设首先将两分数化成最简公分母并表示为 $\frac{a}{D}, \frac{b}{D}$;设又以另一方式将它们化成有公分母的分数,新分数是从这两个以同一数 q 乘两项得到的,因之可表示为 $\frac{aq}{Dq}, \frac{bq}{Dq}$. 若设 $\frac{a}{D} > \frac{b}{D}$,则 $a > b$,从而有 $aq > bq$;反之后面的不等式包含 $a > b$;结论是显然的.

设所给两分数为 $\frac{a}{b}, \frac{a'}{b'}$,化成公分母则为 $\frac{ab'}{bb'}, \frac{a'b}{bb'}$. 若有 $ab' = a'b$,那么它们是相等的;若有 $ab' > a'b$,那么前面一个大. 若设两分子 a, a' 相等(但不为零),那么只有 $b' = b$ 时它们才相等;要使前面的大于后面的,则必须 $b' > b$,从而得结论:

分子相同的两分数只有分母相等时才相等. 两分数的分子相等而分母不等,那么分母小的分数大. 这些定理中的分数都假设不为零.

给了一个分数,要加大它那就或者加大它的分子,或者减小它的分母.

数 0 看作小于任何非零的分数.

现做下述备注:

给定一个任意小但非零的分数 $\frac{a}{b}$,我们能找到一些更小的;只要 $b' > b$,那么 $\frac{a}{b'}$ 就是如此. 特别地,有一些 10 的幂大于 b,设 10^n 是这样一个幂,那么 $\frac{a}{10^n}$ 小于 $\frac{a}{b}$,从而显见 $\frac{1}{10^n}$ 将小于 $\frac{a}{b}$.

化成公分母就可以把一些分数按大小次序排列.

例如考查分数 $\frac{3}{4}, \frac{7}{8}, \frac{5}{12}$, 化成公分母得 $\frac{18}{24}, \frac{21}{24}, \frac{10}{24}$, 按次序写是

$$\frac{10}{24}, \frac{18}{24}, \frac{21}{24}$$

即

$$\frac{5}{12}, \frac{3}{4}, \frac{7}{8}$$

每个分数比它前面一个大.

化成公分母能使对于整数证过的命题推广到分数.

用 $A, B, C, \cdots$ 表示任意的数,整数或纯分数[①].

若 $A > B$ 且 $B > C$,则也有 $A > C$,从而可写作

$$A > B > C$$

我们可以在一个不等式的两端加上同样一个数,这个不等式保持原来的大小和方向. 这个命题包含着下面一个结论:两数不等,加上同一数后所得两数仍然不等.

有若干个同向不等式,我们可将两端分别相加.

减法

从上面我们知道,给了两个分数,就有另一分数存在,把它加于小的那个就以大分数作为和,它是所给两个分数之差;求差的运算称为减法.

---

① 读者注意,这是第一次用一个字母表示分数;以前用一个字母只代表整数.

设所给两分数化成公分母后为 $\frac{48}{60}$ 和 $\frac{35}{60}$，则有

$$\frac{48}{60} = \frac{35}{60} + \frac{13}{60}$$

$\frac{13}{60}$ 就是 $\frac{48}{60}$ 与 $\frac{35}{60}$ 之差；就是这个数加于 $\frac{35}{60}$ 给出 $\frac{48}{60}$ 作为和，因为如果加两个不等的数于同一数，所得结果是不等的.

给了两个分数，设在同一直线上从同一点起向同侧截取两线段使以这两个分数分别作为度量，那对应于大分数的线段就超过对应于小分数的线段. 两分数之差就是度量两线段终点间的距离.

下面的法则现在很明显了.

给了两个整数或纯分数，要从大数减去小数，先将这两个数化成公分母，再从大分子减去小分子作为分子，以公分母作为分母作成的新分数，就是所求的差，两数相等时差是零.

相对数

相对数的定义、加法和减法在以前关于代数和的学习方面已经建立了. 实际上，我们可以考虑绝对值为 0 或自然数的相对数；当然我们可以考虑绝对值为分数的相对数；代数和的性质推广到各项为分数的情况，建立在这些性质上的命题也就推广了；我们采用同样的加法和减法法则；有关推广以后的代数和的性质依然适用.

我们可将相对的整数以一条直线上从取为原点的一点起、向两侧作等距离分布的一些点来表示，相邻两点间的距离取为长度单位. 可以设想将任意的相

Wolstenholme 定理

对数 a 用一点表示在同一图形上,这个点在原点的哪一侧,就看 a 的符号为正或负而定,它到原点的距离就等于 a 的绝对值.在这种表示法中 a 称为该点的坐标.

规定两数 a,b 表示为直线上的两点,这两点仍记为 a,b,若数 a 大于数 b,则点 a 在点 b 之右;按此规定,0 和任意正数大于任意负数.下面的定理依然成立:差 $a-b$ 的绝对值依然度量两点 a,b 之间的距离,若此差为正,则 a 在 b 之右,为负则在 b 之左.

按此定理,a 是大于 b、等于 b 或小于 b,就看这个差是正的、零或负的.

求一分数所含的最大整数

我们可以立刻知道一个分数是小于[①]、等于或大于 1. 数 1 自身等于一个分数,它的分子和分母都等于所给分数的分母. 因此,这个分数是小于、等于或大于 1,就看它的分子是小于、等于或大于分母.

给了一个分数,以分母除分子,则此分数可看作所得的商跟一个小于 1 的分数之和,后者的分子是余数,分母是原来的分母.

例如设分数 $\dfrac{2\,872}{25}$,分子除以分母,得商 114,余数为 22,即
$$2\,872 = 114 \times 25 + 22$$

由分数加法规则得
$$\dfrac{2\,872}{25} = \dfrac{114 \times 25}{25} + \dfrac{22}{25} = 114 + \dfrac{22}{25}$$

---

① 小于 1 的分数称为真分数.

若所给分数的分子小于分母,则商数为 0,余数即分子;运算没有必要进行.

若分子能被分母除尽,余数等于零,我们已经知道这个分数等于整数.

回到上面的例.因为 2 872 除以 25 有余数,所以有
$$114 \times 25 < 2\ 872 < 115 \times 25$$
则得
$$\frac{114 \times 25}{25} < \frac{2\ 872}{25} < \frac{115 \times 25}{25}$$
或
$$114 < \frac{2\ 872}{25} < 115$$

此式表明分数 $\frac{2\ 872}{25}$ 介于连接整数 114,115 之间,或者说 114 是所设分数所含的最大整数.比所给分数小的整数最大的是 114,比它大的整数最小的是 115.

若考虑连接的整数序列 $0,1,2,3,\cdots$,这个序列构成以 1 为公差的算术级数,凡不等于一个整数的分数必落在其中两项之间,其中小的数就是分子除以分母的商.分数与这两项之差都小于 1,它与其他任何一项之差都大于 1.

同样的事情可以回到图 5.4 上用另一方式说明,图上连接两点间的距离看作是长度单位.在这个无限直线上从点 0 起截取一长度使以一个分数为其度量.若此分数等于一个整数,那么它的终点落在一个数码处,否则就落在两个数码之间;它到这两数码的距离都小于 1,而它到其他数码的距离都大于 1.

这样,给了一个分数,若分子除以分母,商数就是

Wolstenholme 定理

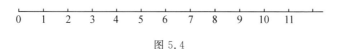

图 5.4

被含于分数的最大整数,即是小于分数的最大整数,相等只能在分子被分母整除时发生.在小于或等于分数的一切整数中,只有这个商数跟分数的差是小于 1 的.我们把这个商数称为这个分数的整数部分或这个分数的误差为 1 的弱近似值.商数加 1 总是比分数大,此数与分数之差只在分子被分母整除时才能等于 1,在相反的情况下总是小于 1 的.在大于分数的一切整数中,只有它与分数的差最小.我们称它为这个分数的误差为 1 的强近似值.

§4 乘 法

乘以一个整数的乘法

若干个相等的数求和叫作乘法.当若干个相等的分数求和时,自然也就叫作乘法.多次重复的那个分数保留被乘数的名称,相等分数的个数保留乘数的名称;仍用符号"×"或"·"以表示运算,这个符号对准分数线写;先写被乘数,再写乘数,此刻的乘数是自然数.

这样,写法 $\frac{3}{5} \times 4$ 读作 4 倍 $\frac{3}{5}$,表示 $\frac{3}{5}$ 乘以 4,即 4 个 $\frac{3}{5}$ 的和;按上一节的法则,这个和等于

$$\frac{3+3+3+3}{5} = \frac{3 \times 4}{5}$$

所以可以写成

$$\frac{3}{5} \times 4 = \frac{3 \times 4}{5}$$

并得出法则如下:

分数乘以自然数,只需将分子乘以该数,分母不变.

当乘数是 1 或 0 时,我们同意用此法则:按定义,在第一种情况下,积等于被乘数,在第二种情况下为零.

让我们回到分数的具体意义. 分数 $\frac{3}{5}$ 度量某线段的长度;将四段都等于这长度的线段端端相接得出一个线段,一般就说它的长度是原来的 4 倍并且以 $\frac{3}{5} \times 4$ 或 $\frac{3 \times 4}{5}$ 作为度量;自然说后面的分数是 $\frac{3}{5}$ 的 4 倍.

以 n 表示自然数,于是有:

要构作一个数等于一个分数的 n 倍,那是求 n 个等于这个分数的分数之和,或将它重复 n 次,或将它乘以 n;要得出结果,将它的分子乘以 n.

做了这个乘法以后,如有需要就进行化简.

例如要将 $\frac{7}{15}$ 乘以 3,3 是 15 的约数,结果是

$$\frac{7 \times 3}{15} = \frac{7 \times 3}{5 \times 3} = \frac{7}{5}$$

最后的形式表明我们用 3 除了所给分数的分母. 这个推理显然是普遍的,并且解释了下面叙述的正确性:

为了将一个分数乘以自然数 n,当分母能被 n 整除时,我们可以用 n 去除分母以代替用 n 去乘分子.

除以一个整数的除法(整除)

上面的例子说清楚了这样一个事实:分数 $\frac{7}{5}$ 是 $\frac{7}{5\times 3}$ 的 3 倍;这意思仅仅是说后者是 $\frac{7}{5}$ 的三分之一.

再也没有别的分数重复三次得到 $\frac{7}{5}$,因为三个较大的数之和比它大,三个较小的数之和比它小.

用具体的观点说,倘若将三段以分数 $\frac{7}{5\times 3}$ 为度量的线段端端相接,就得到以 $\frac{7\times 3}{5\times 3}=\frac{7}{5}$ 为度量的线段;反过来,若将以 $\frac{7}{5}$ 为度量的线段分成三等份,每一份就以 $\frac{7}{5\times 3}$ 为度量.

下面的定义和法则是充分明白的,其中 n 是自然数.

要求一个分数的 n 分之一,就是求一个数使得将它乘以 n 就重新得到所设分数:结果是将所设分数的分母乘以 n,或者当分子能被 n 整除时就以 n 除分子.

第二种运算方式跟第一种导致相同的结果,这是根据简化分数的法则得来的.

这个结果所度量的长度是所设分数所度量的长度的 n 分之一,即把这长度分成 n 等份中的一份.

取一个分数的 n 分之一(n 表示大于 1 的自然数),也称为将该分数除以 n,这种运算叫除法,该分数称为被除数,n 称为除数,结果称为商数,即原分数的 n 分之一.

这样的语言非常自然,完全对应于量的大小. 设一分数度量某长度,并设将这个长度分成 n 等份,则其中任一等份被这个分数除以 n 的结果所度量. 但要着重指出,运用这些字眼会带来一些混淆. 害怕混淆,我们做出规定:在新意义下,除法是整除,商是正确的商,好比在原先的意义商是整商那样.

被自然数整除是被自然数乘的逆运算,正如减法是加法的逆运算一样.

这种整除法,在只考虑整数时不会总是可能的,只有在引进分数以后才总是能办到的.

让我们稍停片刻,考查一下被除数是整数的这一重要情况.

采用整数理论的观点,7 不能被 5 整除. 采用新观点,应用上节法则于分数 $\dfrac{7}{1}$,则得出分数

$$\dfrac{7}{1\times 5}=\dfrac{7}{5}$$

它是 7 的 $\dfrac{1}{5}$,它是整除法 7 除以 5 的商. 这种说法意味着 $\dfrac{7}{5}$ 重复 5 次就得出 7 来,事实确是这样,$\dfrac{7\times 5}{5}=7$.

在整数理论观点下,7 除以 5 的商是 1,这是分数 $\dfrac{7}{5}$ 的整数部分.

分数可以看作整除法分子除以分母的商这一事实是分数的一个新的具体的解释.

不妨说将 1 米分成 5 等份,取 7 段都等于其中 1 等份的线段端端相接,所得的线段由分数 $\dfrac{7}{5}$ 度量,即线

Wolstenholme 定理

段长 $\frac{7}{5}$ 米. 由刚才所说, 这个长度的 5 倍由数 7 度量, 即是 7 米; 换言之, 7 段 $\frac{1}{5}$ 米的长度连在一起也可以将 7 米分成 5 等份得到, 它是其中 1 等份; 7 个 $\frac{1}{5}$ 米跟 7 米的 $\frac{1}{5}$ 是同样长. 同理 $\frac{3}{4}$ 小时就是 3 小时的 $\frac{1}{4}$.

乘以一个分数的乘法

前面我们说清了"取一个分数的 $\frac{1}{5}$"的意义, 跟着出现的就是"取一个分数的 $\frac{3}{5}$"这些字眼: 这就是重复这个分数的 $\frac{1}{5}$ 三次, 即求三个等于这个 $\frac{1}{5}$ 的数之和. 为了进行这个双重运算, 必须以 5 乘分母, 以 3 乘分子.

取一个数的 $\frac{3}{5}$, 称为将这个数(看作被乘数)乘以分数 $\frac{3}{5}$ (看作乘数). 在这样的语言下, 取一数的 $\frac{1}{5}$ 就是将它以 5 除.

例如求 $\frac{4}{7}$ 的 $\frac{3}{5}$, 我们将 $\frac{4}{7}$ 乘以 $\frac{3}{5}$, 即构作数 $\frac{4\times 3}{7\times 5} = \frac{12}{35}$. 以 $\frac{1}{5}$ 乘 $\frac{4}{7}$, 即构作数 $\frac{4\times 1}{7\times 5} = \frac{4}{35}$. 以 $\frac{1}{5}$ 乘 4, 或取 4 的 $\frac{1}{5}$, 即构作分数 $\frac{4}{5}$; 4 乘以 $\frac{3}{5}$, 取 4 的 $\frac{3}{5}$, 即 3 次重复 4 的 $\frac{1}{5}$, 即构作分数 $\frac{4\times 3}{5}$. 在被乘数是整数例如 4 的情况, 归于一般情况, 把整数看作分母是 1 的分数.

取一长度的 $\frac{3}{5}$，即将这长度分成 5 等份，再将其三个部分端端相接. 设所设分数以分数 $\frac{4}{7}$ 度量，这个长度的 $\frac{3}{5}$ 的度量，由取 $\frac{4}{7}$ 的 $\frac{3}{5}$ 得到，即将 $\frac{4}{7}$ 乘以 $\frac{3}{5}$. 事实上，所设长度的 5 等份的任一份由分数 $\frac{4}{7}$ 的 $\frac{1}{5}$ 度量，即由分数 $\frac{4}{7 \times 5}$ 度量；由 3 等份所组成的线段将以分数 $\frac{4 \times 3}{7 \times 5}$ 度量.

现在可以叙述以下的定义：

以一个分数乘另一个分数，就是构作第三个分数，它的分子是前两分数的分子之积，它的分母是它们的分母之积.

注意，这样构成的第三个分数跟前两分数所取的顺序无关，因为颠倒顺序并不影响分子之积和分母之积. 被乘数是分母为 1 的分数时，即一整数乘以一分数的定义便包括在内了.

当乘数的分母是 1 时，就得到本节开始提到的法则. 从逻辑的观点讲，要使一般的定义被接受，理应如此：以一个分数乘的定义应包括以整数乘的定义在内.

相乘的两数，跟过去对于整数一样，仍称因数.

仍以符号"×"或"·"表示乘法，把它们写在分数线之间，这样可以写作

$$\frac{4}{7} \times \frac{3}{5} = \frac{12}{35}, \frac{5}{3} \cdot \frac{3}{5} = 1$$

倒数

如下的等式

Wolstenholme 定理

$$\frac{3}{5} \times \frac{5}{3} = 1, 3 \times \frac{1}{3} = 1, \frac{1}{3} \times 3 = 1$$

启示我们有必要做下述定义.

两数写成分数,若两分数的每个分子都等于另一个的分母,则称两数互为倒数. 整数的倒数是分数,分母即此整数,分子则是 1. 互为倒数的两数之积为 1.

若分数 $\frac{a}{b}$ 是量 A 与量 B 之比,则颠倒的分数 $\frac{b}{a}$ 是 B 与 A 之比.

乘法的概念推广到被乘数是任意的而乘数是整数的情况,对读者无疑是很自然的;推广到乘数是任意的情况,就似乎不自然了. 当我们证明了对整数建立起来的关于乘法的基本性质对于分数依然有效以后,这个推广将会大大地得到阐明;它也将从诸多定理和实用法则的叙述的简单性和普遍性得到阐明. 读者将在度量系统找到许多例子,我们就来指出一些.

量乘以数

应该首先解释一下"乘、乘法"这些字眼的一种新的推广. 在此之前,被乘数和乘数都是纯数,但是在解释术语"乘以 3,乘以 $\frac{1}{5}$ 或取其 $\frac{1}{5}$,乘以 $\frac{3}{5}$ 或取其 $\frac{3}{5}$"时,都牵涉到一个长度(或其他的量),我们假设它是以被乘数度量的. 以 B 表示此长度,我们解释被乘数乘以 3 是表示 3 段等于 B 的长度之和的度量,乘以 $\frac{1}{5}$ 是 B 的 $\frac{1}{5}$ 的度量,乘以 $\frac{3}{5}$ 是 B 的 $\frac{3}{5}$ 的度量.

不论 B 是什么长度,这长度乘以 3 按定义就是把 3

段等于 B 的长度加起来,乘以 $\frac{1}{5}$ 就是取 B 的 $\frac{1}{5}$,乘以 $\frac{3}{5}$ 就是取 B 的 $\frac{3}{5}$,这种乘法的结果,已不是数而是长度了,分别表以

$$B \times 3 \text{ 或 } 3B$$
$$B \times \frac{1}{5} \text{ 或 } \frac{1}{5}B \text{ 或 } \frac{B}{5}$$
$$B \times \frac{3}{5} \text{ 或 } \frac{3}{5}B \text{ 或 } \frac{3B}{5}$$

当长度 B 跟长度单位可公度,例如它被一个分数 $\frac{4}{7}$ 度量时,那么度量上面三长度的数分别是

$$\frac{4}{7} \times 3, \frac{4}{7} \times \frac{1}{5}, \frac{4}{7} \times \frac{3}{5}$$

即是说,只要将 B 代以其度量数.

习惯上,若一数表示度量,那么就将度量单位的名称写在度量数后面[①],如

$$3 \text{ 米}, \frac{1}{5} \text{ 米}, \frac{3}{5} \text{ 米}$$

单位变换

设以米作长度的度量单位,三个长度依次被 $3, \frac{1}{5}, \frac{3}{5}$ 所度量.有一种老的长度单位叫作托依斯,它跟米的关系是

$$\text{托} = \frac{39}{20} \text{ 米}, \text{ 米} = \frac{20}{39} \text{ 托}$$

---

① 法国习惯是将名数写在前面,写作米 3,米 $\frac{3}{5}$.

Wolstenholme 定理

那么以托依斯作度量单位,三长度的度量数就依次是

$$3 \times \frac{20}{39}, \frac{1}{5} \times \frac{20}{39}, \frac{3}{5} \times \frac{20}{39}$$

三长度就写成

$$3 \times \frac{20}{39} \text{托}, \frac{1}{5} \times \frac{20}{39} \text{托}, \frac{3}{5} \times \frac{20}{39} \text{托}$$

又如

$$1 \text{ 小时} = \frac{1}{24} \text{日}, 1 \text{ 日} = 24 \text{ 小时}$$

则

$$\frac{3}{7} \text{ 小时} = \frac{3}{7} \times \frac{1}{24} \text{日} = \frac{1}{7} \times \frac{1}{8} \text{日} = \frac{1}{56} \text{日}$$

$$\frac{3}{7} \text{日} = \frac{3}{7} \times 24 \text{ 小时} = 10 + \frac{2}{7} \text{ 小时}$$

若引进比的概念,则语言可以简化并且变得普遍些.

只要回忆一下比这个字的意义,就可以知道三长度 $3B, \frac{1}{5}B, \frac{3}{5}B$ 跟 B 的比依次是 $3, \frac{1}{5}, \frac{3}{5}$. 所谓以一数乘长度 B,就是说构作一长度 A 使它与 B 的比等于该数.

令此数为 n(它可以是整数或分数),那就等于说我们有 $A = B \times n$ 或 nB.

现在下述命题变得充分明显了:

(1) 不论长度单位是什么,A 的度量数可以由 B 的度量数乘以 A 与 B 的比值 n 得到.

有必要顺便对这个命题讲几句话. 既然谈到 A 与 B 之比,那就假设了这两长度是可公度的;我们又假设了长度 B 与单位长度是可公度的,因为我们说到了 B

的度量数;在这两假设之下我们得出 A 的度量数,这就证明了 A 跟单位长度也是可公度的;由于后者是任意的,所以有下述命题:

设两长度跟同一个第三长度可公度,那它们彼此间也是可公度的.

第三个长度是 B,B 与 A 可公度,B 与单位长度可公度.

以字母 A,B,C 表示彼此可公度的三个长度,或者表示比或度量的概念能用得上的其他的量. 下面的两个命题只不过是命题(1)改头换面而已.

(2) 取 C 作单位时 A 的度量数,等于取 C 作单位时 B 的度量数乘以取 B 作单位时 A 的度量数.

因为最后这数是 A 与 B 之比,这个命题跟命题(1)没有区别,只要称 C 是度量 A 和 B 的单位就行了.

(3) A 与 C 之比等于 B 与 C 之比乘以 A 与 B 之比.

这与上一命题没有区别,只是以比代替了度量数.

命题(1)(2)(3)只是一个. 正是由于它的重要性,才用三种不同的形式表达出来. 它们表明乘法的广泛定义是怎样跟单位换算问题联系在一起的,换个方式说,多亏我们所采取的乘法定义,后一问题可由简单而普遍的法则解决. 读者无疑已注意到,在这些法则的叙述当中,我们留意让证明中的每个因数具有被乘数或乘数的性质;但这些因数的顺序对于结果是不重要的. 为了记忆方便,可能将命题(3)的次序颠倒一下更好:

A 与 C 之比等于 A 与 B 之比乘以 B 与 C 之比.

如果一点总是沿着直线的一个方向运动并且在

Wolstenholme 定理

相等时间内移动相等距离,则称它做匀速直线运动.

假定我们取定了长度单位和时间单位.

动点的速度是单位时间内所移动的距离,或这距离的度量.

第一个定义只假定选定了时间单位,第二个假定选定了距离和时间的单位,这是我们在这里主要讲的一点.

当我们写出一数以表示速度时,我们要一同写出所用的距离和时间两个单位的名称. 实用上是将这些单位的名称或代号写作一个分数,分子写距离单位的符号,分母写时间单位的符号,例如

$$60 \text{千米}/\text{小时}, \frac{3}{4} \text{米}/\text{秒}$$

分别代表每小时 60 千米和每秒 $\frac{3}{4}$ 米的速度. 读者马上会发现这种写法对单位换算很方便.

速度的概念给出下述命题:

在一段时间内动点所移动的距离的度量等于速度跟时间间隔的度量之积.

设长度单位为千米,时间单位为分.

设动点的速度是 $\frac{4}{7}$ 千米/分钟,即一分钟移动 $\frac{4}{7}$ 千米. 依次设时间间隔是 3 分、$\frac{1}{5}$ 分和 $\frac{3}{5}$ 分,来建立我们的命题.

经过 3 分钟动点移动一个长度,以数 $\frac{4}{7} \times 3$ 度量.

经过 $\frac{1}{5}$ 分钟,动点移动的距离重复 5 次才得到 1

分钟的路程,所以它是这路程的 $\frac{1}{5}$,即由数 $\frac{4}{7\times 5} = \frac{4}{7}\times\frac{1}{5}$ 度量.

经过 $\frac{3}{5}$ 分钟,所行路程是 $\frac{1}{5}$ 分钟所行路程的 3 倍,由数 $\frac{4\times 3}{7\times 5} = \frac{4}{7}\times\frac{3}{5}$ 度量.

设动点的速度为 1 千米 / 分钟,则路程的度量数等于所行时间的度量数.

两分数乘积的抽象定义

现在我们采取抽象观点,这时分数看作两个整数的集合. 我们完全可以采取本节开头的定义作为两分数的乘法的定义,这同时也是计算法则:

两分数之积是一个分数,它的分子是所设两分数的分子之积,分母则是它们的分母之积.

我们已提出过,这个定义适用于分母是 1 的情况,即有一个因数是整数的情况.

我们也提出过乘积跟因数的顺序无关.

为了阐明上述定义,需要证明:设一方面给了两个分数,另一方面有两分数分别跟它们相等,则前两分数之积等于后两者之积.

设两分数为 $\frac{a}{b}, \frac{a'}{b'}$,且 $\frac{A}{B}, \frac{A'}{B'}$ 分别跟它们相等,由假设有
$$aB = bA$$
$$a'B' = b'A'$$
两端相乘并合宜地组合因数,则得
$$(aa')\times(BB') = (bb')\times(AA')$$

Wolstenholme 定理

此式正好表达所求证的结果

$$\frac{aa'}{bb'} = \frac{AA'}{BB'}$$

整数乘法的性质推广到分数

要将按序排列的若干分数相乘,首先做前两个的积,将结果乘以第三个,再将结果乘以第四个,等等. 立即看出,乘积的分子和分母,依次等于各分子之积和各分母之积.

在分数的乘积中,我们可以颠倒因数的次序,可将其中随便几个因数代以其运算之积.

事实上,那些定理可应用于出现在分子以及分母中的整数上. 我们再指出这一结果:要以一数乘若干分数之积,只要以此数乘其中一个因数.

指数的记法可应用于分数,就像处理整数一样,要写分数的幂,把分数置于括号内,然后将指数略写高些,如

$$\left(\frac{4}{5}\right)^2, \left(\frac{4}{5}\right)^3, \left(\frac{4}{5}\right)^n$$

由乘法的定义有

$$\left(\frac{4}{5}\right)^2 = \frac{4 \times 4}{5 \times 5} = \frac{4^2}{5^2}, \left(\frac{4}{5}\right)^3 = \frac{4^3}{5^3}$$

一般地,分数的 n 次幂是分数,分子以及分母各是原来分子和分母的 n 次幂.

要以一数乘一个和(或差),只需以此数乘和(或差)的各项,然后将结果相加(或减).

两种情况的证明是相同的,要点在于设和或差的两项有公分母.

例如以 $\frac{4}{7}$ 乘和 $\frac{3}{5} + \frac{8}{5}$,所求积是

第 2 编 基础编

$$\frac{3+8}{5} \times \frac{4}{7} = \frac{(3+8) \times 4}{5 \times 7}$$

$$= \frac{3 \times 4 + 8 \times 4}{5 \times 7}$$

$$= \frac{3 \times 4}{5 \times 7} + \frac{8 \times 4}{5 \times 7}$$

$$= \frac{3}{5} \times \frac{4}{7} + \frac{8}{5} \times \frac{4}{7}$$

写成最后的形式,定理就证明了.

这个法则本身可推广到以一个分数乘一个代数和,它的各项是一些任意的数.

反过来,由于因数的次序可以颠倒,要将一数乘以一个和,只需将此数乘以和的两项并将结果相加. 要将一数乘以一个差,只需将此数乘以差的两项并将结果相减.

这些定理可用简略形式写成公式如下

$$(b+c)a = a(b+c) = ab + ac$$
$$(b-c)a = a(b-c) = ab - ac$$

其中 a, b, c 是整数或分数,下一行的公式中假设 $c \leqslant b$.

不等式

从上述各命题还得出关于不等式的重要命题:

不等式的两端以同一不等于零的整数或分数乘,不改变不等式的方向.

设 a, b, c 表示整数或分数,c 不为零,设

$$a > b$$

此式表明有一个不等于零的数 d 存在,使

$$a = b + d$$

乘以 c 得

Wolstenholme 定理

$$ac = bc + dc$$

由于 c, d 都不为零,积 dc 不为零,于是推出

$$ac > bc$$

这就是所要证的.

仿此,由于乘积中因数的顺序可以颠倒,设一数 c 以不等的两数 a, b 来乘,我们得到两个不等的结果 ca, cb,至于是 $ca > cb$ 还是 $ca < cb$,那就要看是 $a > b$ 或 $a < b$.

特别地,由于以 1 乘一数不会改变它的值,因此,用一个比 1 大的数乘该数,就把它乘大了;以一个比 1 小的数乘该数,就把它乘小了. 一个数乘以分子大于分母的分数就变大了,乘以分子小于分母的分数就变小了. 更特殊一些,设有两分数都是分子小于分母,那么我们看出,将它们相乘,所得结果比它们本身都小了;这样一个分数的平方小于自身,立方小于平方;这样一个分数的幂指数越大的其值越小,以 $\frac{2}{3}$ 的幂为例

$$\left(\frac{2}{3}\right)^2 = \frac{4}{9}, \left(\frac{2}{3}\right)^3 = \frac{8}{27}, \left(\frac{2}{3}\right)^4 = \frac{16}{81}, \cdots$$

于是有

$$\frac{2}{3} > \frac{4}{9} > \frac{8}{27} > \frac{16}{81} > \cdots$$

因为每一数是由前一数乘以比 1 小的数 $\frac{2}{3}$ 得来的.

相反地,设两分数都是分子大于分母,则其积比每个分数都大. 这样一个分数的平方大于自身,立方大于平方,等等. 这样一个分数的幂,指数越大其值越大,以 $\frac{3}{2}$ 的幂为例

$$\frac{3}{2}<\left(\frac{3}{2}\right)^{2}<\left(\frac{3}{2}\right)^{3}<\left(\frac{3}{2}\right)^{4}<\cdots$$

即

$$\frac{3}{2}<\frac{9}{4}<\frac{27}{8}<\frac{81}{16}<\cdots$$

我们可将两个同向不等式两端相乘.

§5 除 法

这里"除法、除、商数"这些字比上一节解释的有所推广. 这里讲的是整除法、正确的商;但是这个名词往往不提.

整除法已在上一节定义,除数是一个自然数. 这个定义包含在下一个之中.

给了两个整数或分数,一个叫被除数,另一个叫除数,第二个是不为零的,所谓商是这样一个数,它和除数的积等于被除数.

换言之,已知两因数之积(被除数)以及两因数之一(除数),求另一个(商).

只有被除数和除数都是整数时,除法或商的两种含义才会有混淆的可能;这时,如果怕混淆,就采取上一节的说法;但是代替说"按整数理论的商",可以说"商的整数部分",或"商的误差为 1 的弱近似值". 最后的说法马上要阐明.

现在来解决所提的问题. 例如,将 $\frac{4}{5}$ 除以 $\frac{7}{9}$. 若问题可能，就是说有一数 x 存在，乘以 $\frac{7}{9}$ 就得到 $\frac{4}{5}$ 作为积，即应有

$$x \times \frac{7}{9} = \frac{4}{5}$$

两端以除数的倒数 $\frac{9}{7}$ 乘，以它乘左端的积，可将它乘第二个因数得出 1 来，所以应得到

$$x = \frac{4}{5} \times \frac{9}{7}$$

若问题可能，那么解答是从被除数乘以除数的倒数得来的；但是这样作成的积的确解决问题，因为

$$\frac{4}{5} \times \frac{9}{7} \times \frac{7}{9} = \frac{4}{5} \times \left(\frac{9}{7} \times \frac{7}{9}\right) = \frac{4}{5}$$

任一数以一个分数除所得的商，等于该数跟除数的倒数的乘积．

这法则包括上一节的法则在内，只要把那里的除数的分母看作 1．

像上节一样，以 A, B, C 表示三条线段，则有下述定理：

A 与 B 之比等于 A 与 C 之比除以 B 与 C 之比的商数．

还可以说成：

A 与 B 之比等于 A 的度量数与 B 的度量数之比．

不言而喻，A, B 两个长度是用同一单位度量的；将这个单位记作 C，第二个命题就跟第一个一模一样．

如果注意到除法规则，这个定理跟上一节的定理没有区别．因为按此定理，A 与 B 之比应等于 A 与 C 之

比乘以 C 与 B 之比. 但 A 与 C 之比跟 C 与 B 之比的乘积, 等于 A 与 C 之比除以 B 与 C 之比所得的商, 因为 C 与 B 之比跟 B 与 C 之比互为倒数.

此外, 直接证明是立刻可得的, 只要假设 A 与 C 之比以及 B 与 C 之比有公分母, 例如比 $\frac{5}{7}$ 跟 $\frac{3}{7}$ 那样, 这意思是说, C 的 $\frac{1}{7}$ 含于 A 5 次, 含于 B 3 次, 它是 A 和 B 的公度, 所以 A 与 B 之比是 $\frac{5}{3}$. 这个分数确是 $\frac{5}{7}$ 除以 $\frac{3}{7}$ 的商, 因为

$$\frac{5}{7} \times \frac{7}{3} = \frac{5 \times 7}{7 \times 3} = \frac{5}{3}$$

两个整数或分数相除之商, 不因为它们乘以同一数而变.

这个命题在第 2 章 §1 对于整除的情况已建立了, 证法只利用一个事实, 即被除数是除数跟商数的乘积; 在一般情况下, 依然如此, 但是我们还是重新证明如下.

设两数为 $\frac{3}{5}, \frac{4}{7}$, 设其比为 $\frac{a}{b}$; 由定义有

$$\frac{3}{5} = \frac{a}{b} \times \frac{4}{7}$$

以同一数(例如 $\frac{8}{9}$)乘上式两端得

$$\frac{3}{5} \times \frac{8}{9} = \frac{a}{b} \times \left(\frac{4}{7} \times \frac{8}{9} \right)$$

此式的确表明 $\frac{a}{b}$ 也是 $\frac{3}{5} \times \frac{8}{9}$ 除以 $\frac{4}{7} \times \frac{8}{9}$ 的商, 为了检

Wolstenholme 定理

验这个命题的正确性,只需计算出这个商来,即

$$\frac{3\times 8}{5\times 9}\times\frac{7\times 9}{4\times 8}=\frac{3\times 8\times 7\times 9}{5\times 9\times 4\times 8}=\frac{3\times 7}{5\times 4}$$

跟原先的商完全一样.

由于除法可化归为乘法,所以有下述定理:

两个整数或分数相除之商,不因为它们除以同一数而变.

一个数,无论是除以另一些数的积,或是逐次以这些数来除,得到的结果相同.

这也可从除法化乘法的法则得出.

按这个法则可叙述下面的定理:

要以一数除一个和或差,只要用它除和或差的各项,然后将结果相加或相减.

用同一数除不等式的两端,不会改变不等式的大小方向.

设两分数不等,颠倒它们的分子与分母,那么大的变小了.

只要两分数化成同分母,命题就是显然的,因为颠倒分子、分母以后,分子变为相同,分母小的那个分数比较大.

小于 1 的分数,它的倒数比 1 大.

一个数除以小于 1 的数变大了,除以大于 1 的数变小了.

设同一数除以两个分数,较大的商跟较小的分数相对应,因为以一个分数除等于用它的倒数乘.

第 2 编　基础编

§6　重　分　数

分数的写法 $\frac{3}{7}$ 可以看作一个符号，表示 3 被 7 除. 出现在分子和分母上的数一定要是整数的这种写法一直保留到此刻，自然地现在要推广到分数.

以 a, b 表示任意的数，即整数或分数，其中第二个不为零. 我们以符号 $\frac{a}{b}$ 表示 a 除以 b 的（正确的）商，或者如我们所说的 a 与 b 之比.

这样的符号也称为分数，这是一种广义分数或重（迭）分数. a, b 仍称为分子、分母或被除数、除数. 以前的分数不妨称为普通分数，它的分子和分母都是整数. 要注意把重分数的分数线写得比它的分子或分母中出现的普通分数的分数线长一些，并且跟运算符号平齐，例如

$$\frac{\frac{2}{3}}{\frac{4}{5}} - \frac{\frac{2}{3}}{4} + \frac{4}{\frac{2}{3}}$$

这里出现的三个重分数的值分别等于

$$\frac{2 \times 5}{3 \times 4} = \frac{5}{6}, \quad \frac{2}{3 \times 4} = \frac{1}{6}, \quad \frac{4 \times 3}{2} = 6.$$

重分数的分子和分母以不等于零的同一数乘或除，不会改变它的值.

这个命题，跟被除数与除数乘以或除以同一数对商数并无影响这一命题，乃是一回事.

Wolstenholme 定理

用这种办法可以把两个或若干个重分数化成具有公分母,只要将每个分数的分子、分母同乘以其余各分数的分母之积就行了.

这样,两个重分数 $\dfrac{a}{b}, \dfrac{a'}{b'}$ 分别等于 $\dfrac{ab'}{bb'}, \dfrac{a'b}{b'b}$. 要看所设两个重分数是等或不等,就只要看两个普通分数 ab' 跟 $a'b$ 是相等或不等. 所以重分数相等的条件跟普通分数的一样.

要求两个重分数的和或差,先化成公分母,求新分子的和或差,将结果除以公分母即得. 这个命题已在上一节以另一形式叙述过了.

两个重分数之积由分子之积除以分母之积得到. 例如

$$\dfrac{\frac{2}{3}}{\frac{4}{7}} \times \dfrac{\frac{5}{6}}{\frac{8}{9}} = \dfrac{\frac{2}{3} \times \frac{5}{6}}{\frac{4}{7} \times \frac{8}{9}}$$

检验是容易的,事实上,按定义,左端是两分数

$$\dfrac{2 \times 7}{3 \times 4}, \dfrac{5 \times 9}{6 \times 8}$$

之积,即等于

$$\dfrac{2 \times 7 \times 5 \times 9}{3 \times 4 \times 6 \times 8}$$

右端是两分数

$$\dfrac{2}{3} \times \dfrac{5}{6} = \dfrac{2 \times 5}{3 \times 6}, \dfrac{4}{7} \times \dfrac{8}{9} = \dfrac{4 \times 8}{7 \times 9}$$

相除之商,即

$$\dfrac{2 \times 5}{3 \times 6} \times \dfrac{7 \times 9}{4 \times 8} = \dfrac{2 \times 5 \times 7 \times 9}{3 \times 6 \times 4 \times 8}$$

这两个分数显然是一样的.

重分数的倒数得自分子、分母相颠倒.两个重分数相除,只要将被除数乘以除数的倒数.

所以重分数的计算法跟普通分数一样.

重分数的理论说到底只不过是一个记号的应用而已,但是这个记号很方便.不论 a,b,c 是什么数,只要 b 不为零,这个记号允许我们将等式 $ab=c$ 代以等式 $a=\dfrac{c}{b}$,这个记号在整数的情况只当 b 能除尽 c 时允许存在,在普通分数的情况只当 b 和 c 是整数才允许存在.

例如,我们可以证明:算术级数各项之和的两倍等于首末两项之和跟项数的乘积.所做的证明可以立刻由整数的情况推广到各项为分数的情况.现在我们就可以说:算术级数各项之和等于首末两项之和跟项数的乘积之半.

仿此,仍设 b 不为零,那么两个不等式 $ab>c, a>\dfrac{c}{b}$ 的任一个就可以替代另一个,并且这一简单命题就包括已经建立过的下述命题:我们可用同一数乘或除不等式的两端,并不改变不等式的方向.此时说的可注意之点,有一些应用.

设给了一个可以任意小的数 α 和一个可以任意大的数 A,那么我们总可以找到一个自然数 m 使得 α 跟 m 或更大些的数之积比 A 大.

我们要有 $\alpha m>A$,由于 α 不为零,即要有 $m>\dfrac{A}{\alpha}$.满足这个不等式的最小 m 值即略微大于 $\dfrac{A}{\alpha}$ 的整数,这在本章§3我们已学会如何确定它了.

Wolstenholme 定理

给了一个可以任意大的数 A 和一个可以任意小但不是零的数 α,我们可以找到一个自然数 m 使得 $\dfrac{A}{m} < \alpha$.

这个命题跟上一个没有区别.

给定了若干分数

$$\frac{a}{b}, \frac{a'}{b'}, \frac{a''}{b''}$$

那么以分子之和为分子、以分母之和为分母的分数

$$\frac{a+a'+a''}{b+b'+b''}$$

总是介于所设分数中最小数与最大数之间,除非所设分数都相等,这时它跟这些分数相等.

事实上,设以 q, q', q'' 表示所设分数的值,则有

$$a = bq, a' = b'q', a'' = b''q''$$

假设所设分数是从小到大排列的

$$\frac{a}{b} = q, \frac{a'}{b'} \geqslant q, \frac{a''}{b''} \geqslant q$$

从而

$$a = bq, a' \geqslant b'q, a'' \geqslant b''q$$

当所设分数都相等时便处处用等号,相加得

$$a + a' + a'' \geqslant (b + b' + b'')q$$

于是

$$\frac{a+a'+a''}{b+b'+b''} \geqslant q$$

等号只当所设分数相等时适用.

仿此有

$$\frac{a+a'+a''}{b+b'+b''} \leqslant q''$$

注意,在相加之前,每个分数的两项可同乘以一个不等于零的数,设 m, m', m'' 是这样的数,则分数

$$\frac{ma+m'a'+m''a''}{mb+m'b'+m''b''}$$

介于两分数 $\frac{a}{b}, \frac{a''}{b''}$ 之间,除非所设分数相等,这时此分数跟所设三分数相等.

现在观察两个分数 $\frac{m}{m}, \frac{a}{b}$,其中第一个分数是 1. 我们知道 $\frac{a+m}{b+m}$ 是介于 $\frac{a}{b}$ 与 1 之间的,即是说它比 $\frac{a}{b}$ 接近于 1. 因此,若分数 $\frac{a}{b} < 1$,则分子、分母同加一数后,分数的值加大了;若 $\frac{a}{b} > 1$,则分子、分母同加一数后,分数的值减小了;若 $\frac{a}{b} = 1$,则分子、分母同加一数后,分数的值不变.

关于比的记号

关于比我们采用跟重分数相同的记号. 以 A 和 B 表示两长度、或两时间间隔、或一般地,任意两个同种类的量,对于这样的量,可以使用比的概念.

用记号 $\frac{A}{B}$ 表示这样两个(假设是可公度的)量的比. 必须指出,在这个记号中 A 和 B 不再是数而是量,从而就说不上什么以 B 除 A 了.

设 q 是 A 和 B 的比,那么两个等式

Wolstenholme 定理

$$A = B \times q, \frac{A}{B} = q$$

有完全相同的意义.

A 和 B 的比是 A 的度量数整除以 B 的度量数的准确商,度量单位可以随意,但假设对 A 和 B 可公度. 由此,若在 $\frac{A}{B}$ 中将 A, B 代以这些量的度量数,就得到一个重分数,它的值仍将是 A 和 B 的比. 以 C 表示度量 A, B 的单位,则有等式

$$\frac{A}{B} = \frac{\frac{A}{C}}{\frac{B}{C}}$$

其中右端是重分数,它的分子是 A 和 C 的比,分母是 B 和 C 的比.

最后,等式

$$\frac{A}{C} = \frac{A}{B} \times \frac{B}{C}$$

表达这样一个定理:A 与 C 之比可由 A 与 B 之比乘以 B 与 C 之比得出.

由于刚才对记号的解释,比的某些性质和分数的某些性质由外形相同的等式来表达. 外形的一致使我们想起它们的性质,但不应忘记意义上的差别.

相对数

对于绝对值是整数或分数的相对数,采用乘法定义:两个相对数之积的绝对值等于两因数的绝对值之积,它的符号是正或负就看两因数是同号或异号.

两相对整数或分数的(整)除法按本章 §5 的定义,把被除数、除数和商数现在理解为相对数,除数不

能为零,被除数的绝对值应等于除数的绝对值乘以商的绝对值,于是看出商的绝对值等于被除数的绝对值除以除数的绝对值;读者不难知道商应该是正的或负的,就看被除数跟除数是同号或异号.

还可以说商等于被除数乘以除数的倒数,即乘以一个数,它的符号跟除数的相同而绝对值等于除数的绝对值的倒数.

无须声明,我们总是把绝对值跟正数不加区别,从而关于相对数的乘法和除法的定义包括我们所运算的数中有一个是绝对数的情况在内.

最后我们还可以考虑重分数中的两项是相对数的情况. 这种分数的值是相对数,此数乘以分母等于重分数的分子,凡过去以这个定义为基础证明出来的性质都可推广到重分数.

有关不等式的命题进行推广时需多加小心,细节此处不去多讲. 小心之所以必要在于这样一个事实:一个不等式的两端同乘以一数时,只当此数为正时才成立,若乘数为负,就要改变不等式的方向.

§7 比例,成比例的数

我们把两个比(或两个普通分数或重分数)的等式,称为比例. 两个等式

$$\frac{3}{2} = \frac{6}{4}, \quad \frac{\frac{5}{8}}{\frac{7}{10}} = \frac{25}{28}$$

Wolstenholme 定理

前者是四数 $3,2,6,4$ 之间的比例,后者是四数 $\dfrac{5}{8}, \dfrac{7}{10}, 25, 28$ 之间的比例,以下我们假设在所考虑的比中没有一项为零.

在比例
$$\frac{a}{b} = \frac{a'}{b'}$$
中,a 和 b' 称为外项,b 和 a' 称为内项. 这个命名归源于长期以来关于比和比例的写法
$$a : b = a' : b' \text{ 或 } a : b :: a' : b'$$
读作 a 与 b 之比等于 a' 与 b' 之比.

在一个比例式中两外项之积等于两内项之积.

即是说,若
$$\frac{a}{b} = \frac{a'}{b'}$$
则有
$$ab' = a'b$$

事实上,这是两分数相等的条件. 反之,设给了四个数,其中两数之积等于另两数之积,则此四数构成一个比例;这个比例可用几种形式写出,不管怎样排列,总是一个乘积中的两因数是外项,另一乘积的两因数是内项.

例如,设不为零的四数 a,b,a',b' 间有一关系
$$ab' = a'b$$
则将有
$$\frac{a}{b} = \frac{a'}{b'}, \frac{a}{a'} = \frac{b}{b'}$$
$$\frac{b}{a} = \frac{b'}{a'}, \frac{a'}{a} = \frac{b'}{b}$$

反之,这四个比例式中的任一个都包含了另外三个,因为它包含着关系式 $ab'=a'b$. 这就是我们常说的,我们可以互换内项、互换外项.

知道了一个比例的三项,就可算出第四项.

事实上,若已知四数 a,b,a',b' 构成比例,则应有 $ab'=a'b$,假设知道了 b',a',b,要求 a,那就看出 a 是积 $a'b$ 除以 b' 所得的商.

成比例的数

考查两个相对应的数的集合
$$6,8,24,16,12$$
$$3,4,12,8,6$$
互相对应的数写在同一竖直列上,第一集合的每一项可由第二集合的对应项乘以 2 得到;反之,第二集合的每一项可由第一集合的对应项乘以 $\frac{1}{2}$ 得到.

还可以说,第一集合的每一项跟第二集合的对应项的比总是 2,或第二集合的每一项跟第一集合的对应项的比总是 $\frac{1}{2}$. 在这些条件下,我们说数 $6,8,24,16,12$ 成比例于数 $3,4,12,8,6$.

一般地,考查两个对应数的集合
$$a,b,c,d,\cdots$$
$$a',b',c',d',\cdots$$
这两个集合所含的数当然一样多,对应的数写在同一列,并且用了类似的字母表达. 我们假设其中不出现零.

若有

Wolstenholme 定理

$$\frac{a}{a'}=\frac{b}{b'}=\frac{c}{c'}=\frac{d}{d'}=\cdots$$

则称数 $a,b,c,d,\cdots$ 成比例于数 $a',b',c',d',\cdots$. 有了上面的一些等式,取倒数也就有

$$\frac{a'}{a}=\frac{b'}{b}=\frac{c'}{c}=\frac{d'}{d}=\cdots$$

因此就说数 $a',b',c',d',\cdots$ 也成比例于数 $a,b,c,d,\cdots$.

若以 q 表示相等分数 $\frac{a}{a'},\frac{b}{b'},\frac{c}{c'},\frac{d}{d'},\cdots$ 的值,则有

$$a=a'q, b=b'q, c=c'q, d=d'q, \cdots$$

这样,第一集合的每一项等于第二集合的对应项乘以 q;反之,第二集合的每一项等于第一集合的对应项乘以 q 的倒数 $\frac{1}{q}$.

反之,给了两个对应的数集,若第一数集的每一项总是等于第二数集的相应项乘以一个公共的定数,那么这两集的数成比例.

假设给了第一数集的各数,又给了这当中的一个数在第二数集中的对应数,那么运用刚才的说明,就可以把第二数集其余的数统统写出来,形成两个成比例的数集.

例如设第一数集由 3,6,12,9,21 组成,并且数 3 在第二数集中对应于数 2;那么第二集合的每个数应等于它在第一集合的对应数乘以 $\frac{2}{3}$. 所以第二集合的另外四个数顺次是 4,8,6,14.

无须声明,在两个成比例的数集中,各项的顺序是无关紧要的,只要相互对应的数不弄错就行了.

比例式 $\dfrac{a}{a'}=\dfrac{b}{b'}$ 表明两数 a,b 成比例于两数 a',b'.

因为同时有 $\dfrac{a}{b}=\dfrac{a'}{b'}$,所以 a,a' 也成比例于 b,b'.

设两个数集的数成比例,则第一集合两项之比等于第二集合相应两项之比.

事实上,设两集合
$$a,b,c,d,\cdots$$
$$a',b',c',d',\cdots$$
之一的各项成比例于另一集合的各项,则有(例如说)
$$\dfrac{b}{d}=\dfrac{b'}{d'}$$
因为这是等式 $\dfrac{b}{b'}=\dfrac{d}{d'}$ 的必然结果.

反之,设两集合
$$a,b,c,d,\cdots$$
$$a',b',c',d',\cdots$$
满足这样的条件:其中一个的任两数之比总等于另一集合相应的两数之比,那么这两集合的数是成比例的.

事实上,若有
$$\dfrac{b}{a}=\dfrac{b'}{a'},\dfrac{c}{a}=\dfrac{c'}{a'},\dfrac{d}{a}=\dfrac{d'}{a'},\cdots$$
则亦有
$$\dfrac{b}{b'}=\dfrac{a}{a'},\dfrac{c}{c'}=\dfrac{a}{a'},\dfrac{d}{d'}=\dfrac{a}{a'},\cdots$$
从而有
$$\dfrac{a}{a'}=\dfrac{b}{b'}=\dfrac{c}{c'}=\dfrac{d}{d'}=\cdots$$
证明本身表明,只要第一集合的每一项对其中某

Wolstenholme 定理

一项例如第一项的比总等于第二集合中相应的比,就够了.

设两个数集的各项都跟第三数集的项成比例,那么它们彼此之间也成比例.

事实上,设有三个集合

$$a', b', c', d', \cdots \qquad (1)$$

$$a'', b'', c'', d'', \cdots \qquad (2)$$

$$a, b, c, d, \cdots \qquad (3)$$

其中(1)跟(3)成比例,(2)跟(3)成比例,那么令 $q' = \dfrac{a'}{a}$,$q'' = \dfrac{a''}{a}$,则有

$$a' = aq', b' = bq', c' = cq', d' = dq', \cdots$$
$$a'' = aq'', b'' = bq'', c'' = cq'', d'' = dq'', \cdots$$

从而有

$$\frac{a'}{a''} = \frac{b'}{b''} = \frac{c'}{c''} = \frac{d'}{d''} = \cdots = \frac{q'}{q''}$$

表明前两数集是成比例的.

给定了两个成比例的数集

$$a, b, c, d, \cdots \qquad (4)$$

$$a', b', c', d', \cdots \qquad (5)$$

以 $m, n, p, q, \cdots$ 表示任意的非零数,那么可以在第一集合引进一些新数 $ma, nb, pc, qd, \cdots$,只要对第二集合也引进相应的数 $ma', nb', pc', qd', \cdots$.

这是由于当比的两项同乘一数时,比值不变.

给了两个成比例的数集(4)(5),我们可以在其中一个引进它的两项或若干项之和,只要在另一集合也引进相应的和.

例如,引进一项 $a+b+c$ 于第一集合时,也引

178

$a'+b'+c'$ 于第二集合. 事实上,若以 q 表示比 $\dfrac{a}{a'}$,则有
$$a+b+c = a'q+b'q+c'q = (a'+b'+c')q$$
这就证明了命题,因为两集合
$$a,b,c,d,a+b+c,\cdots$$
$$a',b',c',d',a'+b'+c',\cdots$$
的各项是成比例的.

仿此,若引进一项 $a-b$(假设不等于零) 于第一集合,第二集合相应的项就将是 $a'-b'$.

特别地,若设两数 a,b 成比例于 a',b',那么两集合
$$a,b,a+b,a-b$$
$$a',b',a'+b',a'-b'$$
就是成比例的.

并且上面两个集合必然是成比例的,只要其中一个的两项成比例于另一集合中对应的两项.

我们指出证明稍难一点的情况:若设 $a+b,a-b$ 成比例于 $a'+b',a'-b'$,则应用上面一些定理可证明下面两个集合是成比例的
$$a+b,\ a-b,\ a+b+a-b = 2a,$$
$$a+b-(a-b) = 2b,\ a,\ b$$
$$a'+b',\ a'-b',\ a'+b'+a'-b' = 2a',$$
$$a'+b'-(a'-b') = 2b',\ a',\ b'$$

上面的命题可用下面的形式叙述:

各比例式
$$\frac{a}{b} = \frac{a'}{b'},\ \frac{a+b}{a} = \frac{a'+b'}{a'},\ \frac{a-b}{a} = \frac{a'-b'}{a'}$$
$$\frac{a+b}{b} = \frac{a'+b'}{b'},\ \frac{a-b}{b} = \frac{a'-b'}{b'},\ \frac{a+b}{a'+b'} = \frac{a-b}{a'-b'}$$

或者从这些式子交换内项或外项所得的比例式中,任何一个比例包含着所有其余的比例.

无须声明,当写 $a-b, a'-b'$ 时,我们假设 $a>b$, $a'>b'$.

成反比例的数

当一些数跟另一些数成比例时,我们常常说它们成正比例,意思则是一样的.

设有两个相互对应的数集
$$a, b, c, d, \cdots \quad (6)$$
$$a', b', c', d', \cdots \quad (7)$$
其中没有一个数是零,考虑(6)中各数的倒数所形成的集合
$$\frac{1}{a}, \frac{1}{b}, \frac{1}{c}, \frac{1}{d}, \cdots \quad (8)$$
若(7)与(8)成正比例,则称(7)与(6)成反比例.

发生这种情况的充要条件是(7)的任一项跟(8)的相应项的比总是一样的;但这些比依次是 $aa', bb', cc', dd', \cdots$;于是得出结论:

要使数 $a', b', c', d', \cdots$ 成反比例于数 $a, b, c, d, \cdots$,充要条件是任意一对对应数之积总是一样的.

例如,两数集
$$1, 3, 4, 8, 12, 24$$
$$24, 8, 6, 3, 2, 1$$
是成反比例的.

两数集成反比例的充要条件是:一数集任两项之比等于另一数集相应两项之比的倒数.

事实上,数集(1)和(2)成反比例的充要条件刚才

证明了是
$$aa' = bb' = cc' = dd' = \cdots$$
这些等式可以改写成
$$\frac{a}{b} = \frac{b'}{a'} = \frac{1}{\frac{a'}{b'}}, \frac{a}{c} = \frac{c'}{a'} = \frac{1}{\frac{a'}{c'}}, \cdots$$

这就是所要证明的.

此时叙述一个命题,证明是不难的:

若两数集
$$a, b, c, d, \cdots$$
$$a', b', c', d', \cdots$$
都跟数集
$$a'', b'', c'', d'', \cdots$$
成反比例,那么它们自身之间是成正比例的.

习 题

1. 把不可约分数的两项之和小于 7 的一切分数按大小顺序排列出来.

把不可约分数的两项都小于 7 的一切分数按大小顺序排列出来.

2. 把下列各数之和写成不可约分数

$$2, \frac{1}{2}, \frac{1}{1 \cdot 2 \cdot 3}, \frac{1}{1 \cdot 2 \cdot 3 \cdot 4}, \frac{1}{1 \cdot 2 \cdot 3 \cdot 4 \cdot 5},$$
$$\frac{1}{1 \cdot 2 \cdot 3 \cdot 4 \cdot 5 \cdot 6}, \frac{1}{1 \cdot 2 \cdot 3 \cdot 4 \cdot 5 \cdot 6 \cdot 7}$$

3. 化简分数 $\frac{(2^{10}-1)(2^{40}-1)}{(2^{10}+1)(2^{30}-1)}$.

4. 设 n 是大于 1 的整数,化简分数 $\frac{1 \cdot 2 \cdot 3 \cdot \cdots \cdot 2n}{2 \cdot 4 \cdot 6 \cdot \cdots \cdot 2n}$,

分母是前 n 个偶数之积.

5. 化简
$$10^{59}\left(\frac{1\,025}{1\,024}\right)^5\left(\frac{1\,048\,576}{1\,048\,575}\right)^8\left(\frac{6\,560}{6\,561}\right)^3\left(\frac{15\,624}{15\,625}\right)^8\left(\frac{9\,801}{9\,800}\right)^4$$

6. $\frac{1}{2}$ 该乘最少几次方才能使其小于 $\frac{1}{1\,000}$?

7. 能加到一个不可约分数的两项而不改变分数之值的整数只能是这两项的相等倍数.

8. 两个不可约分数只当其分母相同时,其和才可能等于整数.

9. 若干个不可约分数的分母两两互素,那么其和不可能是整数.

10. 设有三个不可约分数,三个分母之一含有一个因数,这个因数不能整除另两个分母,那么这三个分数之和不可能是整数.

11. 一妇人带着苹果赶集,她第一次卖掉苹果的一半另半个,第二次卖掉剩下的一半另半个,第三次又卖掉剩下的一半另半个,如是者 n 次就卖光了.问她带去多少苹果?

12. 如果把分母小于定数的并且分数值小于 1 的不可约分数按大小顺序排列起来,那么距两端有等距离的两个分数的分母相同且其和为 1.

13. 设 n 为整数,则下列各分数之和大于 $\frac{1}{2}$
$$\frac{1}{n+1},\frac{1}{n+2},\frac{1}{n+3},\cdots,\frac{1}{2n}$$

14. 考查下列分数
$$\frac{1}{2},\frac{1}{3},\frac{1}{4},\frac{1}{5},\cdots$$

如果取足够多的项数,那么各项之和就可以超过任意给定的数.

15. 设 n 是大于 1 的整数,证明

$$\frac{1}{n+1}+\frac{1}{n+2}+\frac{1}{n+3}+\cdots+\frac{1}{2n}$$
$$=1-\frac{1}{2}+\frac{1}{3}-\frac{1}{4}+\cdots+\frac{1}{2n-1}-\frac{1}{2n}$$

16. 设 n 是大于 1 的整数,证明

$$\frac{1}{1\cdot 2}+\frac{1}{2\cdot 3}+\cdots+\frac{1}{n(n+1)}=1-\frac{1}{n+1}$$

这是等式 $\frac{1}{n}-\frac{1}{n+1}=\frac{1}{n(n+1)}$ 的运用;注意此等式包含不等式

$$\frac{1}{(n+1)^2}<\frac{1}{n}-\frac{1}{n+1}$$

这有助于解决下面的问题.

17. 设 n 和 p 是任意整数,最小等于 1,则有

$$\frac{1}{n+1}-\frac{1}{n+p+1}$$
$$<\frac{1}{(n+1)^2}+\frac{1}{(n+2)^2}+\frac{1}{(n+3)^2}+\cdots+\frac{1}{(n+p)^2}$$
$$<\frac{1}{n}-\frac{1}{n+p}$$

18. 从分数 $\frac{1}{2^2},\frac{1}{3^2},\frac{1}{4^2},\cdots$ 之中无论取多少项加起来的和总是小于 1.

19. n 表示大于 1 的整数,证明

$$\frac{1}{1\cdot 2\cdot 3}+\frac{1}{2\cdot 3\cdot 4}+\frac{1}{3\cdot 4\cdot 5}+\cdots+$$
$$\frac{1}{n(n+1)(n+2)}$$

Wolstenholme 定理

$$= \frac{1}{2}\left[\frac{1}{1\cdot 2} - \frac{1}{(n+1)(n+2)}\right]$$

20. n 表示大于 1 的整数,若令

$$\frac{e_n}{1\cdot 2\cdot 3\cdots n} = 1 + \frac{1}{1} + \frac{1}{1\cdot 2} + \frac{1}{1\cdot 2\cdot 3} + \cdots + \frac{1}{1\cdot 2\cdots n}$$

则有

$$e_{n+1} = (n+1)e_n + 1$$
$$e_{n+1} = (n+2)e_n - ne_{n-1}$$

21. 设 n 为大于 1 的整数,则有

$$\frac{n}{1\cdot 2\cdots(n+1)} = \frac{1}{1\cdot 2\cdots n} - \frac{1}{1\cdot 2\cdots(n+1)}$$

设 p 是大于或等于 1 的整数,则有

$$\frac{n}{1\cdot 2\cdots(n+1)} + \frac{n+1}{1\cdot 2\cdots(n+2)} + \cdots + \frac{n+p}{1\cdot 2\cdots(n+p+1)}$$

$$= \frac{1}{1\cdot 2\cdots n} - \frac{1}{1\cdot 2\cdots(n+p+1)}$$

$$\frac{1}{1\cdot 2\cdots(n+1)} + \frac{1}{1\cdot 2\cdots(n+2)} + \cdots + \frac{1}{1\cdot 2\cdots(n+p+1)}$$

$$< \frac{1}{n}\left[\frac{1}{1\cdot 2\cdots n} - \frac{1}{1\cdot 2\cdots(n+p+1)}\right]$$

22. 求一个两位数使其等于它的两数字之积的两倍.

23. 对方程 $y\cdot\dfrac{2x-4}{x} = 4$,求 x, y 一切可能的正整

数解.

24. 求各种可能的方式把 4 分解成相等的或不等的分数之和,其中每一个分数是将大于 2 的整数代替表达式 $\dfrac{2x-4}{x}$ 之中的 x 得来的.

本题和上题的问题出现在几何中,要求以边长相等的同类或不同类的正多边形砖铺地时用到.

25. 求方程 $4x=z(2x+2y-xy)$ 的整数解.

首先注意整数 x,y 应小于 6,除非是在我们假设 $x=2$ 的情况.

(将一球面分划成相等的球面正多边形时出现这个问题.)

26. 设 p,a,b 是两两互素的整数,且 $p<ab$. 证明:我们能并且只能以一种方式将分数 $\dfrac{p}{ab}$ 写成下列两种形式之一,即 $\dfrac{\alpha}{a}+\dfrac{\beta}{b}$ 或 $\dfrac{\alpha}{a}+\dfrac{\beta}{b}-1$,其中 α,β 分别表示小于 a,b 的整数.

27. 设 $p,a,b,c,\cdots$ 是两两互素的整数,证明:分数 $\dfrac{p}{abc\cdots}$ 能并且只能以一种方式表示成两种形式

$$\dfrac{\alpha}{a}+\dfrac{\beta}{b}+\dfrac{\gamma}{c}+\cdots+n, \dfrac{\alpha}{a}+\dfrac{\beta}{b}+\dfrac{\gamma}{c}+\cdots-n$$

之一,其中 n 是一个整数,$\alpha,\beta,\gamma,\cdots$ 分别表示小于 $a,b,c,\cdots$ 的整数.

28. 设 $\dfrac{p}{a^\alpha}$ 是不可约分数,分母是不等于 1 的数的幂. 证明:这个分数可写成如下形式

$$n+\dfrac{a_0}{a^\alpha}+\dfrac{a_1}{a^{\alpha-1}}+\dfrac{a_2}{a^{\alpha-2}}+\cdots+\dfrac{a_{\alpha-1}}{a}$$

Wolstenholme 定理

n 是整数,$a_0, a_1, a_2, \cdots, a_{\alpha-1}$ 都是小于 a 的整数,a_0 不可能为零.

29. 假设一个不可约分数的分母分解为素因数 $a^\alpha b^\beta c^\gamma \cdots$,其中 $a, b, c, \cdots$ 是不同的素数,证明:这个分数能以唯一的方式写成

$$\frac{a_0}{a^\alpha} + \frac{a_1}{a^{\alpha-1}} + \cdots + \frac{a_{\alpha-1}}{a} + \frac{b_0}{b^\beta} + \frac{b_1}{b^{\beta-1}} + \cdots + \frac{b_{\beta-1}}{b} +$$

$$\frac{c_0}{c^\gamma} + \frac{c_1}{c^{\gamma-1}} + \cdots + \frac{c_{\gamma-1}}{c} + \cdots \pm n$$

这里 n 是整数;$a_0, a_1, \cdots, a_{\alpha-1}$ 是比 a 小的整数;$b_0, b_1, \cdots, b_{\beta-1}$ 是比 b 小的整数;$c_0, c_1, \cdots, c_{\gamma-1}$ 是比 c 小的整数,等等;而 $a_0, b_0, c_0, \cdots$ 都不为零.

30. $\dfrac{a}{b}$ 是一个小于 1 的分数,两项都是整数. 以 a 除 b,商记为 q,余数记为 a_1,则有

$$\frac{a}{b} = \frac{1}{q+1} + \frac{a-a_1}{b(q+1)}$$

重复应用这个公式就可以把分数 $\dfrac{a}{b}$ 写成

$$\frac{a}{b} = \frac{1}{q+1} + \frac{1}{q'+1} + \frac{1}{q''+1} + \cdots$$

其中 $q, q', q'', \cdots$ 是递增的有限个整数①.

31. 沿用上题记号,证明:等式

$$\frac{a}{b} = \frac{1}{q} - \frac{a_1}{bq}$$

---

① 埃及人在他们的计算中只用分子是 1 的分数,但 $\dfrac{2}{3}$ 是例外. 因此,所有的分数都应分解成分子为 1 的分数之和. 上面的法则是解决问题的途径之一.

能使我们把分数 $\dfrac{a}{b}$ 写成

$$\dfrac{a}{b}=\dfrac{1}{q_0}-\dfrac{1}{q_1}-\dfrac{1}{q_2}+\dfrac{1}{q_3}-\cdots\pm\dfrac{1}{q_{n-1}}\mp\dfrac{1}{q_n}$$

其中最后两项当 n 为奇数时取上面的符号,当 n 为偶数时取下面的符号,其中 $q_0,q_1,\cdots,q_{n-1},q_n$ 表示递增的整数,且对于指标 p 所取的值 $1,2,\cdots,n$ 有 $q_p\geqslant q_{p-1}+q_{p-2}$.

32. 设 q 是小于 1 的数,则有

$$1+q+q^2+\cdots+q^{n-1}=\dfrac{1-q^n}{1-q}$$

33. 几个小朋友开晚会,把糖随便分了,约定玩游戏:依座次顺序轮流做一次主人,主人的任务是用自己的糖给每个客人的糖加一倍. 大家轮流当完主人之后,发现每人的糖一样多,都是 a 块. 求最初每人手上各分了几块糖.①

34. 容器中有 a 升酒,取出 b 升用水 b 升倒进去,又取出 b 升将水换进去,如此换了 n 次,问容器中还有多少升酒.

35. 设 x 为任一数,n 是大于 1 的任一整数,$E(a)$ 代表数 a 的整数部分,证明

$$E(x)+E\left(x+\dfrac{1}{n}\right)+E\left(x+\dfrac{2}{n}\right)+\cdots+$$
$$E\left(x+\dfrac{n-1}{n}\right)=E(nx)$$

36. 给了表达式 $\dfrac{ax+b}{a'x+b'}$,其中 a',b' 是不等于零的

---

① 原题讲的赌博,这里改动了叙述.

Wolstenholme 定理

数,证明此式总是介于 $\dfrac{a}{a'}$ 及 $\dfrac{b}{b'}$ 之间;若 $\dfrac{a}{a'}>\dfrac{b}{b'}$,则当 x 增大时此式增大;若 $\dfrac{a}{a'}<\dfrac{b}{b'}$,则当 x 增大时此式减小;若 $\dfrac{a}{a'}=\dfrac{b}{b'}$,情况如何?

第 6 章 十进分数

§1 十进分数,定义,运算

记法

分子是整数、分母是 10 的幂的分数称为十进分数. 这样

$$\frac{18}{10}, \frac{9}{100}, \frac{1\,214}{1\,000}$$

都是十进分数.

对于十进分数,我们采用一种特殊的记法,接近于十进制中整数的记法. 当分子大于或等于分母时,把分子写下来,并记上一个小数点,使小数点的右方数字的个数等于分母的幂指数,或者说等于分母中零的个数. 这样,上面第一、第三两分数就写作 1.8, 1.214. 当分子小于分母时仿此

Wolstenholme 定理

进行,但写下分子后,分母有几个零就在它左方添几个零,并将第一个零留在小数点左方. 这样,分数 $\dfrac{9}{100}$ 就写作 0.09;分数

$$\frac{1}{10},\frac{1}{100},\frac{1}{1\,000},\frac{1}{10\,000},\cdots$$

写作

$$0.1, 0.01, 0.001, 0.000\,1, \cdots$$

这样写的数称为十进小数.

反过来,一个十进小数立刻可变换为十进分数:撤掉小数点,必要时撤掉左边的那些零,这就是分子;分母呢,小数点后面原来有几位,就在 1 之后添上几个零. 这样,十进小数

$$3.141\,59, 0.003\,7$$

就变为

$$\frac{314\,159}{100\,000}, \frac{37}{10\,000}$$

小数点右方的数字是小数数字,它们的集合有时称为尾数. 小数点左方全体数字组成的数是分数的整数部分,以分母除分子所得的商,是按整数理论的商,因而是被含于分数的最大整数,或者说是当误差不超过 1 时我们的分数的弱近似值.

这里的记法跟整数的进位法的类似性是明显的. 比方说考查十进分数

$$\frac{127\,835}{1\,000} = 127.835$$

此式可写作

$$127 + \frac{835}{1\,000} = 1 \times 100 + 2 \times 10 + 7 +$$

$$\frac{800}{1\,000}+\frac{30}{1\,000}+\frac{5}{1\,000}$$
$$=1\times100+2\times10+7+\frac{8}{10}+\frac{3}{100}+\frac{5}{1\,000}$$

无论是小数点之左或右,每个数字的位值,各不相同,但总是前一位是后一位的 10 倍. $1=\frac{10}{10},\frac{1}{10}=\frac{10}{100},\frac{1}{100}=\frac{10}{1\,000}$. 1 个个位等于 10 个十分位,1 个十分位等于 10 个百分位,1 个百分位等于 10 个千分位,等等.

具体解释

如果联想到分数的具体意义,那么用十进小数来表示一个数就显得更好.

取米作长度单位,分米、厘米、毫米这些字眼是大家熟悉的.仍取上例,并设分数

$$\frac{127\,835}{1\,000}=127.835=127+\frac{8}{10}+\frac{3}{100}+\frac{5}{1\,000}$$

度量某长度 A.在第一种形式下,要得到长度 A,我们就要将 1 米分成 1 000 等份(分成毫米),把 127 835 份这些毫米端端相接起来.不必说,这个运算纯粹是理论上的,这样做不仅不现实,而且这种表示法太差欠了,一方面毫米太小,另一方面要接起来的份数又如此众多.在第二或第三种表示形式下,我们清楚,长度 A 由 127 米、8 分米、3 厘米和 5 毫米所组成;这种表示法好得多了.

该数小数部分的分解使我们满意了,但是整数部分也可仿此分解,把数 127.835 写成

$$100\times1+10\times2+7+\frac{8}{10}+\frac{3}{100}+\frac{5}{1\,000}$$

于是看出长度 A 由百米 1 段、十米 2 段、一米 7 段等组成. 可见 127.835 作为长度的度量数,每个数字代表确定的、具体的单位.

化成公分母

首先请注意,写成普通分数形式的两个十进分数,如果分母相同,那么它们写成十进小数时,小数的数字个数一样多. 假设我们把一个十进分数看作写成普通分数的形式,我们可将分子和分母乘以同一个 10 的幂,这相当于在分子和分母右边添上同样个数的零,或者在小数的记法下相当于把这些零添在小数数字之右而不移动小数点的位置,例如

$$12.371 = \frac{12\ 371}{1\ 000} = \frac{1\ 237\ 100}{100\ 000} = 12.371\ 00$$

所以:

十进分数用十进小数的记法写出,在小数数字右边添一些零而不移动小数点,那么数值不变;撤掉小数数字右边的一些零,也不改变数值.

用前文对于十进小数数字解释的意义,这个命题也可显示出来. 我们有

$$12.371 = 12 + \frac{3}{10} + \frac{7}{100} + \frac{1}{1\ 000}$$

在最后一个小数数字后面添零,意味着在上式右端添一些分子为零的分数,不会带来什么改变.

照此说来,要将用小数写出的两个十进分数化成公分母,只要在小数数字少的数右边添上足够个数的零就行了.

例如,设给了两个分数 12.371 和 0.008 97,我们把第一个代以 12.371 00,两分数

$$12.371\ 00 = \frac{1\ 237\ 100}{100\ 000}, 0.008\ 97 = \frac{897}{100\ 000}$$

就有公分母了.

给了随便多少个十进分数,要将它们化成公分母,只需在小数数字少的数右边添上足够个数的零,使它们有一样多的小数数字.

相等,不相等

当两分数有共同的分母时,观察一下分子立刻就知道它们是相等或不等的,不等时是哪一个大些.应用这个法则于十进分数,得出以下一些定理.

用小数记法写成的两个十进分数相等的充要条件是:它们的数字以及相对于小数点的位置是一模一样的,至于放在小数数字右边的那些零,那是没有关系的.

换言之,不去理睬小数部分右边的零,一个数只能以一种方式写成十进小数.

给了两个十进分数,如果第一个的整数部分较大,或者整数部分虽相等,但首先碰到的相同位置上的不相同小数数字是第一个的大于第二个的,那么第一个数较大.例如我们有 $36.030\ 27 > 36.029\ 8$,因为

$$\frac{3\ 603\ 027}{100\ 000} > \frac{3\ 602\ 980}{100\ 000}$$

我们看到关于十进小数和关于整数的命数法完全相似.每个数字代表某一级的合成单位、简单单位或小数单位;对于某个数字来讲,它所代表的单位比跟着它后面的所有数字所构成的数大.

例如在数 127.835 中,数字 8 代表十分位,数字 2 代表十位;一个十分位或 0.1 大于 0.035;一个十位或

Wolstenholme 定理

10 大于 7.835；事实上,我们有

$$0.1 = \frac{100}{1\,000} > \frac{35}{1\,000}, 10 = \frac{10\,000}{1\,000} > \frac{7\,835}{1\,000}$$

长度的度量,近似度量

让我们采取具体的观点,把数 127.835 看作一个长度 A 的度量,以米为单位.这个长度 A 由一个百米、两个十米等组成；或者说,它是由一个百米和以数 27.835 为度量的长度 A_1 所组成的,后者小于百米；长度 A_1 是由两个十米和以数 7.835 为度量的长度 A_2 所组成的,A_2 小于十米；长度 A_2 由 7 米和小于 1 米而以 0.835 为度量的长度 A_3 所组成；长度 A_3 由 8 分米和小于分米而以 0.035 为度量的长度 A_4 所组成,等等.

可以想象出,长度的测量由它的度量数连接的各数字显示出来.

假设我们手头有一些钢杆,长度不等,有的 1 米长,有的 10 米、100 米长,有的长度为分米、厘米、毫米.假设这些钢杆可以沿一直线端端相接.假设有一直线段 OO',我们要测量它,并设它没有百米长.

首先利用十米的钢杆,从点 O 起沿直线段 OO' 端端相接地放下,能放下几根就放几根使其不超过点 O'.假设放得下 3 根但放不下 4 根,把第三根末端记为 O_1.长度 O_1O' 小于 10 米,我们用米来量它.假设从 O_1 开始放得下 7 根 1 米长的杆而不超过点 O',以 O_2 表示第七根的末端.长度 O_2O' 小于 1 米,用分米来量它.假设从 O_2 起放得下分米长的 2 根,以 O_3 表示第二根的末端.长度 O_3O' 小于分米,以厘米来量它,为简单计,假设它正好含 4 厘米,于是长度 OO' 由

194

第 2 编 基础编

3 个十米、7 米、2 分米、4 厘米

所组成,以米为单位,度量 OO' 的数是 37.24,第一个数字代表十米,第二个代表米,第三个代表分米,第四个代表厘米.

长度 OO' 含 3 个十米而含不了 4 个十米,它含 37 米而含不了 38 米,它含 372 分米而含不了 373 分米,它含 3 724 厘米而含不了 3 725 厘米. 这些注释阐明了下面的说法:

3 个十米、37 米、372 分米、3 724 厘米是弱近似值,误差分别是十米、米、分米、厘米①.

度量数的强近似值是 4 个十米、38 米、373 分米、3 725 厘米,误差同上. 注意,若取米为单位,度量数的各次近似值是

30,37,37.2,37.24

40,38,37.3,37.25

对于称物体,读者不难做出类似的说明,所用各级砝码每一级是次一级的 10 倍.

加减法

给了一些写成小数形式的十进分数,要将它们相加减. 用右边添零的办法把它们小数数字的个数(即小数的位数)写成一样多. 从分数的观点说就化成了公分母. 要把它们相加减,只要将各整数分子相加减. 如果把这些数一个接着一个往下写,那么它们的小数点是上下沿着一个竖直列对齐的. 相加减的时候,对

---

① 我们保留这种说法,纵使度量是准确的,因为最后一次是假设的.

195

齐了小数点,我们就视这些小数点不存在,作为整数加或减的运算做完了,在最后写和差结果的一行上恢复小数点,当然是在各个小数点所在同一竖列上. 这等于先算了和或差的分子,又把公分母写上,所以就得出结果. 我们还可以看出(至少对于加法),小数的右边添些零不起作用,所以只需对准小数点,并不添零. 对于减法,也可以免去添零,但运算时视这些零存在.

下面附加减法各一例

$$
\begin{array}{r} 0.0987 \\ 121 \\ 38.74 \\ +\ 2.936 \\ \hline 162.7747 \end{array}
\qquad
\begin{array}{r} 28.53 \\ -\ 0.7982 \\ \hline 27.7318 \end{array}
$$

乘法

要将写成小数形式的两个十进分数相乘,可视小数点不存在做整数乘法,做完之后在乘积上加上小数点,使小数数字的个数等于两因数小数数字的个数之和.

例如要将两个十进分数 37.82 和 2.387 相乘,可将它们写成

$$\frac{3\ 782}{100},\ \frac{2\ 387}{1\ 000}$$

乘积是

$$\frac{3\ 782 \times 2\ 387}{100 \times 1\ 000}$$

把分子乘出来,分母上有 2+3=5 个零,所以在乘积上加上小数点,使其有 5 个小数数字. 运算的布置如下

$$\begin{array}{r} 37.82 \\ \times\quad 2.387 \\ \hline 26474 \\ 30256 \\ 11346 \\ 7564 \\ \hline 90.27634 \end{array}$$

当两因数之一为整数时,乘积中小数数字的个数跟另一因数的一样多.

注意一个特殊情况,用 10,100,1 000,… 作乘数时,可以运用第 5 章 §4 的说法.例如要将十进分数 2.871 45 乘以 100,可将分数写成 $\dfrac{287\,145}{100\,000}$,以 100 来乘,可用 100 去除分母,消去了分母两个零,得出分数

$$\dfrac{287\,145}{1\,000}=287.145$$

即将原分数写成小数形式的小数点移后两位就可以了,所以:

用 10,100,… 乘十进小数,乘数有几个零,就将被乘数的小数点向右移几位.如果小数的位数不够多,可以先添零再移小数点的位置.例如 0.27 乘以 10 000,小数点该向右移四位,所以先写作 0.270 0,再移小数点得 2 700,这时小数点可免写了.

由于小数的乘法化归整数的乘法,如果只要保留积的某些数字,就可以应用所谓的简略乘法.不论牵涉到的是整数还是小数,计算是一样的;唯一要当心的是决定被保留下来的最后一位数字的级别.刚才所给的说明以及我们讲简略运算理论时的说明,总能使我们准确地办到.

首先注意,一个小数以 10,100,1 000,… 除(整除)时,只要把小数点向左退一、二、三 …… 位. 如果发现数字不够多,这个过程无法进行下去,那就在整数部分左边以零来补充这些数字,直到小数点左边留下一个零.

这样,132.781 除以 100 的正确商是 1.327 81,0.07 除以 1 000 的商是 0.000 07. 此法则可由小数乘以 10,100,1 000,… 的法则推导出来;例如 1.327 81 乘以 100 确实回到 132.781.

在一般情况下,是求一个小数除以另一个小数的正确的商. 我们总可以假设它们有相同的小数位数,从而所考虑的商变成一个普通分数.

例如设 38.761 要除以 21.142,那就是将 $\frac{38\ 761}{1\ 000}$ 除以 $\frac{21\ 142}{1\ 000}$,商是 $\frac{38\ 761 \times 1\ 000}{1\ 000 \times 21\ 142} = \frac{38\ 761}{21\ 142}$.

已经写成普通分数的形式,暂时不能走得更远. 等我们先解决将普通分数化为十进分数这个现在提出来的问题之后,再回过头来解决小数相除的问题.

§2 普通分数转换为十进分数

问题是:给了一个普通分数,要求一个最大的十进分数,使其小数数字的个数是指定的,且不超过所给的分数.

设 $\frac{a}{b}$ 是所给的分数,其中 a,b 是自然数,要求一个

不超过此分数的最大的十进小数,小数数字有 n 个. 把此数写成普通分数可表为 $\dfrac{k}{10^n}$, k 是整数,按问题的性质 k 应满足

$$\frac{k}{10^n} \leqslant \frac{a}{b} < \frac{k+1}{10^n}$$

即

$$k \leqslant 10^n \frac{a}{b} < k+1$$

最后的两个不等式表明 k 是 $\dfrac{10^n a}{b}$ 的整数部分,或者说是 $10^n a$ 除以 b 的整数商.

分数 $\dfrac{k}{10^n}$ 即所谓 $\dfrac{a}{b}$ 当误差为 $\dfrac{1}{10^n}$ 时的弱近似值,有时我们称它为 $\dfrac{a}{b}$ 的有 n 位小数数字的正常近似值. 这种叙述方式表明它是写成十进小数记法的,即整数 k 之后加上了小数点,最后 n 位是小数部分.

分数 $\dfrac{k+1}{10^n}$ 称为 $\dfrac{a}{b}$ 当误差为 $\dfrac{1}{10^n}$ 时的强近似值.

若 $10^n a$ 能被 b 整除,则普通分数 $\dfrac{a}{b} = \dfrac{k}{10^n}$,这时它准确地化成了十进分数. 但是我们还把 $\dfrac{k}{10^n}$ 保留着弱近似值的称号. 这样,0.375 和 0.376 是分数 $\dfrac{3}{8}$ 当误差为 0.001 时的弱近似值和强近似值,而它正好等于 0.375.

若 $10^n a$ 不能被 b 整除,则商为 k,设 r 为余数,于是

$$10^n a = bk + r$$

Wolstenholme 定理

两端除以 $10^n b$ 得

$$\frac{10^n a}{10^n b} = \frac{bk}{10^n b} + \frac{r}{10^n b}$$

即

$$\frac{a}{b} = \frac{k}{10^n} + \frac{1}{10^n} \times \frac{r}{b}$$

由此可知，$\frac{a}{b}$ 与其近似值 $\frac{k}{10^n}$ 之差等于 $\frac{1}{10^n}$ 跟 $\frac{r}{b}$ 的乘积，而 $\frac{r}{b}$ 是小于 1 的.

例如要求 $\frac{31}{7}$ 的弱近似值，误差为 $\frac{1}{10^6}$. 我们将 31×10^6 除以 7，商为 4 428 571，余数为 3. 从这个商数分出六位小数，得所求近似值 4.428 571，并且由上面的除法

$$31\ 000\ 000 = 4\ 428\ 571 \times 7 + 3$$

两端除以（整除）$1\ 000\ 000 \times 7$ 得

$$\frac{31}{7} = 4.428\ 571 + 0.000\ 001 \times \frac{3}{7}$$

此式表明 $\frac{31}{7}$ 与其近似值 4.428 571 之差等于 0.000 001 的 $\frac{3}{7}$.

为了求一个最大的具有 n 位小数的数，使其小于或等于一已知分数，第一步以 10^n 乘此分数，第二步定出这个乘积的整数部分，第三步用小数点将这个整数分出 n 位小数来.

所得的数是已知分数的弱近似值，末位小数数字加上 1 得强近似值，误差是 $\frac{1}{10^n}$.

为了简化书写,以 A 表示一个已知分数,并令 $\alpha = \dfrac{1}{10^n}$.

考查算术级数

$$0, \alpha, 2\alpha, 3\alpha, \cdots$$

首项为 0,公差是 α,也就是说这是一些有 n 位小数的数.取级数充分多的项,使其含一些比 A 大的数.

若此数列有一项,例如 $k\alpha$,等于 A,那么它是 A 以 α 为误差的弱近似值,下一项是 A 以 α 为误差的强近似值;在这种情况下,数列中除 $k\alpha$ 这一项外,无论哪一项跟 A 的差都至少等于 α. 若此数列没有任何一项等于 A,那么 A 落在数列的两项,例如 $k\alpha$ 和 $(k+1)\alpha$ 之间;这两项是 A 以 α 为误差的弱、强近似值,它们和 A 的差小于 α;数列中其他任何一项跟 A 的差都大于 α.

设想在算术级数

$$0, \alpha, 2\alpha, 3\alpha, \cdots$$

中,α 顺次代表 $1, \dfrac{1}{10}, \dfrac{1}{100}, \cdots, \dfrac{1}{10^n}, \cdots$;这样我们就有了从 0 开始的一系列的数列,其中第一个是自然数列,第二个是含一位小数的数列,等等. 要理解这些级数顺次代表什么,可设想一根长长的尺上等分成若干米,每一米分成分米,每一分米分成厘米,等等;设度量的原点放在尺上 0 处,度量长度 A 的终端可能和这些分点重合,或者落在标志着米的两个数码之间,标志着分米的两个数码之间,等等. 带着这个印象,读者不难明确:A 以 $1, 0.1, 0.01, \cdots$ 为误差的弱近似值总是递增的,或者说得准确些是永远不减的;至于以 $1, 0.1, 0.01, \cdots$ 为误差的强近似值则是递减的或永远不

Wolstenholme 定理

增的.

关于这方面要说的就说到这里. 本节开头曾给出求近似值的法则, 下面还要细致地研究这个问题, 证明一些命题, 这里所讲的将大有帮助.

假设我们要求一个分数例如 $\frac{31}{7}$ 的弱近似值, 误差顺次是 $1, 0.1, 0.01, 0.001, \cdots$, 那就是以 7 按整数理论去除 $31, 310, 3\,100, 31\,000, \cdots$; 但是每一步运算都为下一步服务. 首先, 以 7 除 31, 得商 4 余 3; 接下去应以 7 去除 310, 但是我们已经得到这个商的第一个数字, 即是 4, 并且有了余数, 即是 3. 为了继续运算, 只需将 0 移下来得出 30; 以 7 除 30 得出商的第二个数字 4, 相应的余数是 2; 以 0.1 为误差的近似值是 4.4. 要得到以 0.01 为误差的近似值, 应以 7 除 3 100, 但是我们已有了这商的前两个数字, 并且相应的余数是 2; 为了继续运算, 只需移下一个 0, 得到 20, 以 7 除 20, 得商 2 余 6; 误差为 0.01 的近似值是 4.42. 要得到误差是 0.001 的近似值, 应以 7 去除 31 000, 但是我们已有这商的三个数字和相应的余数, 等等. 为了这些计算, 我们采取以下的部署 (由于除数只有一位数字, 我们没有写出这个除数跟逐次商数的各个数字的乘积, 而只写下了余数)

```
31  | 7
30  | 4.428 571
 20
  60
   40
    50
    10
     3
```

由此得出下述法则：

为了得到一个普通分数具有若干位小数的近似值，我们按整数理论的除法用分母去除分子；商数给出所求十进分数的整数部分，或者说给出了已知分数以 1 为误差的弱近似值；我们在所求得的商数后面记上小数点，在余数后面添上一个零，继续做除法，这个商给出所求第一位小数；在新余数后面添一个零，又做除法，得到商的第二位小数；继续如此添零于余数之后，直至到达了我们所需要的小数位数；所写在商上的十进分数就是我们所求的近似值，它和所给分数的差，等于写在商的最后小数数字所代表的一个单位跟一个小于 1 的分数之积，这个分数的分母是已知分数的分母，而分子是最后一个余数.

刚才刻画的过程，利用连续不断的除法，要进行多远就可进行多远，最终给出已知普通分数 A 的一个近似十进分数的各位数字，误差逐次是 $\frac{1}{10}$, $\frac{1}{100}$, 等等. 这个过程可以称为已知分数转换为十进分数的过程. 这个说法不完全恰当，只有当十进分数刚好等于已知分数 A（上面见到过）时才是完全恰当的. 为了语言上的方便，我们保留这个术语.

运算过程本身使下面的命题成为显然：一数 A 的具有一、二、三、四 …… 位小数的正常近似值，每一个是从前一个加上某一数字得来的. 由是，反过来，如果已算出具有 n 位小数的正常近似值，把目光移到它的一、二、三 …… $n-1$ 位小数，就得到具有一、二、三 …… 位小数的正常近似值.

下面是同类型的一个命题：

Wolstenholme 定理

假设已经算出分数 A 的具有 n 位小数的正常近似值,那么要得出 $10A, 100A, 1\,000A, \cdots$ 具有 $n-1, n-2, n-3, \cdots$ 位的正常近似值,那就只要把小数点向右移一、二、三 …… 位;向右移 n 位就得出 $10^n A$ 的整数部分. 反之, 从同一个近似值出发, 将小数点向左移一、二、三 …… 位, 就得到数

$$\frac{A}{10}, \frac{A}{100}, \frac{A}{1\,000}, \cdots$$

的具有 $n+1, n+2, n+3, \cdots$ 位小数的正常近似值.

先来建立第一部分,对于分数 $\dfrac{31}{7}$ 和 $\dfrac{3\,100}{7}$,是否商数的数字、各个余数,以及出现的顺序都是一样. 只有一点不同,在第二种情形商的各个数字所代表的单位是第一种情形的 100 倍. 例如,$\dfrac{31}{7}$ 的具有三位小数的弱近似值是 4.428,因此推出 $\dfrac{3\,100}{7}$ 的具有一位小数的正常近似值是 442.8.

这个结论无须求助于运算过程,可以从不等式

$$4.428 \leqslant \frac{31}{7} < 4.429$$

乘以 100 而立刻得出

$$442.8 \leqslant \frac{3\,100}{7} < 442.9$$

第一部分证毕. 第二部分可以用类似于刚才用的推理立刻得出,并且可以注意一点,它可以从第一部分得出. 既然 $\dfrac{31}{7}$ 的具有六位小数的正常近似值是 4.428 571,那么 $\dfrac{31}{700}$ 的具有八位小数的正常近似值就

第 2 编　基础编

应该是 0.044 285 71，才能使小数点向右移两位重新得出 4.428 571 来.

假设普通分数 $\frac{a}{b}$ 碰巧等于一个具有 n 位小数的十进分数；当计算 $\frac{a}{b}$ 以 $\frac{1}{10^n}$ 为误差的弱近似值时，正如已阐明过的那样，就必然发现该十进分数等于 $\frac{a}{b}$，我们预见到这样一个事实，相应于第 n 位小数数字的部分除法的余数为零．运算终止了，如果还想继续下去，此后就只能找到零作为商的数字和余数．如果 $\frac{a}{b}$ 不等于任何十进分数，运算将无限制继续下去，再也找不到一个等于零的余数.

应该知道是否有一个十进分数跟分数 $\frac{a}{b}$ 本身相等.

假设分数 $\frac{a}{b}$ 不可约，并设有一个具有 n 位小数的十进分数跟它相等，末位小数不是零；那么由运算本身可知，在 a 右边添 n 个零应被 b 整除，而少于 n 个零则不能被 b 整除．换言之，10^n 是 10 的最小幂使 $a\times 10^n$ 能被 b 整除．由于 b 跟 a 互素，故必须 10^n 或 $2^n\times 5^n$ 能被 b 整除，所以 b 分解成素因数只能含因数 2 和 5，并且这两素因数所带的指数最大等于 n.

反之，10 的最小的幂乘以 a 能被 b 整除时，幂指数等于 b 分解成因数 2 和 5 所带的较大的幂指数.

不可约分数 $\frac{a}{b}$ 等于一个十进分数的充要条件是：

Wolstenholme 定理

分母 b 分解成素因数时只含因数 2 和 5,并且等于它的十进分数的小数的位数,即 b 中 2 和 5 所带的较大的指数.

这个命题可以直接建立. 求一个小数等于分数 $\dfrac{a}{b}$,即是求一个整数 A 和指数 n 使

$$\frac{a}{b}=\frac{A}{10^n} \text{ 或 } a\times 10^n = A\times b$$

此式成立的充要条件是:有一个 10 的幂,乘以 a 能被 b 整除.

每个具有此性质的 10 的幂,提供一个小数等于 $\dfrac{a}{b}$,小数的位数等于幂的指数. 这些小数彼此相等,唯一的差别在于收尾的那些零;其中不以零收尾的那个来自最小的 10 的幂,将它乘 a 就能被 b 整除. 若 b 与 a 互素,结论同上.

我们求得

$$\frac{1}{2}=0.5;\frac{1}{4}=0.25;\frac{1}{8}=0.125;\frac{1}{16}=0.0625$$

$$\frac{1}{5}=0.2;\frac{1}{25}=0.04;\frac{1}{125}=0.008;\frac{1}{625}=0.0016$$

当不可约分数 $\dfrac{a}{b}$ 的分母 b 含有 2 和 5 以外的因数时,把这个分数化为十进分数,我们绝不会遇到一个余数零,这种运算过程能无限继续下去. 下面要说的话特别适用于这种情况,也适用于运算终止的情况,只要假设继续下去的过程是逐次添零于正好等于所设分数的十进分数右边.

为了书写方便,用 A 表示所设分数,以

$$a_0, a_1, a_2, \cdots \qquad (1)$$

表示 A 的弱近似值,误差顺次是 $1,0.1,0.01,\cdots$;以

$$b_0, b_1, b_2, \cdots \qquad (2)$$

表示 A 的强近似值,误差同上.

若设 $A=\dfrac{31}{7}$,上两近似值数列分别为

$4, 4.4, 4.42, 4.428, 4.428\,5, 4.428\,57, \cdots$

$5, 4.5, 4.43, 4.429, 4.428\,6, 4.428\,58, \cdots$

近似值 $a_1, a_2, a_3, \cdots$ 写成小数形式,各含一、二、三 $\cdots\cdots$ 位小数. $b_1, b_2, b_3, \cdots$ 也如此.

数列(1)的首项 a_0 是整数,它是下一项 a_1 的整数部分,a_1 是含一位小数的.在 a_1 右边写上一个合适的数字就得到 a_2,等等.数列(1)的每一项比前一项多写了一位小数,所以它要大一些,除非这个小数数字是零.

沿着数列(1)逐步向右前进时,各项是增加的或者说永不减小的.一些连接的项可能相等.

现在看数列(2),它的每一项比(1)中相应项的末位上多一个单位,因之有

$$b_0 = a_0 + 1, b_1 = a_1 + \frac{1}{10}, b_2 = a_2 + \frac{1}{100}, \cdots$$

现在建立下一命题:

沿着数列(2)逐步向右前进时,各项是减小的或者说永不增加的.

例如来考查一下 b_1, b_2 和 a_2 从 a_1 推导的方式,以 α_2 表示 a_2 最后一位数字,则有

$$a_2 = a_1 + \frac{\alpha_2}{100}, b_1 = a_1 + \frac{1}{10} = a_1 + \frac{10}{100}$$

Wolstenholme 定理

$$b_2 = a_2 + \frac{1}{100} = a_1 + \frac{\alpha_2 + 1}{100}$$

只要 α_2 不是 9，则 $\alpha_2 + 1 < 10$，从而 $b_2 < b_1$；当 $\alpha_2 = 9$ 时，$b_2 = b_1$。

极限的概念

设 A 为任一分数，设 a_n, b_n 是它的弱、强近似值，误差为 $\frac{1}{10^n}$，则有

$$a_n \leqslant A < b_n, b_n - a_n = \frac{1}{10^n}$$

A 与 a_n 或 b_n 之差至多等于 $\frac{1}{10^n}$，我们可取 n 充分大，使此分数任意小，因为 n 可取得充分大使 10^n 超过任意给定的数。这就是我们所说的利用一个十进分数，可以要怎么逼近就怎么逼近一个任意给定的分数，或者比它小，或者比它大地逼近它。这些近似值在实用上是足够了，这点下面再谈。

例如，要让十进分数跟 $\frac{31}{7}$ 的差小于 $\frac{3}{98\,723}$，首先我们找一个比此数小而又是一个十进分数的倒数的数来代替此数，比方说 $\frac{3}{3 \times 100\,000} = \frac{1}{10^5} \cdot \frac{31}{7}$ 的近似值误差为 $\frac{1}{10^5}$ 的弱近似值 $4.428\,57$ 和强近似值 $4.428\,58$ 都可以回答这个问题，在逼近 $\frac{31}{7}$ 的两个无限数列中位于 $4.428\,57$ 和 $4.428\,58$ 之后的十进分数都是如此。

普遍地说，若给定了一个任意小的数 ε，则我们能找到一个自然数 n，使 a_n 以及继 a_n 之后的无论哪一个

数跟 A 的差全都小于 ε,同样使 b_n 以及继 b_n 之后的无论哪一个数跟 A 的差全都小于 ε. 我们说,当 n 趋于无穷时,a_n 和 b_n 以 A 为极限.

我们有时这样表述:

普通分数 A 以 $\frac{1}{10}, \frac{1}{100}, \cdots, \frac{1}{10^n}, \cdots$ 为误差的弱近似值无限数列 $a_1, a_2, \cdots, a_n, \cdots$ 以此分数 A 为极限;同样,强近似值无限数列 $b_1, b_2, \cdots, b_n, \cdots$ 也以 A 为极限.

考查一般的无限数列 $a_1, a_2, \cdots, a_n, \cdots$,假设只要知道一项的序号,我们就会算出它的值;对于这样的数列,我们说它以一数 A 为极限,或者说当 n 趋于无穷时 a_n 以 A 为极限,用以粗略地表示,当 n 很大时 a_n 很接近于 A,当 n 充分大时要多么接近就多么接近. 所有这些说法都不很精确,读者不禁要问,什么叫一个数很大,并且重要的还在于,应将极限这个词的深刻含义引入这个定义中,即下面的含义:当 n 达到一个很大的值时,A 跟 a_n 之差很小,当 n 超过此值时,这个差继续保持很小.

精确说来,如果对于给定的不论多么小的数 ε,我们能找到一个相应的数 n,使得 A 跟 a_n 以及继 a_n 之后的任何一项之差①总是小于 ε,那么就说 a_n 当 n 趋于无穷时以 A 为极限.

例如 $1+\frac{1}{n}$ 或 $\frac{n+1}{n}$ 当 n 趋于无穷时以 1 为极限,或者说无限数列

---

① 这个差可能是 $A-a_n$ 或 a_n-A,视 a_n 是小于还是大于 A 而定.

Wolstenholme 定理

$$\frac{3}{2}, \frac{4}{3}, \frac{5}{4}, \cdots$$

以 1 为极限；数列

$$\frac{2}{3}, \frac{3}{4}, \frac{4}{5}, \cdots, \frac{n}{n+1}, \cdots$$

$$\frac{3}{2}, \frac{5}{4}, \frac{7}{6}, \cdots, \frac{2n+1}{2n}, \cdots$$

也以 1 为极限.

注意，若将不同的两分数 A, A' 按无限运算化为十进分数，我们所找到的十进分数必然是不同的；换言之，找出以 $\frac{1}{10}, \frac{1}{100}, \cdots, \frac{1}{10^n}, \cdots$ 为误差的近似值，不可能得到同一个数列 $a_1, a_2, \cdots, a_n, \cdots$. 事实上，若由这两分数推导出同一数列，那么它们两个总是介于 a_n 与 $a_n + \frac{1}{10^n}$ 之间；因此，不论 n 为何，它们之差总是小于 $\frac{1}{10^n}$，但这是不可能的，因为我们可选取 n 充分大使 $\frac{1}{10^n}$ 小于 A 和 A' 之差.

§3 循环的十进分数

我们已经看到，求普通分数 $\frac{a}{b}$ 以 $0.1, 0.01, 0.001, \cdots$ 为误差的弱近似值时，可能发生两种情况. 第一种，运算终止，即是说有一个 10 的幂，它跟 a 的乘积能被 b 整除；第二种，运算永远继续下去.

让我们指出近似值的小数数字相互继续方面的

一些可注意之点,从理论观点来讲这是很有趣的.

我们可以限于分数的分子小于分母这一种情况,如果分子大于分母,可以将它代以它除以分母(按整数理论)所得的余数,继续运算下去,显然得到的小数数字相同.

例如考查分数 $\frac{13}{14}$,这确是运算不会终止的情况,因为分母含一个非 2 非 5 的因数 7;按上一节的法则,要做下面的运算.

我们找到逐次的部分被除数 130,40,120,80,100,20,60,40,即

$$
\begin{array}{r|l}
130 & 14 \\
126 & 0.9\,285\,714 \\ \hline
40 & \\
28 & \\ \hline
120 & \\
112 & \\ \hline
80 & \\
70 & \\ \hline
100 & \\
98 & \\ \hline
20 & \\
14 & \\ \hline
60 & \\
56 & \\ \hline
40 & \\
\end{array}
$$

这最后一个上面已经出现过,以下的运算显然从这里起又周而复始,周期地重复下去,下面的部分被除数按同样的顺序再行出现,即 120,80,100,20,60,40,在商数上数字 2,8,5,7,1,4 无限地循环下去.这个事实是可以证明的,因为部分被除数是由部分余数添一个

Wolstenholme 定理

零得来的,但这些余数必然要小于 14 且不为零,所以它们只能是 $1,2,3,\cdots,12,13$;经过至多 13 回部分运算之后,我们必然或者得到一个已经得到的余数,或者得到我们最初出发的分子.从这一瞬间起,各部分运算便周期地重复下去,于是弱近似值的各小数数字不难写下去,要写到多少位小数都可以.

如果我们要 12 位小数,那就写

$$0.928\ 571\ 428\ 571$$

一个普通分数化为十进分数时,小数数字从其中某一个起周期性无限地按同一顺序出现,这时周期性地出现的部分称为周期十进分数或循环小数.

重复出现的那些小数数字构成所谓的周期或循环节.

设考查循环小数

$$0.928\ 571\ 428\ 571\ 428\ 571\ 42\cdots$$

其中数字 $2,8,5,7,1,4$ 无限地重复出现,我们说这个循环小数是由分数 $\frac{13}{14}$ 生成的,$\frac{13}{14}$ 称为生成分数,即是说,逐次以 $\frac{1}{10},\frac{1}{100},\frac{1}{1\ 000},\cdots$ 为误差求 $\frac{13}{14}$ 的弱近似值时,就导致这个循环小数,循环节是 285714. 取前 n 个数字得到 $\frac{13}{14}$ 以 $\frac{1}{10^n}$ 为误差的近似值. 当 n 无限增大时,这个近似值以 $\frac{13}{14}$ 为极限.

循环小数分为两类,一类的循环节从小数点后立即开始,称为简单或纯循环小数,如

$$0.363\ 636\ 36\cdots$$

循环节是 36;另一类不是从小数点后立即开始,称为

第 2 编　基础编

杂循环,如分数 $\frac{13}{14}$ 所生成的循环小数. 在杂循环小数中,小数点与循环节之间的小数数字称为不规则的,它们的整体称为杂循环小数的不规则部分.

凡循环小数都有生成分数吗?

倘若有一个,就只能有一个,因为两个不同的分数以 $0.1, 0.01, 0.001, \cdots$ 为误差所生成的弱近似值的数列,必然是不同的.

生成分数求法

首先考查纯循环十进分数的情况,设其整数部分为零,例如 $0.363\ 636\cdots$.

设具有整数项的普通分数 $\frac{a}{b}$ 化为十进分数时,得出的整数部分为零(这就需设 $a < b$),前两位小数数字是 3 和 6,这时余数是 a 自身,那么接下去的商数又是 3 和 6,于是 $\frac{a}{b}$ 就必然是循环小数 $0.363\ 636\cdots$ 的生成分数. 为了计算两位小数,我们必须在 a 的右边添上两个零,从此可以推知 $a \times 100$ 除以 b 的整商是 36 而余数为 a;倘若是这样,应有

$$a \times 100 = b \times 36 + a$$

两端减去 a 即得

$$a \times 99 = b \times 36$$

反之,下面的式子包含上面的,所以

$$\frac{a}{b} = \frac{36}{99}$$

因此,若取任一等于 $\frac{36}{99}$ 的分数作为 $\frac{a}{b}$,便将有 $a \times 100 = b \times 36 + a$,又因 $a < b$(因为 $36 < 99$),可见 $a \times$

100 除以 b 时,按整数理论的商为 36 而余数为 a.

这样,纯循环小数 $0.363\,636\cdots$ 的生成分数是 $\dfrac{36}{99}$.

我们的推理只在纯循环小数是 $0.999\,99\cdots$ 时有缺陷,因为当我们按刚才的办法试图构作生成分数时,将有 $a=b$,所以我们可叙述下面的命题:

凡纯循环小数的整数部分为零,且循环节的数字不都是 9 的,那么就具有一个生成分数,分子等于循环节,分母由 9 组成,9 的个数等于循环节中数字的个数.

如果应用这个法则于纯循环小数 $0.999\cdots$,那么求得的结果是 1. 注意,1 是数列 $0.9, 0.99, 0.999, \cdots$ 的极限,因为这些数跟 1 的差分别是 $0.1, 0.01, 0.001, \cdots$.

重复上一节末尾的推理,容易推导出:循环小数 $0.999\,9\cdots$ 没有生成分数. 如果这样一个分数存在,它应该介于 0.9 跟 $0.9+0.1=1$ 之间,介于 0.99 跟 $0.99+0.01=1$ 之间,介于 0.999 跟 $0.999+0.001=1$ 之间,等等;它跟 1 的差应小于 $\dfrac{1}{10}, \dfrac{1}{100}, \dfrac{1}{1\,000}$,等等,一般而论应小于 $\dfrac{1}{10^n}$,不论 n 为何值. 但这是不可能的,因为把 n 取得充分大可使 $\dfrac{1}{10^n}$ 小于 1 与我们假设其存在的生成分数之差.

我们把这种例外的情况放在一边. 上面假设了纯循环小数的整数部分为零;容易看出,倘若情况不是如此,为了求所给循环小数的生成分数,只要将整数部分加于按上述法则得到的分数就行了. 例如考查循环小数

第2编 基础编

$$375.363\ 636\cdots$$

它的生成分数是

$$375 + \frac{36}{99} = \frac{375 \times 99 + 36}{99}$$

这是因为,当我们把这个分数化成十进分数时,求得整数部分是375,相应的余数是36,从而小数部分就跟将分数 $\frac{36}{99}$ 化为十进分数时一样,即 $0.363\ 636\cdots$.

现在考查整数部分等于零的杂循环小数,例如

$$0.375\ 363\ 636\cdots$$

其中循环节是36,不规则部分是375;分数

$$\frac{375 \times 99 + 36}{99}$$

生成十进分数 $375.363\ 636\cdots$,即是说,以 $0.1, 0.01, 0.001, 0.000\ 1,\cdots$ 为误差时,它的弱近似值依次是

$$375.3,\ 375.36,\ 375.363,\ 375.363\ 6,\cdots$$

以 $0.1, 0.01, 0.001, 0.000\ 1,\cdots$ 为误差时,普通分数

$$\frac{375 \times 99 + 36}{99 \times 1\ 000}$$

的弱近似值因此就是

$$0.375\ 3,\ 0.375\ 36,\ 0.375\ 363,\ 0.375\ 363\ 6,\cdots$$

换言之,最后那个普通分数就是杂循环小数 $0.375\ 363\ 636\cdots$ 的生成分数;我们可将它写作

$$\frac{375 \times (100-1) + 36}{99\ 000} = \frac{37\ 500 + 36 - 375}{99\ 000}$$

$$= \frac{37\ 536 - 375}{99\ 000}$$

于是得下列法则:

设杂循环小数的整数部分为零,它的生成分数的

分母是这样构成的:循环节含几个数字就写几个 9,不循环部分有几个数字,就在 9 后面添几个零;它的分子等于不循环部分后继以一个循环节,再减去不循环部分.

这一法则是从纯循环小数的法则得来的,因此具备同样的例外:循环节的数字不能都是 9. 例如说,若应用此法则于 0.479 99⋯,得出的结果是

$$\frac{479-47}{900}=\frac{47(10-1)+9}{900}=\frac{47\times 9+9}{900}$$
$$=\frac{(47+1)\times 9}{100\times 9}=\frac{48}{100}=0.48$$

并且不难看出 0.48 是无穷数列

$$0.47,\ 0.479,\ 0.479\ 9,\ 0.479\ 99,\ \cdots$$

的极限,由此可知杂循环十进分数 0.479 99⋯ 不具有生成分数.

最后,当牵涉到的杂循环十进分数并不属例外情况,但整数部分不是零对,那么求它的生成分数时,只需将整数部分加于按上述法则得出的分数就行了.

考查一个纯循环十进分数的生成分数,例如生成 0.363 636⋯ 的分数 $\frac{36}{99}$;这种分数通常不是既约的. 但是它的分母是与 10 互素的,约分之后仍然保持与 10 互素. 所以一个既约分数产生纯循环小数时,它的分母是跟 2 和 5 互素的.

现在考查杂循环十进分数的生成分数,例如 $\frac{25\ 736-257}{99\ 000}$,它所生成的杂循环小数是 0.257 363 636⋯. 它的分子不可能以 0 收尾;因为要使它以 0 收尾,循环节最后的数字应等于不循环部分的最后数字,这最后

数字就可以取为循环节的第一个数字,于是循环就将提前开始了.分子不以 0 收尾,就必然要和因数 2 和 5 中至少一个互素;但是这样一个因数含在分母中,分母中出现几个 0(即是说不循环部分有几个数字),它就被含在分母中几次.所以生成杂循环小数的不可约普通分数的分母,分解成素因数时,因数 2 或 5 中总有一个出现的次数等于不循环的数字个数.

反之,一个既约分数的分母如果既不能被 2 又不能被 5 整除,就生成一个纯循环小数,因为它不能生成有限小数,又不能生成杂循环小数.凡既约分数的分母含因数 2 或 5,又含其他素数的,就生成杂循环小数,因为它不能生成有限小数,也不能生成纯循环小数;不循环的小数数字个数等于分母分解成素因数时因数 2 或 5 的幂指数的较大者.

数的小数表示法

当一个普通分数等于一个十进分数时,很自然地把后者看作前者的小数表示.我们也把一个普通分数转换成的循环十进分数称之为该普通分数的小数表示.可以把第一种情况归到第二种情况,想象有无穷多个零跟在所设普通分数之后.

按所设问题的转换方式,一数 A 用无限继续下去的数字得到的小数表示具有这样的性质:对于任何自然数 n,停止在第 n 个数字时,我们得到 A 以 $\frac{1}{10^n}$ 为误差的弱近似值,即具有 n 位数字的小数 α_n 使得

$$\alpha_n \leqslant A < \alpha_n + \frac{1}{10^n}$$

等号只当 A 能够恰好转换成十进分数时适用.

Wolstenholme 定理

假设给了我们一个纯或杂循环小数,我们把它看作它的生成分数按上述方式的小数表示. 从某一位起所有数字都是 9 的情况应予排除;如果从某一位起所有数字都是 9,涉及的分数本来就是一个十进分数.

我们把一数的小数表示看作跟该数没有区别,也写成等式,例如

$$\frac{36}{99} = 0.363\ 636\cdots \quad (1)$$

右端的数字 3,6 应看作无限地重复出现,它的意义跟两端有明显意义的等式

$$\frac{1}{8} = 0.125$$

有所不同. 等式(1)的意思是说,左端是出现在右端的循环小数的生成分数.

提请注意,一个写成普通十进分数的符号,有无穷多个数字但不具有循环性,这样的符号对我们没有什么意义.

小数表示法概念的引入方便了语言的使用.

要得到一数 A(至多)含某一级合成单位或小数单位的数目,只需将 A 的小数表示从左向右读,读到该级单位的数字①为止,如有必要,不计小数点.

将 A 的小数表示的小数点向右或向左移 n 位,就得出 $A \times 10^n$ 或 $\dfrac{A}{10^n}$ 的小数表示.

采用上面说的书写方式,取(例如)$A = \dfrac{36}{99}, n = 3,$

---

① 说一个数的个位、十位、十分位等的数字,是没有什么不便的;小数点左边的一位是个位,等等.

上面的命题可翻译如下:等式

$$\frac{36}{99}=0.363\ 636\cdots \qquad (2)$$

表示左端是右端循环小数的生成分数,从它推出等式

$$\begin{cases}\dfrac{36\ 000}{99}=363.636\ 363\cdots\\[2mm]\dfrac{36}{99\ 000}=0.000\ 363\ 6\cdots\end{cases} \qquad (3)$$

它们还应该解释成左端是出现于右端的循环小数的生成分数.

不要把后面两个等式看作是由前面一个的两端同乘或同除以 1 000 得来的,像适用于真正的十进分数的法则那样,后者只有有限个数字.

在没有解释带有无穷多数字的符号循环地出现以前,我们无权应用此法则.这必要的解释就在于等式(3)特有的含义以及 §2 所给的证明中.它们表明了这种写法的正当性,而且容易固定在我们的记忆中,因为是按照熟知的只有有限个小数数字的情况进行的.要立刻理解两式所表达的定理,只需回想它们的含义.

下面是有同样性质的说明,以后要用.

我们立刻可得到一个小数和它具有较少位数的弱近似值之差.举例来说,小数 2.714 32 跟它的误差为百分之一的近似值 2.71 之差是 0.004 32.只要将近似值中所出现的数字都以零替代.

这同一法则也适用于循环小数,例如 $\dfrac{36}{99}$ 跟 0.363 之差是循环小数 0.000 636 3…;也就是说这个循环小

Wolstenholme 定理

数的生成分数是 $\frac{36}{99}-0.363$. 事实上,由于分数 $\frac{36}{99}$ 生成循环小数 $0.363\ 636\cdots$,那么停止在第 n 个数字上,我们就得到 $\frac{36}{99}$ 具有 n 位小数的弱近似值. 若取 $n=7$,这就翻译成不等式

$$0.363\ 636\ 3 \leqslant \frac{36}{99} < 0.363\ 636\ 4$$

同减去 0.363 即得

$$0.000\ 636\ 3 \leqslant \frac{36}{99}-0.363 < 0.000\ 636\ 4$$

这就证明了 $0.000\ 636\ 3$ 确是 $\frac{36}{99}-0.363$ 具有 7 位小数的弱近似值;这个推理显见是一般的,命题证毕.

§4　一个已知数以 α 为误差的近似值

以上的概念能加以推广.

给定任意一数 A 以及一个整数或分数 α,所谓 A 以 α 为误差的弱近似值,是指 α 的一个最大的倍数①,它小于或等于 A,这个倍数加上 α 就是以 α 为误差时 A 的强近似值.

设 k 是那个整数,以它乘 α 就得出 A 以 α 为误差的弱近似值,即应有

---

①　此刻以前,所谓"一数的倍数",只当该数是整数时才用. 无须声明,所谓一个整数或分数 α 的倍数,是指 α 乘以一个整数的结果. 今后甚至不排除乘数为零的情况,像在最大公约数和最小公倍数那一章一样.

$$ka \leqslant A < (k+1)a$$

以 a 除之得

$$k \leqslant \frac{A}{a} < k+1$$

这两个不等式表明 k 是商 $\frac{A}{a}$ 的整数部分.

考查数列

$$0, a, 2a, 3a, \cdots, ka, (k+1)a, \cdots$$

这是以 a 为公差的算术级数. 可以看出, A 或者是这个数列的一项 ka, 或者落在相邻的两项 ka 和 $(k+1)a$ 之间; 在第一种情况, A 跟数列中除 ka 以外的任一项之差至少等于 a; 在第二种情况, A 跟 ka 以及跟 $(k+1)a$ 的差都小于 a, 跟数列中其他各项的差都大于 a. 在所有情况下, 不超过 A 的各项中, ka 是最接近 A 的一项, 在超过 A 的各项中, $(k+1)a$ 是最接近 A 的一项.

我们常常取 a 作为一个整数 n 的倒数, 这时 $\frac{A}{a}$ 应以 An 代替; 若 k 是 An 的整数部分, 则 $\frac{k}{n}$ 是 A 以 $\frac{1}{n}$ 为误差的弱近似值.

例如求 $\frac{355}{113}$ 以 $\frac{1}{7}$ 为误差的近似值. 我们求

$$\frac{355 \times 7}{113} = \frac{2\,485}{113}$$

的整数部分. $2\,485$ 除以 113, 商数是 21, 余数是 112, 以 $\frac{1}{7}$ 为误差的弱近似值是 $\frac{21}{7} = 3$, 强近似值是 $\frac{22}{7}$. 运算过程还表明

$$355 \times 7 = 113 \times 21 + 112 = 113 \times 22 - 1$$

除以 113×7, 从而得出

$$\frac{355}{113} = \frac{21}{7} + \frac{112}{113 \times 7} = \frac{22}{7} - \frac{1}{113 \times 7}$$

$\frac{355}{113}$ 跟它的近似值之差分别是 $\frac{112}{113} \times \frac{1}{7}$ 和 $\frac{1}{113} \times \frac{1}{7}$, 后者很小, 前者非常接近 $\frac{1}{7}$.

再考虑一下 $\frac{16}{9}$ 的弱近似值, 误差分别设为 $\frac{1}{4}$ 和 $\frac{1}{7}$. 不难求出近似值是 $\frac{7}{4}$ 和 $\frac{12}{7}$, 其中前者更接近 $\frac{16}{9}$, 因为它比 $\frac{12}{7}$ 大些. 据此, 设给了两数 α, α', 且 $\alpha > \alpha'$, 一数 A 以 α 为误差的弱近似值可能大于以 α' 为误差的弱近似值. 读者不难看出, 若 $\alpha = n\alpha'$ (n 为自然数), 则这种情况绝不会发生.

给了一个整数项的分数 $\frac{a}{b}$, 假设要求它以 $\frac{1}{2}$ 为误差的近似值 $\frac{k}{2}$ 和 $\frac{k+1}{2}$, 这两数有一个是整数, 因为相邻两数 k 和 $k+1$ 必有一个是偶数.

重要的在于指出, 当我们求被含于 $\frac{a}{b}$ 中的最大整数时, 这个整数是不难求出的, 以 b 除 a, 设商为 q 而余数为 r, 则有

$$\frac{a}{b} = q + \frac{r}{b}$$

若 $b > 2r$, 则分数 $\frac{r}{b} < \frac{1}{2}$; 若 $b \leqslant 2r$, 则 $\frac{r}{b} \geqslant \frac{1}{2}$.

在第一种情况, $\frac{a}{b}$ 与 q 之差小于 $\frac{1}{2}$, q 是所求值. 在第二

第 2 编　基础编

种情况,这个差至少等于 $\dfrac{1}{2}$,并且有

$$q+\dfrac{1}{2}\leqslant \dfrac{a}{b}<q+1$$

$q+1$ 与 $\dfrac{a}{b}$ 之差至多等于 $\dfrac{1}{2}$,我们所求的整数是 $q+1$.

因此通常有一个也只有一个整数,它跟 $\dfrac{a}{b}$ 的差小于 $\dfrac{1}{2}$.它是 $\dfrac{a}{b}$ 以 1 为误差的近似值,至于是弱近似值还是强近似值就看 $b>2r$ 或 $b<2r$ 而定;若 $b=2r$,则有两个整数跟 $\dfrac{a}{b}$ 的差等于 $\dfrac{1}{2}$.当 b 是奇数时,这种情况不会发生;当 $\dfrac{a}{b}$ 是不可约分数时,这种情况只有在 $b=2$ 时发生.

由本节开头的法则,或者说从命数法的法则可知,在十进制表示下的一个数的右端,用一些零代替一、二、三…… 个数字,我们就得到该数以十、百、千…… 为误差的弱近似值.

例如,以 100 为误差,6 835 的弱近似值是 6 800,因为 6 835 含 68 个百而含不到 69 个百.

任意一数 A 以十、百、千…… 为误差的近似值,即它的整数部分以十、百、千…… 为误差的近似值.

这个命题是从 §2 得来的,但是请注意,它是下面命题的一个特例.

以 A 表示任一数,n 表示自然数.$\dfrac{A}{n}$ 的整数部分是在整数理论意义下将 A 除以 n 的商.

Wolstenholme 定理

事实上,设将 A 写成 $\frac{a}{b}$ 的形式,a 和 b 是整数;$\frac{A}{n}$ 或 $\frac{a}{bn}$ 的整数部分可得自 a 除以 bn(在整数理论意义下),这归结为(仍在整数理论意义下)将 a 除以 b,再将商数除以 n;但第一个除法等于取 A 的整数部分,这就是上面所说的.

例如,考查数
$$A = 365 + \frac{1}{4} = \frac{1\,461}{4}$$
它的整数部分是 365;要求 $\frac{A}{12}$ 的整数部分,可将 365 除以 12,在整数理论意义下,得整数部分是 30.

刚才证明的命题表明,以 n 为误差时,A 的弱近似值和 A 的整数部分的弱近似值是一模一样的.

提请注意下面的说法不是无益的:在整数理论意义下,求两整数的商,归结为求商数以 $\cdots$,1 000,100,10,1 为误差的近似值,这按语适用于求一数的开方根.

§5 小 数 除 法

在 §1 我们见到,如何用普通分数表示小数除以小数的正确商. 如果有必要,我们可以将此普通分数转换成十进分数,算出一、二、三 $\cdots\cdots$ 位小数,这就是所谓将除法进行到十分位、百分位、千分位 $\cdots\cdots$ 我们总可以运用 §1 末尾的步骤,即是说把被除数和除数布置得有相同的小数位数,去掉小数点,实行转换. 还可以运用下面的按语.

除数是整数的情况

假设被除数具有 n 位小数,可将它写成 $\dfrac{a}{10^n}$, a 是整数;设除数 b 也是整数.

问题在于将普通分数 $\dfrac{a}{10^n \times b}$ 转换为十进分数. 前面讲过这个问题跟转换分数 $\dfrac{a}{b}$ 一样;对于这两个运算,数字的顺序相同,只是它们表示的单位后者是前者的 10^n 倍;要着重的是定出小数点.

为了定出分数 $\dfrac{a}{10^n \times b}$ 的整数部分,可取数 $\dfrac{a}{10^n}$ 的整数部分(即是将它写成小数形式位于小数点左边的部分),并按整数理论将它除以 b;做完了这个除法,写在商数地位的数就是所求正确商的小数表示的整数部分;正是在这部分(也可能是零)之后我们记上小数点. 然后像对于分数 $\dfrac{a}{b}$ 一样继续进行转换,首先将被除数的第一个小数数字移到余数之后,形成一个部分被除数,用以提供商的十分位数字,以下类推. 这个运算要推进多远都可以,当被除数最后一个数字已经移下之后,要再移就移零了.

在表明安排的布局的下例中,被除数是 94 247.78,除数是 272,即

Wolstenholme 定理

```
94 247.78  | 272
81 6       | 346.499 1 …
―――
  12 64
  10 88
  ―――
   1 767
   1 632
   ―――
     135.7
     108.8
     ―――
      26.98
      24.48
      ―――
       2.500
       2.448
       ―――
       0.052 0
       0.027 2
       ―――
       0.024 8
         …
```

就此例而言,有几点要加以说明.

我们对部分被除数、部分乘积和最后的余数都记上了小数点,我们首先对这些跟被除数的小数点占同一列的小数点讲几句话. 考查刚才得出商数的整数部分 346 和相应的余数 135 这一瞬间;如果在这个余数右边我们移下被除数的所有小数数字,那么这样得到的数 135.78 将是被除数减去除数乘以商 346 之差;我们只移下一个小数数字,并且从这样构成的部分被除数 135.7 减去了除数跟 0.4 的乘积 108.8. 读者不难一个数字一个数字地继续这样描绘下去,各个余数和部分积都带着小数点清清楚楚地呈现出来,特别地,带着小数点的最后余数等于被除数减去除数乘以所写出的商之差. 在我们的例中有

$$94\ 247.78 = 272 \times 346.499\ 1 + 0.024\ 8$$

两端除以 272 得

$$\frac{94\,247.78}{272} = 346.499\,1 + \frac{0.024\,8}{272}$$

可见正确商 $\frac{94\,247.78}{272}$ 跟近似商 $346.499\,1$ 的差是一个分数,它的分子是余数 $0.024\,8$,分母是 272.

我们记在余数和部分积上的小数点,习惯上不写出;除了对于最后的余数,人们对于这些小数点不感兴趣,即使对于余数,也不太关心. 如果把它们遗漏了,补上去也不困难,因为是跟被除数的小数点占同一竖列的. 小数点记在最后余数上就够了,使我们能看出,除数跟写出的商的乘积最后一个数字的单位和商的最后数字的单位是相同的,因为除数是整数. 同理,商的最后数字所代表的单位跟余数的最后数字所代表的单位相同.

关于整数除法的法则适用于此处:

要得到商的整数部分所含十、百、千……的倍数,可用除数在整数理论意义下去除被除数所含十、百、千……的倍数.

因为求商的整数部分时没有必要去考虑被除数的小数部分;但这个法则在某种意义上能对小数数字继续用下去,只要我们一步一步进行下去就可以清楚,因此:

要得到正确商以 $\frac{1}{10}, \frac{1}{100}, \cdots$ 为误差的弱近似值,只要用除数按整数理论去除由被除数中停止于十分位、百分位……所得到的整数,无视小数点的存在;然后在商上隔开一、二……位小数数字;商的末位数字应与被除数中保留下来的末位数字代表同级的单位.

Wolstenholme 定理

直接建立这个命题是容易的,例如我们想得到正确商数
$$\frac{94\ 247.78}{272}$$
取误差为 $\frac{1}{10}$ 的弱近似值,就应求
$$\frac{94\ 247.78}{272} \times 10 = \frac{942\ 477.8}{272}$$
的整数部分,即 $\frac{942\ 477}{272}$ 的整数部分,再以 10 除其结果,即是说在 942 477 除以 272 的商的右边隔出一位小数来.这就是我们宣布的法则.

从以上所说得出一条法则,以确定商数的第一个有效数字①以及这个数字所代表的单位的大小级别.

无视小数点的存在,从被除数的左边分隔出一个数,使它含有除数而又含它不到 10 倍,这样得到的部分被除数含有除数几倍的数字就是商数的第一个有效数字,它所代表的单位与被分隔出来的最后一位数字的单位相同.

在本节开头的例中,按此法则形成的部分被除数是 942,它的末位数字代表百;3 是商的第一个数字,代表三百.

设以 272 来除 17.895 和 0.002 57,则所考虑的部分被除数是 1 789 和 2 570. 商的第一个有效数字分别是 6 和 9;商数的小数点应记在这样的位置,使这两数字所代表的单位跟被除数 17.89*5 和 0.002 570* 之

---

① 即(左边)第一个非零数字.

中"*"号之前的数字所代表的相同;所以商数分别以 0.06 和 0.000 009 开始.

此法则对于确定商的第一个有效数字的大小级别(即是说小数点应记在什么位置)的用处,读者不能认识不足,特别是当商数的左边有一些零的情形.当有一个非零整数部分时,小数点的位置自然由本节开头的法则确定.

一般情况

以上假设了除数是整数,现在来谈一般情况,被除数和除数都含小数的情况.

当被除数和除数所含小数的位数不同时,就可运用§1末尾的法则.安排好,将小数位数少的,不论是被除数或除数,在它后面添上一些零,使小数数字变成一样多;将除数里小数点去掉,相应地变更被除数里的小数点的位置,再进行转换.

例如以 2.3 除 0.085 6,一变而为以 2.300 0 除 0.085 6,再变而为以 23 除 0.856,得商数的弱近似值 0.037 2,误差为 0.000 1.

习　　题

1. 分数的两项是整数,分母是已知的 n 位数;知道了它的以 $\dfrac{1}{10^n}$ 为误差的弱近似值,求分子.

例:求一分数的分子,它的分母是 113,它以 0.001 为误差的弱近似值是 3.141.

2. 下面两数哪个大?

$$174 + \frac{7}{13} + \frac{12}{13^2} + \frac{8}{13^3} + \frac{9}{13^4} + \frac{10}{13^5}$$

Wolstenholme 定理

$$174 + \frac{7}{13} + \frac{11}{13^2} + \frac{12}{13^3} + \frac{11}{13^4} + \frac{12}{13^5}$$

3. 设 a 是除 1 以外的自然数,求证:一不可约分数 $\dfrac{p}{q}$ 能写成下列形式

$$\alpha_0 + \frac{\alpha_1}{a} + \frac{\alpha_2}{a^2} + \frac{\alpha_3}{a^3} + \cdots + \frac{\alpha_n}{a^n}$$

(其中 α_0 为整数,而 $\alpha_1,\alpha_2,\alpha_3,\cdots,\alpha_n$ 都是小于 a 的整数)的充要条件是:分母 q 分解成素因数时只含出现在 a 中的那些因数.

一分数 $\dfrac{p}{q}$ 只能以一种方式写成此形式.

4. 证明:任意一个小于 1 的分数可以任意近似地表达成分子等于 1 的各分数之和,分母是 2 的互异的幂.

推断:要将一个量分成 n 等份,总可以只用 2 等分近似地实现.例如要近似地分成 60 等份,可先分成 64 等份,每一等份加上自身的 $\dfrac{1}{16}$,又加上这 $\dfrac{1}{16}$ 的 $\dfrac{1}{16}$.

求一个圆内接正七边形的近似作法.

5. 设 a 是除 1 以外的整数,一个分数 A 以 $\dfrac{1}{a^n}$ 为误差的近似值可以写成下面的形式

$$\alpha_0 + \frac{\alpha_1}{a} + \frac{\alpha_2}{a^2} + \frac{\alpha_3}{a^3} + \cdots + \frac{\alpha_n}{a^n}$$

其中 α_0 是整数,$\alpha_1,\alpha_2,\alpha_3,\cdots,\alpha_n$ 都是小于 a 的整数(可能为零).设已经知道了 $\alpha_0,\alpha_1,\cdots,\alpha_n$,问以 $\dfrac{1}{a},\dfrac{1}{a^2},\cdots,\dfrac{1}{a^n}$ 为误差时,A 的弱、强近似值分别是什么?

6. 设数 A 写成既约分数 $\dfrac{p}{q}$ 的形式,设分母 q 分解成素因数时含有一个不出现在 a 中的因数,那么求 A 以 $\dfrac{1}{a},\dfrac{1}{a^2},\dfrac{1}{a^3},\cdots,\dfrac{1}{a^n},\cdots$ 为误差的近似值时,过程可能是无限的;表明如何求整数 $\alpha_1,\alpha_2,\alpha_3,\cdots$(都小于 a)的过程导致周期性出现而终结.

若 a 表示不是 1 的整数,证明
$$\frac{a-1}{a}+\frac{a-1}{a^2}+\frac{a-1}{a^3}+\cdots+\frac{a-1}{a^n}$$
当 n 趋于无穷时趋于 1 为极限.

7. 设将既约分数 $\dfrac{a}{b}$ 化为十进分数,生成纯循环小数,证明:一个循环节的数字个数 n 是最小的整数使 10^n-1 能被 b 整除,因此它与分子 a 无关.

8. 设 a 和 b 是互素的整数,考查无穷几何级数
$$1,a,a^2,\cdots,a^n,\cdots$$
并以 b 除各项,证明:余数周期地出现,一个周期中项数的数目 n 是最小的整数使 a^n-1 能被 b 整除.(最后一章还要回到这个课题)

9. 设 a 与 b 互素而且都和 10 互素,设以 a,b 为分母的既约分数生成的循环小数中一个循环节各含 m,n 个数字,那么以 ab 为分母的既约分数生成的循环小数中一个循环节所含数字的个数等于 m 和 n 的最小公倍数.特别地,对于两个这样的所设分数之和也是如此.

10. 哪些数作小于 1 的既约分数的分母能使这样的分数生成的循环小数中,一个循环节分别含一、二、三个数字?

11. 求小于 1 的既约分数的分母,使这样的分数生

成的循环小数有两个不循环数字和三个循环数字.

12. 任意给了一个整数 a, 总可以先写下一些 9, 接着写一些 0 以形成一个被 a 整除的数.

13. 任意给了一个与 30 互素的整数 a, 总可以找到一个数, 它的数字都是 1 且能被 a 整除.

给了一个奇数 a, 必有一个整数 n 存在使 $2^n - 1$ 能被 a 整除.

14. 设 b 为素数, 设既约分数 $\dfrac{a}{b}$ 生成一个循环小数, 一个循环节含 $2n$ 个数字, 那么前 n 个数字构成的数跟后 n 个数字构成的数之和, 是数字都是 9 的 n 位数.

15. 设既约分数 $\dfrac{a}{b}$ 生成一个纯循环小数, 它的循环节有 $b-1$ 个数字, 设将这 $b-1$ 个数字或 $b-1$ 个相应的部分余数按出现的顺序写在圆周上, 那么这样构成的两个图形不因分子 a 而变. 当我们已将一个这样的分数化为小数, 那么对于其余分子小于 b 且与 b 互素的任何分数化为小数, 就不需再做任何计算. 特别地, 对 $b = 7, 17, 19, 23, 29, 47, 59, 61, 97$ 都发生这种情况.

16. 求下式当 n 趋于无穷时的极限

$$\frac{1}{1 \cdot 2} + \frac{1}{2 \cdot 3} + \frac{1}{3 \cdot 4} + \cdots + \frac{1}{n(n+1)}$$

17. 给了无穷整数列 $a_1, a_2, a_3, \cdots, a_n, \cdots$, 各数都大于 1, 一分数 A 以 $\dfrac{1}{a_1 a_2 a_3 \cdots a_n}$ 为误差的弱近似值可写作

$$\alpha_0 + \frac{\alpha_1}{a_1} + \frac{\alpha_2}{a_1 a_2} + \frac{\alpha_3}{a_1 a_2 a_3} + \cdots + \frac{\alpha_n}{a_1 a_2 a_3 \cdots a_n}$$

其中 α_0 为整数,且 $\alpha_1, \alpha_2, \alpha_3, \cdots, \alpha_n$ 是分别小于 $a_1, a_2, a_3, \cdots, a_n$ 的整数. 只能用一种方式写成这种外形. 假设已经知道了数 $\alpha_0, \alpha_1, \alpha_2, \cdots, \alpha_n$, 问分别以

$$\frac{1}{a_1}, \frac{1}{a_1 a_2}, \frac{1}{a_1 a_2 a_3}, \cdots, \frac{1}{a_1 a_2 a_3 \cdots a_n}$$

为误差时,A 的弱、强近似值各是什么?

18. 给了大于 1 的无穷整数列 $a_1, a_2, a_3, \cdots, a_n, \cdots$,那么当 n 趋于无穷时,下式的极限为 1,即

$$\frac{a_1 - 1}{a_1} + \frac{a_2 - 1}{a_1 a_2} + \frac{a_3 - 1}{a_1 a_2 a_3} + \cdots + \frac{a_n - 1}{a_1 a_2 a_3 \cdots a_n}$$

19. 凡是分数都能以唯一的方式写成下形

$$\alpha_0 + \frac{\alpha_1}{1 \cdot 2} + \frac{\alpha_2}{1 \cdot 2 \cdot 3} + \frac{\alpha_3}{1 \cdot 2 \cdot 3 \cdot 4} + \cdots + \frac{\alpha_{n-1}}{1 \cdot 2 \cdot 3 \cdot \cdots \cdot n}$$

其中 α_0 表示整数,$\alpha_1, \alpha_2, \cdots, \alpha_{n-1}$ 表示分别小于 2, 3, $\cdots$, n 的整数.

20. 设 $a_1, a_2, a_3, \cdots, a_n$ 代表素数 2, 3, 5, 7, $\cdots$, 凡是分数都能以唯一的方式写成下形

$$\alpha_0 + \frac{\alpha_1}{a_1} + \frac{\alpha_2}{a_1 a_2} + \frac{\alpha_3}{a_1 a_2 a_3} + \cdots + \frac{\alpha_n}{a_1 a_2 \cdots a_n}$$

其中 α_0 是整数,$\alpha_1, \alpha_2, \alpha_3, \cdots$ 是分别小于 $a_1, a_2, a_3, \cdots$ 的整数.

数论初步

第 7 章

§1 某些整数列的余数的周期性

从古至今几乎所有伟大的数学家都醉心于整数性质的研究. 从他们的工作中产生了一门学科叫作数论或高等算术. 只举一些最著名的数学家,Fermat,Euler,Lagrange,Lejeune Dirichlet,Kummer,Kronecker,Hermite 等人对这门学科的结构做出了大量的贡献,其中有大量的由于简洁性算得上极其漂亮的命题,其中的证法由于一些伟大几何学家的努力常常达到罕见的完善程度.

数论常常跟代数和分析的理论有密切联系,因此想对这两门学科有较高深的造诣,学习数论是必不可少的.

我相信为那些想继续学习数学的读者总结数论最基本、最重要的一些成果为他们应用,该是有益的. 下面所收入的不少篇幅并未假设任何代数知识,但这些内容无疑是为已开始学习这门学科的读者提供的,我并不害怕求助于代数的一些概念和命题.

特别地,假设读者熟悉整数的计算法则. 如果没有相反的声明,大于、小于等字眼沿用代数的意义.

以下所涉及的几乎全是正负整数,并且,每次谈到一个数而又没有明白指出是分数,那就指整数.

仿此,当谈到单元或多元多项式时,我们假设系数是整数.

这些假设读者应记住,我们不时还将提醒.

设 a,b 是整数,a 的绝对值能被 b 的绝对值整除,那么 b 是 a 的一个因数(约数);这时有一个正或负的整数 c 使 $a=bc$;a 是 b 的倍数.

两个或几个数的最小公倍数或最大公约数是它们的绝对值的最小公倍数或最大公约数.

整数列
$$\cdots,-3,-2,-1,0,1,2,3,\cdots$$
现在应看作是双向无限的;一整数 b 的连接的倍数列
$$\cdots,-3b,-2b,-b,0,b,2b,3b,\cdots$$
也是如此;从左向右,若 b 是正的,则它是递增的,若 b 是负的,则它是递减的.

设将后面的数列跟一个正或负整数 a 比较,或者 a 等于这个数列的某一项,或者 a 落在两项之间;在一切情况下,以 bq 表示数列中小于或等于 a 的最大的项,因之若 a 非 b 的倍数,则在 $b>0$ 时 a 必落在 bq 与 $bq+$

Wolstenholme 定理

b 之间,在 $b<0$ 时 a 必落在 bq 与 $bq-b$ 之间;数 bq 是数列中唯一的项使 $bq \leqslant a$ 且使非负的差数 $a-bq$ 小于 b 的绝对值;由此可知有一对(也只有一对)整数 q 和 r 使

$$a = bq + r$$

其中 r 为正或零但小于 b 的绝对值.

当 a,b 为正数时, r 是按整数理论在 a 除以 b 的除法中的余数. 当涉及正数或负数时,把这个意义保留给除法这个词跟习惯不大一致;除法这个词常被理解为整除,为此,我们略微换一下说法.

换上面的方式确定的正数 r 称为 a 关于模(module) b 的余数,用模代替了除数这个词.

为了简化说法和写法,代替说 a 关于模 b 的余数, 我们仅仅写 $a(\mod b)$ 的余数.

我们来表明不论 a,b 取什么符号时如何确定余数. 首先说一点,就余数而论,考虑负模没有多大必要;事实上,若有

$$a = bq + r$$

就也有

$$a = (-b)(-q) + r$$

所以当模变号时,余数不变,因此今后把模看作正数. 并且读者不难看出,这个假设没有包含在下面许多定理中.

设模 b 为奇数,则余数 r 不能等于 $\dfrac{b}{2}$,它小于或大于 $\dfrac{b}{2}$,前一情况下的正数 r 或后一情况下的负数 $r-b$ 称为 $a(\mod b)$ 的最小余数;最小余数是正的或负的,

236

就看逼近分数 $\frac{a}{b}$ 的整数是以 $\frac{1}{2}$ 为误差的弱近似值还是强近似值. 我们立刻看出它是由下面的等式和不等式判定的, 其中最小余数以 r' 表示

$$a = bq' + r', \quad -\frac{b}{2} < r' < \frac{b}{2}$$

回到严格说的(正)余数. 我们有等式 $a = bq + r$, 还有这样一个事实: 设给定整数 a 和 b, 那么只有一对整数 q 和 r 满足此等式. 凡只奠基于这两者的算术定理显然都成立, 不论 a 是正的或负的. 因此:

一数的两个倍数之和或差还是该数的倍数. 两整数 a,b 之差是一数 c 的倍数的充要条件是 $a (\bmod c)$ 和 $b (\bmod c)$ 有相同的余数. 要求几个整数的和或积 $(\bmod a)$ 的余数, 我们可将其中每个数代以跟它相差是 a 的倍数的另一数, 特别代以该数 $(\bmod a)$ 的余数.

这些命题读者能回忆得起, 证明也是立刻可得的, 并且它们在第 2 章总结了一些重要的内容. 如果采用即将介绍的、归功于 Gauss 的记号, 这些命题将取特别简单的外形.

如果两整数 a,b 关于模数 c 的余数相等, 即如果这两数之差是 c 的一个倍数, 则称 a,b 关于模 c 为同余的, 写作

$$a \equiv b \pmod{c}$$

读作 a 和 b 关于模 c 同余. 这样一个等式称为关于模数 c 的一个同余式. 若两整数模 c 的余数不等, 那么它们关于模 c 不同余. 特别地, 说一数 a 关于模 c 跟 0 同余, 或者写成同余式

$$a \equiv 0 \pmod{c}$$

无非是说 a 被 c 整除. 记住这个定义和上面提到的命题，就立刻明确了下述各命题的真实性：

跟同一个第三数同余的两数彼此同余.

同余式的两端可加同一整数；也可从两端减去同一整数；也可将两端乘以同一整数. 关于同模的同余式，可将两端分别相加；可将两端分别相乘. 同余式的两端可以乘平方、立方，等等.

对于乘法让我们停一停. 说两个同余式
$$a \equiv a' \pmod c$$
$$b \equiv b' \pmod c$$
包含同余式
$$ab \equiv a'b' \pmod c$$
那就是用精练的形式说了这样一件事：对于模 c 来说，将 a 和 b 分别代以跟它们相差一个 c 的倍数的数 a' 和 b'，乘积 ab 的余数没有改变.

再提醒一点：按刚才所说，同余式
$$a \equiv b \pmod c$$
包含同余式
$$a - b \equiv 0 \pmod c$$
并且反过来也成立；这只不过是用精练的形式重复这样一个基本命题：两整数 a,b 之差能被 c 整除的充要条件是 a,b 两数关于模 c 的余数相等.

把这些命题用在一起，需要用几次就用几次，就得出下述命题：

考虑关于变数 $x,y,z,\cdots$ 的一个整系数的整多项式，即是说，它是像
$$Ax^\alpha y^\beta z^\gamma \cdots$$

这样的单项式的代数和,其中系数 A 是整数,指数 α, $\beta,\gamma,\cdots$ 是正整数;设在此多项式中接连两次一方面将系数另一方面将变数 $x,y,z,\cdots$ 进行代换,第一次以整数 $x_1,y_1,z_1,\cdots$ 代替变数,第二次对于模数 m 来说将系数代以同余数,并将变数分别代以同余数 x_2,y_2, $z_2,\cdots$;两次代换得出两个整数 N_1,N_2,那么这两数关于模 m 是同余的.

考查正负整数的数列

$$\cdots,-3,-2,-1,0,1,2,3,\cdots$$

并对其中的每个数使其对应于 $(\bmod\ a)$ 的余数.这些余数一个接着一个的规律是明显的.两整数之差为 a 时便是同余的,所以这些余数每隔 a 个重复一次;对于 a 个数

$$0,1,2,3,\cdots,a-1$$

所对应的余数仍是这些数按同样的顺序排列着,对于 a 个数 $a,a+1,a+2,\cdots,2a-1$,余数重复一次,然后对于 $2a,2a+1,2a+2,\cdots,3a-1$,余数又重复一次,等等;对于负数 $-a,-a+1,-a+2,\cdots,-2,-1$ 也是如此,等等.

仿此,设在关于变数 x 的整系数多项式

$$A_0 x^m + A_1 x^{m-1} + A_2 x^{m-2} + \cdots + A_{m-1} x + A_m$$

中,将相差为 a 的两整数代替 x,那么得到的两个结果关于 $(\bmod\ a)$ 是同余的;因此,若在此多项式中将 x 代以正负整数列

$$\cdots,-3,-2,-1,0,1,2,3,\cdots$$

中的数,并取这些结果对于模 a 的余数,那么这些余数照样是每 a 个周期性地重复出现.余数的周期还可以

Wolstenholme 定理

分解成较短的一些周期.

例如,设考查多项式 x^2+x+1,逐次以数 $0,1,2,3,4,5,6$ 代替 x 并以 7 为模计算余数,就顺次得到 $1,3,0,6,0,3,1$;若代以 $7,8,9,10,11,12,13$,得到的是上面这些数关于模 7 的同余数.

对于很简单的情况,特别是对于多项式 $ax,ax+a',x^2$ 进行余数的周期性数列的研究,将给我们带来很重要的结果.

注意,直到此刻我们只引用了第 2 章的一些基本命题.

值得注意的是,我们都将指出的学习内容能使我们很简单地得出第 3 章的一些基本命题,比起来它们要深入得多.

首先假设(尽管无此必要)两整数 a,b 是正的,并考查 a 的倍数列

$$\cdots,-3a,-2a,-a,0,a,2a,3a,\cdots$$

即在 ax 中将 x 代以整数所得的数列;如果以 b 为模取这一列数的余数,那么这些余数每 b 个周期性地出现;特别对于余数 0 就是这样,它必然对应于数 $ba,2ba,\cdots$;还可能出现这样的情况,在各数

$$a,2a,3a,\cdots,(b-1)a$$

中会出现一个数,它关于模 b 的余数是 0;普遍地说,设 h 是最小的一个正整数使 ha 能被 b 整除;那么 ha 是 a 和 b 的最小公倍数;在 a 的正倍数而又小于 ha 的数即

$$a,2a,3a,\cdots,(h-1)a$$

之中,按假设没有一个能被 b 整除;由此可知,设以两整数乘 a,而这两数之差小于 h,那么 a 的这样两个倍

数关于模 b 是不同余的；因为如果它们给出相同的余数，那么它们的差应被 b 整除，因而这个差将由 a 乘以小于 h 的数得出．

另一方面，将 a 乘以相差为 h 的两数，所得的两数关于模 b 是同余的．

因此，若考查 a 的无限倍数列

$$\cdots,-2a,-a,0,a,2a,\cdots,(h-1)a,ha,(h+1)a,\cdots$$

并以 b 除其中各项，那么 $(\bmod b)$ 的余数列是周期性的，一个周期正好含 h 项，且 h 个余数是互异的；还可以这样说，这个数列的两项 $\alpha a,\beta a$ 关于 $(\bmod b)$ 是否同余，就看 α,β 关于 $(\bmod h)$ 是否同余．特别地，如果我们只考虑正的倍数，明显看出 a 的倍数中给出余数零的只有数列 $ha,2ha,3ha,\cdots$ 中的项．

所以我们碰到这个定理：

凡两数 a,b 的公倍数必是它们的最小公倍数 ha 的一个倍数．

由于 ba 给出一个零余数 $(\bmod b)$，按照刚才说的，b 必须是 h 的倍数．

以 δ 表示 b 除以 h 的商，k 表示 ha 除以 b 的商，等式

$$b=h\delta,ha=kb$$

包含下式

$$a=k\delta$$

所以，若 a 和 b 互素，则 δ 必须为 1 而 h 应等于 b．所以，互素的两数的公倍数必是这两数之积的倍数．换言之，若一数能整除两数之积而又与其中之一互素，则必能整除另一数．

设 b 与 a 互素，则余数的周期中含有 b 项；提供零

Wolstenholme 定理

余数的项是知道的,它们是 ba 的倍数. 连接的 b 个 a 的倍数

$$0, a, 2a, \cdots, (b-1)a$$

提供互异的 b 个余数,这些余数只能是数 $0,1,2,\cdots,b-1$ 按某个顺序的排列;余数 0 是由 0 这一项提供的;其余的项提供的余数是 $1,2,\cdots,b-1$ 这 $b-1$ 个数的一个排列.

这个命题可以很容易建立起来,只要我们承认刚才重新证明了的关于整除性的一些定理,这个新的证法[①]显示了周期性所享有的地位.

回到余数的周期含有 h 项的情形. 以 d 表示 a 和 b 的最大公约数, $\frac{a}{d}$ 跟 $\frac{b}{d}$ 是互素的;但若考查两数列

$$0, a, 2a, 3a, \cdots$$

$$0, \frac{a}{d}, 2\frac{a}{d}, 3\frac{a}{d}, \cdots$$

并对第一数列取 $(\mathrm{mod}\ b)$ 的余数,对第二数列取 $(\mathrm{mod}\ \frac{b}{d})$ 的余数,就构成两个余数列,并且第一数列的每个数是第二数列相应的数的 d 倍;所以两个余数列的周期是一样的. 但第一数列的周期含 h 项(这是假设);第二数列的周期含 $\frac{b}{d}$ 项,因为 $\frac{b}{d}$ 跟 $\frac{a}{d}$ 是互素的;因此有

$$h = \frac{b}{d}, ha = \frac{ab}{d}$$

---

① 这证法归功于 Poinsot(*Journal de Liouville* 第一卷第十期).

第 2 编　基础编

这样又重新得到两数的最小公倍数的构成定理,此外,我们看出,第二数列的余数的周期由下列 $\frac{b}{d}$ 个数

$$0,1,2,\cdots,\frac{b}{d}-1$$

排成某种顺序给出;第一数列的余数的周期将由

$$0,d,2d,\cdots,(\frac{b}{d}-1)d$$

排成合适的顺序给出. 特别地,下面 a 的倍数

$$0,2a,3a,\cdots,(\frac{b}{d}-1)a$$

取 $(\bmod b)$ 提供的余数是

$$0,2d,3d,\cdots,(\frac{b}{d}-1)d$$

排成一个合适的顺序.

数列

$$\cdots,-3a,-2a,-a,0,a,2a,3a,\cdots$$

关于 $(\bmod b)$ 的余数是周期性地出现的;对于每项加上 a' 的数列

$$\cdots,-3a+a',-2a+a',-a+a',$$
$$a',a+a',2a+a',\cdots$$

显然也将是如此;事实上,如果一数列的两项关于模 b 同余,那么另一数列相应的两项也就一样.

跟上面一样以 h 表示最小的正整数使 ha 能被 b 整除,第二数列的余数的周期跟第一数列的一样是由 h 项所组成的. 可是,此时不能肯定有一个余数为零.

以 x,y 表示任两整数,两数 $ax+a'$ 跟 $ay+a'$ 关于 $(\bmod b)$ 是否同余,就看 x 跟 y 关于 $(\bmod h)$ 是否同余.

Wolstenholme 定理

特别地,设 a 跟 b 是互素的,那么余数的周期含 b 项,全是互异的,此时也只是由 $0,1,2,\cdots,b-1$ 构成的. 两数 $ax+a'$ 跟 $ay+a'$ 关于模 b 是否同余,就看 x 跟 y 关于模 b 是否同余.

关于模数 b 若有 b 个数两两关于模 b 互不同余,则称这 b 个数构成不同余的完备系,例如 $0,1,2,\cdots,b-1$ 便是这样一个系,并且,因为任一数总是和这 b 个数之一同余的,所以关于模 b 不可能有多于 b 个不同余的数. b 个连接的数构成关于模 b 的不同余完备系.

由刚才说的定义和以上提醒的注意点立刻得出命题:

设 a,a',b 为整数且 a,b 互素,那么在 $ax+a'$ 中将 x 代以关于模 b 的不同余完备系中的各数,得到的数本身也构成一个关于模 b 的不同余完备系. 在这些数中只有一个是零. 因此:

以 a,b 表示互素的整数,a' 表示任一整数,必有一些整数赋予 x 就使 $ax+a'$ 跟零同余 $(\bmod b)$. 所有这些数彼此同余 $(\bmod b)$;换言之,设 x_0 为其中之一,那么其中任一个就呈现 x_0+mb 的形式,m 代表任意整数.

§2 一元同余式(Ⅰ)

同余式可以跟方程式类似,意思是说,这个同余式只对于某些赋给它的一个或几个变元(未知数)的整数值才得到满足. 这些同余式我们不给特别的名

称. 我们只考虑一个未知数的同余式.

这样一个同余式的一般外形是
$$A_0 x^n + A_1 x^{n-1} + \cdots + A_{n-1} x + A_n \equiv 0 \pmod{b}$$
其中 $A_0, A_1, \cdots, A_n$ 以及 b 是已知整数. 此式的根或解是这样一个整数, 用它代替 x 得出一个数 $A_0 x_0^n + A_1 x_0^{n-1} + \cdots + A_n$ 能被 b 整除. 从上一节明显知道若 x_0 为一根, 那么所有跟 x_0 同余 $(\bmod\, b)$ 的数也都是上式的根; 这些根不能看作互异的. 两个互异的根应该彼此不同余 $(\bmod\, b)$. 要得到所有互异的根, 可将一个不同余 $(\bmod\, b)$ 完备系的数, 例如 $0, 1, 2, \cdots, b-1$ —— 代入同余式, 观察同余式是否满足.

各根相同的两个同余式称为等效的或等价的. 明显地, 若在上面的同余式中将各系数分别代以同余数 $(\bmod\, b)$, 得出的是一个等价同余式. 可以把这些系数化成都是正的且小于 b; 我们知道, 还可以把这些系数化成绝对值最大等于 $\frac{b}{2}$ 的数. 事实上, 若 b 为奇数, 那么 b 个连接的数
$$-\frac{b-1}{2}, -\frac{b-1}{2}+1, \cdots, -1, 0, 1, \cdots, \frac{b-1}{2}-1, \frac{b-1}{2}$$
构成一个不同余 $(\bmod\, b)$ 的完备系, 每个系数跟这些数中的一个同余 $(\bmod\, b)$; 若 b 为偶数, 那么 b 个连接的数
$$-\frac{b}{2}+1, -\frac{b}{2}+2, \cdots, -1, 0, 1, \cdots, \frac{b}{2}$$
也构成不同余的完备系.

还可以看出, 凡系数是 b 的倍数的项都可以抹掉.

Wolstenholme 定理

一个同余式的次数是系数不是 b 的倍数而次数最高的那一项的次数.

还可看出,同余式的两端同乘以跟模数互素的数,得出等价同余式.换言之,设整数 a 与 b 互素,则同余式

$$aA_0x^n + aA_1x^{n-1} + \cdots + aA_{n-1}x + aA_n \equiv 0 \pmod{b}$$

跟原先的同余式等价.事实上,凡满足原式的根也满足此式,反之满足此式的根也满足原式.因若设 x_0 为根,则数 $a(A_0x_0^n + A_1x_0^{n-1} + \cdots + A_{n-1}x_0 + A_n)$ 应被 b 整除,但 a 与 b 互素,b 应除尽括号内的式子,这就是要证明的.同理,设备系数 $A_0, A_1, \cdots, A_n$ 都能被与 b 互素的 a 整除,我们可以处处抹掉 a,得出一个等价同余式.特别地,同余式的所有各项可以变号.

现在我们来处理一元一次同余式

$$ax + a' \equiv 0 \pmod{b}$$

a, b, a' 是已知的整数.首先假设 a 和 b 是互素的.我们知道这样一个同余式有一个也只有一个根.我们采用将一个不同余完备系 $(\bmod b)$ 的各数逐次代替 x 的办法来求这个根;总有一个也只有一个这样的数满足这个同余式,把它找到了就终止.当 b 不是很大时,这些试验可以很快进行;我们把 a 化成最大等于 $\frac{b}{2}$ 并试验 b 个连接整数;试验了一次后,将 a 加到代替的结果上,再做下一次试验;如果可能,总是减去 b 的倍数,使代替的结果变为正的且小于 b,倘若我们愿意的话也可以变成绝对值不超过 $\frac{b}{2}$ 的数.

例 解同余式

$$21x+5\equiv 0\ (\mathrm{mod}\ 29)$$

此式等价于

$$-8x+5\equiv 0\ (\mathrm{mod}\ 29)$$

因为 $21\equiv -8(\mathrm{mod}\ 29)$;再一变就等价于

$$8x-5\equiv 0\ (\mathrm{mod}\ 29)$$

将 $0,1,2,\cdots,28$ 逐次代替 x. 我们应用上述法则,即每次试验后加 8 于结果,再化简(如果可能),逐次得出下列的数

$$-5,3,11,19,27\equiv -2,6,14,22$$
$$\equiv -7,1,9,17,25$$
$$\equiv -4,4,12,20,28$$
$$\equiv -1,7,15,23$$
$$\equiv -6,2,10,18,26$$
$$\equiv -3,5,13,21,29$$
$$\equiv 0(\mathrm{mod}\ 29)$$

最后的数来自以 26 代替 x(因为这是第 27 次代换的结果),但 $26\equiv -3(\mathrm{mod}\ 29)$. 因此 -3 是所给同余式的一个解,其他的解可将 29 的倍数加于 -3 给出.

注意求同余式

$$21x+5\equiv 0\ (\mathrm{mod}\ 29)$$

的一根 x,等价于求一对整数 x,y,使满足方程

$$21x+5=29y$$

对于同余式的每个根 x_0,有方程的一个解 x_0,y_0 跟它对应;反之,如果 x_0,y_0 是方程的一个解,x_0 就是同余式的一根.

同余式的各根是由公式 $-3+29m$ 给出的,m 表示任意整数;对于这些根中的每一个,有一个对应的 y 值

由方程
$$21(-3+29m)+5=29y$$
给出,即
$$y=-2+21m$$
所以方程
$$21x-29y+5=0$$
的整数解由下面的公式给出
$$x=-3+29m, y=-2+21m$$
立刻可以看出方程
$$21x+29y+5=0$$
的解,可以由上面的将 y 改为 $-y$ 得出,即
$$x=-3+29m, y=2-21m$$
m 表示任意整数.

这些结果可以立即推广,得出如下结论.

设有整系数二元一次方程
$$ax+by+c=0$$
其中系数 a,b 互素. 我们可以用一些整数值满足此方程;若 x_0,y_0 是一组整数解,则通解为
$$x=x_0+mb, y=y_0-ma$$
m 表示任意整数.

仍设 a,b 互素,同余式
$$ax\equiv 1\ (\mathrm{mod}\ b)$$
的解特别有益:如果知道了它的一根 $x=a_0$,从它就立即推导出同余式
$$ax+a'\equiv 0\ (\mathrm{mod}\ b)$$
的一个根,不论整数 a' 为何;事实上,a_0 必然跟 b 互素;因为如果它们有公因数 d,那么 d 整除 b,b 又整除

aa_0-1,所以 d 整除 aa_0-1,但 d 整除 a_0,所以 d 整除 1,从而只能等于 1.证明了 a_0 跟 b 互素,上面的同余式就等价于

$$aa_0 x + a'a_0 \equiv 0 \pmod{b}$$

由于 $aa_0 \equiv 1 \pmod{b}$,此式可写作

$$x + a'a_0 \equiv 0 \pmod{b}$$

立刻读出最后同余式的根

$$x \equiv -a'a_0 \pmod{b}$$

现在回到同余式

$$ax + a' \equiv 0 \pmod{b}$$

不再假设 a,b 互素;设 d 是它们的最大公因数.

我们要求一数 x 使 $ax+a'$ 成为 b 的倍数;倘若是这样,$ax+a'$ 将是 d 的倍数;但 d 整除 a,因而整除 ax;所以 d 将整除 a'.由此得出第一个结论:若 a' 不能被 a 和 b 的最大公因数 d 整除,则问题无解.所以设 a' 被 d 整除,并令

$$a = a_1 d, b = b_1 d, a' = a'_1 d$$

a_1, b_1, a'_1 为整数且 a_1 跟 b_1 互素.我们要求一个整数 x 使乘积 $d(a_1 x + a'_1)$ 能被 db_1 整除,充要条件变成 x 是一次同余式

$$a_1 x + a'_1 \equiv 0 \pmod{b_1}$$

的根,其中 a_1 跟 b_1 是互素的;这个同余式有解,设 x_0 为其一解,则此式,从而原设同余式的通解是

$$x = x_0 + mb_1$$

m 表示任意整数.

当我们给 m 一系列整数值时,式子 x_0+mb_1 取一系列的整数值,它们关于模 b 的余数周期性地出现,每

Wolstenholme 定理

d 个重复一次,其中互异的余数对应于这样的措施:将关于模 d 的一个不同余完备系的各数(例如 $0,1,2,\cdots,d-1$)赋给 m. 所以我们得出最后的结论:

设 d 是整数 a,b 的最大公约数,则同余式
$$ax + a' \equiv 0 \pmod{b}$$
在 d 不能整除 a' 时无解,在 d 能整除 a' 时有 d 个不同余 ($\mathrm{mod}\ b$) 的解
$$x_0,\ x_0 + \frac{b}{d},\ x_0 + 2\frac{b}{d},\ \cdots,\ x_0 + (d-1)\frac{b}{d}$$
其中 x_0 是任一解.

由此引出下述结论:

整系数二元一次方程
$$ax + by + c = 0$$
中,设 d 为 a 跟 b 的最大公约数. 当 d 不能整除 c 时,方程无整数解;当 d 能整除 c 时,方程有解;若 x_0, y_0 为一解,那么所有的解由
$$x = x_0 + m\frac{b}{d},\ y = y_0 - m\frac{a}{d}$$
给出,m 表示任意整数.

由上述可知,设 d 为两整数 a,b 的最大公约数,则必有正或负的整数 x,y 存在,满足方程
$$ax + by = d$$

这是算术上的一个重要定理. 我们来看,这可以从欧几里得算法[1]很容易地得出;它本来可以在第 3 章出现,如果不怕利用负数的话.

事实上,倘若求 a 和 b 的最大公约数,就有下列

---

[1] 辗转除法.

等式

$$a = bq + r$$
$$b = rq_1 + r_1$$
$$r = r_1 q_2 + r_2$$
$$\vdots$$
$$r_{n-2} = r_{n-1} q_n + r_n$$

这些表明逐次除法的结果.

设 r_n 是 a,b 的最大公约数.

由第一式得

$$r = a - bq$$

所以有两整数 $x_0 = 1, y_0 = -q$ 使

$$r = ax_0 + by_0$$

由第二式得

$$r_1 = b - rq_1$$

在右端以 $ax_0 + by_0$ 代 r,可看出有两整数

$$x_1 = -q_1 x_0, y_1 = 1 - q_1 y_0$$

使

$$r_1 = ax_1 + by_1$$

这个推理明显能继续下去,最后看出有两整数 x_n, y_n 使

$$ax_n + by_n = r_n$$

这就是所要证的.特别地,若 a,b 互素,则有两整数 x,y 使

$$ax + by = 1$$

并且从上面我们有正规的方法求出这两数.

为了表明这个定理的应用,我们来对基本定理"设 a,b 互素,那么 a 和 c 的公约数跟 a 和 bc 的公约数

Wolstenholme 定理

是一样的"引出一个新证法.

明显看出只需证明:凡 a 和 bc 的公约数一定整除 c.

由于 a,b 互素,能找到整数 x,y 使
$$ax + by = 1$$
两端乘以 c 得
$$acx + bcy = c$$
凡能整除 a 和 bc 的数,必整除左端的两项,因而整除 c.

顺便提醒一下,仿照上面进行推理,可以完成上一节的命题.

设 A,B 为两整数使
$$A \equiv B \pmod{b}$$

设两数 A,B 有一个公因数 a,设 d 是 a,b 的最大公因数.

令
$$A = A_1 a, B = B_1 a, a = a_1 d, b = b_1 d$$
A_1, B_1, a_1, b_1 是整数,最后两个数互素. 由假设
$$A - B = a_1 d(A_1 - B_1)$$
是 $b = b_1 d$ 的倍数,因之 $a_1(A_1 - B_1)$ 是 b_1 的倍数,又因 a_1 与 b_1 互素,所以 b_1 应整除 $A_1 - B_1$. 所以同余式
$$A \equiv B \pmod{b}$$
包含同余式
$$\frac{A}{a} \equiv \frac{B}{a} \pmod{\frac{b}{d}}$$

特别地,当 a,b 互素时,我们可用跟模互素的公因数 a 除同余式的两端.

第 2 编　基础编

§3　余数周期性的新成果，Fermat 定理

现将整数 a 的倍数列
$$\cdots, -3a, -2a, -a, 0, a, 2a, 3a, \cdots$$
关于模 b 取余数，从这些余数的周期性来发展新成果.

设 a, b 为正且 $a < b$.

设想将一圆周分成 b 等份，并沿圆周的一个确定方向将分点标为 $0, 1, 2, \cdots, b-1$，然后从点 0 起，沿这个方向将标号为
$$0, a, 2a, 3a, \cdots$$
的点连起折线，当标号等于或大于 b 时则以其余数 $(\bmod\ b)$ 替代.

根据前面的结果，沿这个方向继续前进，首先第二次遇到的点将是点 0，即是说，这样画的折线在点 0 闭合.

设 a 跟 b 互素，接连的余数是 $0, 1, 2, \cdots, b-1$ 按某个顺序排列着；0 将是第一个余数；在重新碰到 0 以前，应该碰到余数 $1, 2, \cdots, b-1$；所以折线在闭合之前必然通过所有标出的各点；当它闭合时，共有 b 条边.

相反，若 a 跟 b 不互素，以 d 表示它们的最大公约数，逐次的余数是 $0, d, 2d, \cdots, b-d$ 的一个排列，共有 $\dfrac{b}{d}$ 个互异的数；第一个将是 0 并且我们将重新碰到 0 或以 0 所标的点，到这时我们已经过所有各点 $0, d, 2d, \cdots, b-d$；折线闭合时共有 $\dfrac{b}{d}$ 条边.

253

Wolstenholme 定理

这种闭合图形在几何上称为正多边形(凸的或凹的). 要作 b 边的正多边形就将圆周分为 b 等份,从一点起沿定向每隔 a 点连一线,是小于 b 又跟 b 互素的一个数. 容易看出,将分点每隔 a 点相连和每隔 $b-a$ 点相连,所得的是同一个图形;如果沿反向每隔 $b-a$ 点相连,也是如此,所以可能形成的互相不同的这种多边形的数目,是小于 b 而又跟 b 互素的数的个数的一半.

Fermat 定理 设 p 为素数,整数 a 跟 p 互素,那么各数 $a, 2a, \cdots, (p-1)a$ 作为一个整体跟 $1, 2, \cdots, p-1$ 同余 $(\bmod p)$. 所以关于模 p,乘积

$$a \cdot 2a \cdot 3a \cdot \cdots \cdot (p-1)a$$

同余于乘积 $1 \cdot 2 \cdot 3 \cdot \cdots \cdot (p-1)$;它们的差

$$(a^{p-1}-1) \cdot 1 \cdot 2 \cdot 3 \cdot \cdots \cdot (p-1)$$

应被 p 整除,但 $1, 2, 3, \cdots, p-1$ 中每个数跟 p 互素,所以 $a^{p-1}-1$ 应被 p 整除. 于是:

设 p 为素数,整数 a 跟 p 互素,则 $a^{p-1}-1$ 被 p 整除,换言之

$$a^{p-1}-1 \equiv 0 \ (\bmod p)$$

例如 $2^{12}-1 = 4\,095$ 被 13 整除,商为 315.

这个命题在数论中是基本的,归功于 Fermat.

这个命题可略微叙述得不同一些. 当 a 不被 p 整除时成立的同余式

$$a^{p-1}-1 \equiv 0 \ (\bmod p)$$

包含下面一个同余式

$$a^p - a \equiv 0 \ (\bmod p)$$

但后面的同余式当 a 被 p 整除时也成立,所以它对任何整数 a 都成立.

推广 Euler 推广了 Fermat 定理;命题的证法跟上面的相仿.

设 a,b 两数互素,设 α 为任一整数. 我们知道,αa 跟 b 的最大公约数,和 αa 关于模 b 的余数跟 b 的最大公约数是一样的,这跟 α 和 b 的最大公约数也是一样的. 因此,αa 关于模 b 的余数跟 b 是否互素,就看 α 跟 b 是否互素.

暂时我们以 k 表示在小于 b 的正整数 $1,2,\cdots,b-1$ 中跟 b 互素的那些数的个数,并把这些项记为 $r_1,r_2,\cdots,r_k$.

我们来考查数列 $a,2a,\cdots,(b-1)a$,这个数列中对于模 b 能提供跟 b 互素的项只有 $r_1 a, r_2 a, \cdots, r_k a$;并且这些项提供的余数是互异的、小于 b 而又跟 b 互素,换言之,即 $r_1, r_2, \cdots, r_k$ 的某个排列. 各数 $r_1 a, r_2 a, \cdots, r_k a$ 作为一个整体跟 $r_1, r_2, \cdots, r_k$ 同余 $(\bmod b)$,由此得出 $(a^k - 1) r_1 r_2 \cdots r_k$ 被 b 整除,但最后 k 个数都跟 b 互素,所以

$$a^k - 1 \equiv 0 \pmod{b}$$

这就是 Euler 定理. k 是小于 b 的正数中跟 b 互素的数的个数. 这个定理包含 Fermat 定理作为特例,因为当 b 为素数时,$k = b - 1$.

以后我们给出当 b 已知时求数 k 的方法. 此时我们只指出一点,广义 Fermat 定理(在我们会求 k 的条件下)提供一方法以解一次同余式

$$ax + a' \equiv 0 \pmod{b}$$

其中假设 a,b 是互素的. 事实上,只需取

$$x \equiv -a' a^{k-1} \pmod{b}$$

特别地，若 b 为素数，则 $k=b-1$，于是
$$x \equiv -a'a^{b-2} \pmod{b}$$

§4 Fermat 定理又一证法，Wilson 定理，二次余数

回到 Fermat 定理，给它另一种形式的证法，从中得出新的重要成果.

设 p 是大于 2 的素数且 a 是 $1,2,\cdots,p-1$ 各数中的一个，设 D 是任一数但不是 p 的倍数.

同余式
$$ax \equiv D \pmod{p}$$
必有一根，因为 a 与 p 互素. 此根不可能是零，因而跟 $1,2,\cdots,p-1$ 各数之一同余 $\pmod{p}$. 所以这些数中必有一个也仅有一个数 a' 使
$$aa' \equiv D \pmod{p}$$
此数 a' 跟 a 可能相等或不等，如其相等，那么有
$$a^2 \equiv D \pmod{p}$$
从而二次同余式
$$x^2 \equiv D \pmod{p}$$
有一解 a.

可能发生两种情况.

（1）数 D 使得同余式
$$x^2 \equiv D \pmod{p}$$
无解. 如果是这样，从各数 $1,2,\cdots,p-1$ 中所取的 a 和 a' 必然是不同的，并且这 $p-1$ 个数可分为 $\dfrac{p-1}{2}$ 组使

每组的两数之积总是跟 D 同余 $(\bmod p)$. 在这种情形, 我们有
$$1 \cdot 2 \cdot 3 \cdots (p-1) \equiv D^{\frac{p-1}{2}} \pmod{p}$$
因为左端的数可以两两归于一组使每组两数之积跟 D 同余 $(\bmod p)$.

（2）数 D 使得同余式
$$x^2 \equiv D \pmod{p}$$
有解. 此解关于模 p 的余数也是一个解, 所以总有一个根 b 是在数 $1, 2, \cdots, p-1$ 之中. 假设是这样, 所设同余式就等价于下面一个同余式
$$x^2 - b^2 = (x-b)(x+b) \equiv 0 \pmod{p}$$
乘积 $(x-b)(x+b)$ 被素数 p 整除的充要条件是其中有一个因子被 p 整除, 即是说, 凡同余式的根必然是关于模 p 同余于 b 或 $-b$; 在各数 $1, 2, \cdots, p-1$ 中只有 $p-b$ 这一个是跟 $-b$ 同余的. 所以这 $p-1$ 个数中丢掉 b 和 $p-b$, 就可以分成 $\dfrac{p-3}{2}$ 组, 每组互相配合的两数之积跟 D 同余 $(\bmod p)$; 同时有
$$b(p-b) \equiv -b^2 \equiv -D \pmod{p}$$
所以在这种情形
$$1 \cdot 2 \cdot 3 \cdots (p-1) \equiv -D^{\frac{p-3}{2}} \cdot D \pmod{p}$$
或
$$1 \cdot 2 \cdot 3 \cdots (p-1) \equiv -D^{\frac{p-1}{2}} \pmod{p}$$
并且当 $D=1$ 时, 必然就是这种情况, 因为同余式
$$x^2 \equiv 1 \pmod{p}$$
有根 1 和 $p-1$. 所以我们总有
$$1 \cdot 2 \cdot 3 \cdots (p-1) \equiv -1 \pmod{p}$$

Wolstenholme 定理

这个结果即使在 $p=2$ 时也成立. 所以：

当 p 为素数时,数
$$1 \cdot 2 \cdot 3 \cdot \cdots \cdot (p-1) + 1$$
能被 p 整除.

例如 $1 \cdot 2 \cdot 3 \cdot 4 + 1 = 25$ 能被 5 整除.

刚才所述的定理称为 Wilson 定理. 它在这里引人注目是因为它具有理论上和实用上的价值,可以鉴定一个数是否是素数. 事实上,若 p 不是素数,它就有一个比它小的因数 p', 这个因数必然出现在各数 $2, 3, \cdots, p-1$ 之中,因此它整除这些数的乘积,它不能从而 p 也就不能整除和数 $1 \cdot 2 \cdot \cdots \cdot (p-1) + 1$. 所以当 p 整除这个和时,p 就是素数.

回到 p 是素数的情况. 由于
$$1 \cdot 2 \cdot 3 \cdot \cdots \cdot (p-1) \equiv -1 \pmod{p}$$
我们见到在情况(1)中,同余式
$$x^2 \equiv D \pmod{p}$$
无解,我们有
$$D^{\frac{p-1}{2}} \equiv -1 \pmod{p}$$
而在情况(2)中,同余式
$$x^2 \equiv D \pmod{p}$$
有解,我们有
$$D^{\frac{p-1}{2}} \equiv 1 \pmod{p}$$
这样,两数 $D^{\frac{p-1}{2}} + 1, D^{\frac{p-1}{2}} - 1$ 之一被 p 整除,其乘积
$$(D^{\frac{p-1}{2}} + 1)(D^{\frac{p-1}{2}} - 1) = D^{p-1} - 1$$
必然被 p 整除. 所以,只要 D 不被 p 整除就有
$$D^{p-1} - 1 \equiv 0 \pmod{p}$$

这就是 Fermat 定理. 这是又一次证明,假设了

$p>2$；当 $p=2$ 时显然也成立.

取 $D=-1$；数 $(-1)^{\frac{p-1}{2}}=+1$ 或 -1，就看 $\frac{p-1}{2}$ 是偶数或奇数，即是说看 p 是 $4n+1$ 型或 $4n+3$ 型而定. 在前面的情形，同余式

$$x^2+1\equiv 0\,(\bmod\,p)$$

有解；在后一情形则无解.

换言之，设 p 是 $4n+1$ 型的素数，就有 x 的整数值使 x^2+1 被 p 整除；倘若相反，p 是 $4n+3$ 型的素数，就没有整数 x 使 x^2+1 被 p 整除. 这一命题联系着算术上一个漂亮的命题，此时仅限于把它叙述出来：

奇素数等于两数的平方和的充要条件是这个素数属于 $4n+1$ 型.

我们碰到一个法则来确认同余式

$$x^2\equiv D\,(\bmod\,p)$$

是否有解，这里 p 是奇素数.

数 D 总假设不是 p 的倍数. 使得这个同余式有解的数 D，即是说，关于模 p 跟一个整数的平方同余的一些数，称为 p 的二次余数. 使得上式无解的数 D 称为 p 的二次非余数，简称非余数.

当给了不是 p 的倍数的数 D 时，为了确认同余式是否有解，代替上述法则，可以算出各数 $1,2,\cdots,p-1$ 的平方并查一查哪些是跟 D 同余的 $(\bmod\,p)$. 由于在 x^2 中将 x 代以连接整数时关于模 p 的余数有周期性，这个代替不必进行得更远，甚至只需算出 $1,2,\cdots,$ $\frac{p-1}{2}$ 的平方，因为 a 和 $p-a$ 两数的平方关于模 p 是

同余的,用接下去的数 $\frac{p-1}{2}+1, \frac{p-1}{2}+2, \cdots, p-1$ 代替 x 得出的结果跟上面的相同,只是次序相反. 至于 $1, 2, \cdots, \frac{p-1}{2}$ 各数的平方乃是互不同余的,这些余数是

$$1, 4, 9, \cdots, \left(\frac{p-1}{2}\right)^2 \pmod{p}$$

这些数是 p 仅有的二次余数. 所以在 $p-1$ 个数 $1, 2, \cdots, p-1$ 中有一半是 p 的二次余数,一半是非余数. 例如设 $p=17$,那么二次余数是 $1,2,4,8,9,13,15,16$;非余数是 $3,5,6,7,10,11,12,14$.

对于奇模数 p 来说,$p-1$ 个数 $1, 2, \cdots, p-1$ 是互不同余又不跟零同余的. 这个数组中有一半是二次余数,另一半是非余数. 以 s 表示整数 $\frac{p-1}{2}$,我们将这个数组中的二次余数记为 $a_1, a_2, a_3, \cdots, a_s$,将非余数记为 $b_1, b_2, b_3, \cdots, b_s$.

两个二次余数或两个非余数之积是一个二次余数,一个二次余数跟一个非余数之积则是一个非余数.

事实上,设 a 是整数但非 p 的倍数,因而 a, p 互素. 那么 $p-1$ 个数 $a, 2a, \cdots, (p-1)a$ 对于模 p 来说也是互不同余又不跟零同余的. 这是因为:第一,若有比 p 小的互异的正整数 m 和 n 使

$$ma \equiv na \pmod{p}$$

那么 $(m-n)a$ 应该是 p 的倍数,这是不可能的,因为 $m-n < p$,而 a 跟 p 又互素;第二,若有 $ma \equiv 0 \pmod{p}$,则必有 $m \equiv 0 \pmod{p}$,这也是不可能的,这就证明了

$p-1$ 个数 $a,2a,\cdots,(p-1)a$ 对于模 p 的余数只能是 $1,2,\cdots,p-1$ 的一个排列. 这些 a 的倍数
$$a_1a, a_2a, \cdots, a_sa, b_1a, b_2a, \cdots, b_sa$$
于是也一半是二次余数, 一半是非余数.

现在命题的第一部分是明显的: 设 α,β 是二次余数, 即设有整数 x,y 使
$$x^2 \equiv \alpha(\bmod p), y^2 \equiv \beta(\bmod p)$$
从而也有
$$(xy)^2 \equiv \alpha\beta(\bmod p)$$
于是 $\alpha\beta$ 也是二次余数.

所以若设 a 是一个二次余数, 那么
$$a_1a, a_2a, \cdots, a_sa$$
也是二次余数, 从而剩下的 s 个数
$$b_1a, b_2a, \cdots, b_sa$$
只能是非余数. 所以一个二次余数跟一个非余数的积是非余数.

若设 a 是一个非余数, 则由刚才所证
$$a_1a, a_2a, \cdots, a_sa$$
都是非余数, 从而
$$b_1a, b_2a, \cdots, b_sa$$
都必然是二次余数; 换言之, 两个非余数之积是二次余数.

刚才直接建立的这些命题, 容易从本节关于一数 D 是二次余数或非余数的性质得出.

例如, 设 a,b 是非余数, 则有
$$a^s \equiv -1(\bmod p), b^s \equiv -1(\bmod p)$$
其中 $s=\dfrac{p-1}{2}$, 从而有

Wolstenholme 定理

$$a^s b^s = (ab)^s \equiv (-1)(-1) \equiv 1 \pmod{p}$$

所以 ab 是 p 的一个二次余数.

对于同余式

$$x^2 \equiv D \pmod{p}$$

这里只讲了 p 是奇素数这一种情况. 事实上, 其他的情形都化归为这一情况. 这不难由一些普遍的定理得出, 它们的叙述和证法推迟到 §7 给出.

§5 互 反 律

刚才我们见到, 给了一个奇素数 p, 就不难确定出它的一些二次余数 D; 逆问题是: 给了一数 D, 有哪些奇素数能以 D 为其二次余数, 或者哪些奇素数以 D 为其非余数. 这个问题的解答建立在算术的一些更美好、更重要的定理上, 即所谓互反律. 这是 Euler 和 Legendre 发明的. Gauss 把它完全证明了, 他至少做了六种不同的证明. 从那时起这个定理成了许多作品的阐述对象.

我们首先对确认 D 是不是 p 的二次余数的特征给予变形, 这归功于 Gauss.

仍以 p 表示一个正的奇素数, D 表示不被 p 整除的整数; 考查 $\dfrac{p-1}{2}$ 个不同余 $\pmod{p}$ 的数

$$D, 2D, 3D, \cdots, \frac{p-1}{2}D \tag{1}$$

它们跟 p 都是互素的; 考虑这些数的最小余数 $\pmod{p}$; 其中没有一个是零. 最小的正余数以 $\alpha_1, \alpha_2, \cdots, \alpha_\lambda$ 表

示,负的用 $-\beta_1, -\beta_2, \cdots, -\beta_\mu$ 表示,则

$$\lambda + \mu = \frac{p-1}{2}$$

由于(1)中的各数不同余,一方面 $\alpha_1, \alpha_2, \cdots, \alpha_\lambda$ 各数,另一方面 $\beta_1, \beta_2, \cdots, \beta_\mu$ 各数都是互异的,并且任何一个 α 不可能等于任何一个 β,否则数列(1)中跟它们对应的两项之和就将被素数 p 整除,但是这个和是一个小于 p 的数跟 D 的乘积,而这两个因数都是跟 p 互素的. 数列(1)作为一个整体关于模 p 的余数是 $\alpha_1, \alpha_2, \cdots, \alpha_\lambda, -\beta_1, -\beta_2, \cdots, -\beta_\mu$,所以有

$$1 \cdot 2 \cdot 3 \cdot \cdots \cdot \frac{p-1}{2} D^{\frac{p-1}{2}}$$
$$\equiv (-1)^\mu \alpha_1 \alpha_2 \cdots \alpha_\lambda \beta_1 \beta_2 \cdots \beta_\mu \pmod{p}$$

并且上面说过 $\alpha_1, \alpha_2, \cdots, \alpha_\lambda, \beta_1, \beta_2, \cdots, \beta_\mu$ 各数互不相等,合起来是 $\frac{p-1}{2}$ 个,所以这些数跟 $1, 2, \cdots, \frac{p-1}{2}$ 至多是顺序不同,所以又有

$$1 \cdot 2 \cdot \cdots \cdot \frac{p-1}{2} = \alpha_1 \alpha_2 \cdots \alpha_\lambda \beta_1 \beta_2 \cdots \beta_\mu$$

因为这两个相等的乘积跟模 p 互素,所以上面的同余式变为

$$D^{\frac{p-1}{2}} \equiv (-1)^\mu \pmod{p}$$

这样说来,D 是 p 的二次余数或非余数就看 μ 是偶数或奇数. 这就是所说的变形,我们马上看出它的重要性.

在一切情况下,需要对数 μ 的奇偶性做深入研究. 下面引进的符号给这个研究带来了方便.

以 p 表示一个正奇数(不一定是素数),以 D 表示

Wolstenholme 定理

跟 p 互素的整数,以符号

$$\left(\frac{D}{p}\right)$$

表示 1 带上符号"$+$"或"$-$",就看数列

$$D, 2D, 3D, \cdots, \frac{p-1}{2}D$$

关于模 p 的最小余数中负数的个数为偶数或奇数.

我们刚才证明当 p 是素数时,符号 $\left(\frac{D}{p}\right)$ 为正或负就看 D 是或不是 p 的二次余数,这样就有

$$\left(\frac{D}{p}\right) \equiv D^{\frac{p-1}{2}} \pmod{p}$$

在这种情况下, $\left(\frac{D}{p}\right)$ 就是所谓的 Legendre 符号;当 p 不是素数时,照上面那样定义的 $\left(\frac{D}{p}\right)$ 称为广义 Legendre 符号. 注意 Legendre 符号的正负号是唯一重要的,这个正负号就是数列(1)所有最小余数$(\bmod\ p)$乘积的正负号. 现在来建立另外一些性质.

(1) 若有
$$D' \equiv D \pmod{p}$$
则有
$$\left(\frac{D'}{p}\right) = \left(\frac{D}{p}\right)$$

这个命题从定义自明.

(2) 我们有
$$\left(\frac{-1}{p}\right) = (-1)^{\frac{p-1}{2}}$$

事实上,当取 $D=-1$ 时,我们要取最小余数 $(\bmod\ p)$ 的数列是

第 2 编 基础编

$$-1, -2, -3, \cdots, -\frac{p-1}{2}$$

这些数的最小余数就是这些数自身,但它们都是负的,共计 $\frac{p-1}{2}$ 个.在 p 为素数时,这个命题并不提供新的内容.

(3) 我们有

$$\left(\frac{2}{p}\right) = (-1)^{\frac{p^2-1}{8}}$$

事实上,设 r 是 p 的最小余数(mod 8);令 $p = 8n + r$, r 将是 $\pm 1, \pm 3$ 当中的一个.此处需要取最小余数的各项是

$$2, 4, 6, \cdots, 4n, 4n+2, \cdots, 8n+r-1$$

它们是由小于 p 的偶数所组成的.提供负的最小余数(mod p)的一些项因此大于 $\frac{p}{2} = 4n + \frac{r}{2}$,即是说,若 r 为正,这些项是位于 $4n$ 之右的;若 r 为负,这些项是从 $4n$ 开始的.由于共有 $\frac{p-1}{2} = \frac{8n+r-1}{2}$ 项,而从 2 到 $4n$ 是 $2n$ 项,所以在第一种情形有 $2n + \frac{r-1}{2}$ 项提供负的最小余数,在第二种情形则有 $2n + \frac{r+1}{2}$ 项.总之,当 $r = \pm 1$ 时,有偶数个负余数;当 $r = \pm 3$ 时有奇数个负余数.所以当 $r = \pm 1$ 时,$\left(\frac{2}{p}\right) = 1$;当 $r = \pm 3$ 时,$\left(\frac{2}{p}\right) = -1$.但显然有

$$p^2 \equiv r^2 \pmod{16}$$

Wolstenholme 定理

因之
$$\frac{p^2-1}{8} \equiv \frac{r^2-1}{8} \pmod{2}$$

当 $r=\pm 1$ 时 $\frac{p^2-1}{8}$ 为偶数;当 $r=\pm 3$ 时 $\frac{p^2-1}{8}$ 为奇数. 所以证明了

$$\left(\frac{2}{p}\right)=(-1)^{\frac{p^2-1}{8}}$$

当 p 为一个素数时,此式告诉我们 2 是 $8n\pm 1$ 型的一切素数的二次余数,2 是 $8n\pm 3$ 型的一切素数的非余数.

(4) 设 D 和 D' 是跟奇数 p 互素的任意整数,则有

$$\left(\frac{DD'}{p}\right)=\left(\frac{D}{p}\right)\left(\frac{D'}{p}\right)$$

这里需要提醒一点:设两数只差一个符号,那么这两数关于模 p 的最小余数也只差一个符号. 这是充分明显的.

数列 $D, 2D, \cdots, \frac{p-1}{2}D$ 作为一个整体关于模 p 的最小余数仍以 $\alpha_1, \alpha_2, \cdots, \alpha_\lambda, -\beta_1, -\beta_2, \cdots, -\beta_\mu$ 表示;正数 $\alpha_1, \alpha_2, \cdots, \alpha_\lambda, \beta_1, \beta_2, \cdots, \beta_\mu$ 作为一个整体就是 $1, 2, \cdots, \frac{p-1}{2}$,并且

$$\left(\frac{D}{p}\right)=(-1)^\mu$$

并且,三个符号 $\left(\frac{D}{p}\right)$, $\left(\frac{D'}{p}\right)$, $\left(\frac{DD'}{p}\right)$ 的正负号,分别是在三个数 aD, aD', aDD' 中将 a 代以 $1, 2, \cdots, \frac{p-1}{2}$ 时

所提供的最小余数(mod p)之积 p,p',p'' 的正负号. 算最后的乘积 p'' 时,一开始在 aDD' 中将 aD 代以其最小余数(mod p),所以 p'' 等于下面的数列

$$\alpha_1 D', \alpha_2 D', \cdots, \alpha_\lambda D', -\beta_1 D', -\beta_2 D', \cdots, -\beta_\mu D'$$

中各项的余数(mod p)之积,根据一开始所提醒的注意点,即等于数列

$$\alpha_1 D', \alpha_2 D', \cdots, \alpha_\lambda D', \beta_1 D', \beta_2 D', \cdots, \beta_\mu D'$$

各项的最小余数(mod p)之积再乘以 $(-1)^\mu$. 但 $\alpha_1, \alpha_2, \cdots, \alpha_\lambda, \beta_1, \beta_2, \cdots, \beta_\mu$ 各数只不过是 $1, 2, \cdots, \dfrac{p-1}{2}$ 的一个排列,所以上面的数列作为一个整体就是

$$D', 2D', \cdots, \dfrac{p-1}{2}D'$$

可见

$$p'' = (-1)^\mu p'$$

写出两边的正负号一致就得到

$$\left(\dfrac{DD'}{p}\right) = \left(\dfrac{D}{p}\right)\left(\dfrac{D'}{p}\right)$$

由于(2),特别有

$$\left(\dfrac{-D}{p}\right) = \left(\dfrac{-1}{p}\right)\left(\dfrac{D}{p}\right) = (-1)^{\frac{p-1}{2}}\left(\dfrac{D}{p}\right)$$

(5) 设 p, q 是互素的正奇数,则有

$$\left(\dfrac{p}{q}\right)\left(\dfrac{q}{p}\right) = (-1)^{\frac{p-1}{2}\frac{q-1}{2}}$$

此等式称为 Euler 和 Legendre 的互反律.

符号 $\left(\dfrac{q}{p}\right)$ 的值由数列

$$q, 2q, \cdots, \dfrac{p-1}{2}q$$

提供的负的最小余数 $(\bmod p)$ 的个数决定. 设数 a 是 $1,2,\cdots,\dfrac{p-1}{2}$ 中的任一个. 由 aq 这一项提供的最小余数 $(\bmod p)$ 是负的还是正的, 就看有还是没有一个整数 β 使

$$\frac{aq}{p} < \beta < \frac{aq}{p} + \frac{1}{2}$$

此整数若存在, 显然是唯一的.

上面两个不等式可以用单一的不等式

$$\left(\frac{aq}{p} - \beta\right)\left(\frac{aq}{p} + \frac{1}{2} - \beta\right) < 0$$

来代替, 后者由前者得来又包含前者①.

将每个因子除以 q, 此式又可代以

$$\left(\frac{a}{p} - \frac{\beta}{q}\right)\left(\frac{a}{p} + \frac{1}{2q} - \frac{\beta}{q}\right) < 0$$

再提醒一次, 若将 a,p,q 看为已知数, 那么不可能有多于一个整数赋给 b 使乘积

$$\left(\frac{a}{p} - \frac{b}{q}\right)\left(\frac{a}{p} + \frac{1}{2q} - \frac{b}{q}\right)$$

为负; 这个整数 β 是 $\dfrac{aq}{p}$ 以小于 $\dfrac{1}{2}$ 为误差的近似值, 所以不一定存在. 注意, 它的值最大等于 $\dfrac{q-1}{2}$; 事实上, 紧跟着 $\dfrac{q-1}{2}$ 的整数 $\dfrac{q+1}{2}$ 跟最大的 $\dfrac{aq}{p}$ 即 $\dfrac{(p-1)q}{2p}$ 之差

---

① 熟悉二次三项式讨论的读者立刻可以理解这个结果.

第2编 基础编

$$\frac{q+1}{2} - \frac{(p-1)q}{2p} = \frac{p+q}{2p}$$

是比 $\frac{1}{2}$ 大的,所以 $\frac{aq}{p}$(误差小于 $\frac{1}{2}$)的整数近似值不可能达到 $\frac{q+1}{2}$. 因此,如果在式子

$$\left(\frac{a}{p} - \frac{b}{q}\right)\left(\frac{a}{p} + \frac{1}{2q} - \frac{b}{q}\right)$$

中,我们赋给 b 以 $1,2,\cdots,\frac{q-1}{2}$ 各值,所有的结果将都是正的,可能有一个例外. 如果 $aq \pmod{p}$ 的最小余数是负的,那么其中就必然有一个负的. 这个最小余数的正负号因此就是在这个乘积中将 b 代以 $1,2,\cdots,\frac{q-1}{2}$ 得出所有的结果的正负号. 注意乘积的第二个因数可写作

$$\frac{a}{p} + \frac{\frac{q+1}{2} - b}{q} - \frac{1}{2}$$

并注意,当赋给 b 各值 $1,2,\cdots,\frac{q-1}{2}$ 时,式子 $\frac{q+1}{2} - b$ 所取的值,就正是赋给 b 的各值,只是顺序相反而已. 所以上面所说的第二个因数不妨换为 $\frac{a}{p} + \frac{b}{q} - \frac{1}{2}$. 因此我们可以说 aq 的最小余数$\pmod{p}$的正负号,跟在式子

$$\left(\frac{a}{p} - \frac{b}{q}\right)\left(\frac{a}{p} + \frac{b}{q} - \frac{1}{2}\right)$$

中逐次以数值 $1,2,\cdots,\frac{q-1}{2}$ 代替 b 所得各数之积 P_a 的正负号是一致的. 上面这个式子有这样一个可注意

的性质,当我们一方面互换 p 和 q,另一方面互换 a 和 b 时,它只改变了符号而没有改变绝对值,事实上,这个双重互换没有改变第二个因子,但使第一个因子变了号. $\left(\dfrac{q}{p}\right)$ 的正负号是在数列 $q, 2q, \cdots, \dfrac{p-1}{2}q$ 中取各项的最小余数$(\bmod p)$,将它们相乘所得之积的符号,所以这就是让 a 取值 $1, 2, \cdots, \dfrac{p-1}{2}$ 所得各数 $P_1, P_2, \cdots, P_{\frac{p-1}{2}}$ 之积的正负号. 最后,这就是在式子

$$\left(\dfrac{a}{p}-\dfrac{b}{q}\right)\left(\dfrac{a}{p}+\dfrac{b}{q}-\dfrac{1}{2}\right)$$

中将 a 代以 $1, 2, \cdots, \dfrac{p-1}{2}$ 并将 b 代以 $1, 2, \cdots, \dfrac{q-1}{2}$,把所有这样得到的结果乘起来所得之积的正负号. 仿此,$\left(\dfrac{p}{q}\right)$ 的正负号是在式子

$$\left(\dfrac{b'}{q}-\dfrac{a'}{p}\right)\left(\dfrac{a'}{p}+\dfrac{b'}{q}-\dfrac{1}{2}\right)$$

中将 a' 代以 $1, 2, \cdots, \dfrac{p-1}{2}$ 并将 b' 代以 $1, 2, \cdots, \dfrac{q-1}{2}$ 所得之积的正负号. 上面刚说过,后面每个乘积跟前面的反号,由于共有 $\dfrac{p-1}{2}\dfrac{q-1}{2}$ 个因数,可见第二个积等于第一个积乘以 $(-1)^{\frac{p-1}{2}\frac{q-1}{2}}$. 所以有

$$\left(\dfrac{p}{q}\right)=(-1)^{\frac{p-1}{2}\frac{q-1}{2}}\left(\dfrac{q}{p}\right)$$

即①
$$\left(\frac{p}{q}\right)\left(\frac{q}{p}\right)=(-1)^{\frac{p-1}{2}\frac{q-1}{2}}$$

在应用此公式时要注意,只有在 $p\equiv q\equiv -1(\bmod 4)$ 时,$\frac{p-1}{2}$ 和 $\frac{q-1}{2}$ 才同为奇数,在这种情况下有
$$\left(\frac{p}{q}\right)=-\left(\frac{q}{p}\right)$$

除此以外都有
$$\left(\frac{p}{q}\right)=\left(\frac{q}{p}\right)$$

我们马上表明如何应用上面关于符号 $\left(\frac{D}{p}\right)$ 所建立的五个性质来解所设的问题:求奇素数 p 使 D 关于 p 是或不是二次余数. 先来讲这个符号的最后一个性质.

(6) 设 p,p' 为两正奇数,且 D 为跟 p 及 p' 互素的任意整数,则有
$$\left(\frac{D}{pp'}\right)=\left(\frac{D}{p}\right)\left(\frac{D}{p'}\right)$$

首先假设 D 是正奇数.

由(5)有
$$\left(\frac{D}{p}\right)=\left(\frac{p}{D}\right)(-1)^{\frac{p-1}{2}\frac{D-1}{2}},\left(\frac{D}{p'}\right)=\left(\frac{p'}{D}\right)(-1)^{\frac{p'-1}{2}\frac{D-1}{2}}$$

从这里利用(4)得
$$\left(\frac{D}{p}\right)\left(\frac{D}{p'}\right)=\left(\frac{pp'}{D}\right)(-1)^{\frac{p+p'-2}{2}\frac{D-1}{2}}$$

---

① 此证法归功于 Kronecker.

再利用互反律(5)得

$$\left(\frac{D}{p}\right)\left(\frac{D}{p'}\right) = \left(\frac{D}{pp'}\right)(-1)^{\frac{D-1}{2}\frac{pp'-1}{2}} \times (-1)^{\frac{p+p'-2}{2}\frac{D-1}{2}}$$

$$= \left(\frac{D}{pp'}\right)(-1)^{\frac{D-1}{2}\frac{(p+1)(p'+1)-4}{2}}$$

$$= \left(\frac{D}{pp'}\right)(-1)^{\frac{(D-1)(p+1)(p'+1)}{4}} \cdot (-1)^{-(D-1)}$$

三数 $D-1, p+1, p'+1$ 是偶数,它们的积是 8 的倍数,-1 的指数都是偶数,所以确有

$$\left(\frac{D}{pp'}\right) = \left(\frac{D}{p}\right)\left(\frac{D}{p'}\right)$$

设 D, p, p' 为奇数,D 为负数,则有

$$\left(\frac{-D}{pp'}\right) = \left(\frac{-D}{p}\right)\left(\frac{-D}{p'}\right)$$

但此式两端分别等于

$$\left(\frac{D}{pp'}\right)(-1)^{\frac{pp'-1}{2}}, \left(\frac{D}{p}\right)\left(\frac{D}{p'}\right)(-1)^{\frac{p+p'-2}{2}}$$

并且,由于

$$\frac{(p-1)(p'-1)}{2} \equiv 0 \pmod{2}$$

从而有

$$\frac{pp'-1}{2} \equiv \frac{p+p'-2}{2} \pmod{2}$$

从而仍有

$$\left(\frac{D}{pp'}\right) = \left(\frac{D}{p}\right)\left(\frac{D}{p'}\right)$$

最后还要考查 D 是偶数的情况. 以 D' 表示奇数,令

$$D = 2^a D'$$

利用上面的结果和性质(3)(4),便有

$$\left(\frac{D}{p}\right)=\left(\frac{2^{\alpha}D'}{p}\right)=\left(\frac{2^{\alpha}}{p}\right)\left(\frac{D'}{p}\right)=(-1)^{\alpha\frac{p^2-1}{8}}\left(\frac{D'}{p}\right)$$

仿此

$$\left(\frac{D}{p'}\right)=(-1)^{\alpha\frac{p'^2-1}{8}}\left(\frac{D'}{p'}\right)$$

$$\left(\frac{D}{pp'}\right)=(-1)^{\alpha\frac{p^2p'^2-1}{8}}\left(\frac{D'}{pp'}\right)$$

由于我们有

$$\left(\frac{D'}{pp'}\right)=\left(\frac{D'}{p}\right)\left(\frac{D'}{p'}\right)$$

立即可以看出要证

$$\left(\frac{D}{pp'}\right)=\left(\frac{D}{p}\right)\left(\frac{D}{p'}\right)$$

只需证

$$\alpha\frac{p^2p'^2-1}{8}\equiv\alpha\frac{p^2-1}{8}+\alpha\frac{p'^2-1}{8}\pmod{2}$$

即

$$\alpha\frac{(p^2-1)(p'^2-1)}{8}\equiv 0\pmod{2}$$

但此式显然成立,因为$(p^2-1)(p'^2-1)$是64的倍数.

当给了D和p的数值时,前面的一些命题能让我们迅速算出符号$\left(\frac{D}{p}\right)$的值.我们回忆一下,这两数是互素的,p是奇数并且是正的.首先,若其中一数含一个完全平方数作为因数,那么这个因数可以抹掉.例如若有$D=A^2B$,A,B表示整数,则有(利用性质(4))

$$\left(\frac{D}{p}\right)=\left(\frac{A^2}{p}\right)\times\left(\frac{B}{p}\right)=\left(\frac{A}{p}\right)\times\left(\frac{A}{p}\right)\times\left(\frac{B}{p}\right)$$

但乘积$\left(\frac{A}{p}\right)\times\left(\frac{A}{p}\right)$是正的,所以有

Wolstenholme 定理

$$\left(\frac{D}{p}\right) = \left(\frac{B}{p}\right)$$

当 p 含一个平方因数时,此证法也适用.所以我们可将 D 代以它的互素因数之积,指数为偶数的因数抹掉,指数为奇数的将指数改为 1.对于 p 也同样处理.应用性质(4)和(2)可以把 $\left(\frac{D}{p}\right)$ 的计算化归为 D 是奇正数的情况来计算,然后将 $\left(\frac{D}{p}\right)$ 代以一些符号因子之积.在一切情况下,将 D 代以它的余数$(\bmod p)$.若此余数为偶数,可应用性质(4)和(3)使符号 $\left(\frac{D}{p}\right)$ 的计算化归为符号 $\left(\frac{D'}{p}\right)$ 的计算,其中 D' 为奇数且小于 p;然后应用互反律化归 $\left(\frac{p}{D'}\right)$ 的计算,又将 p 代以它的余数$(\bmod D')$,等等,直至化归为 $\left(\frac{1}{p}\right)$ 这样的符号来计算,它是等于 1 的.显然计算可由多种途径完成.

例 1 计算 $\left(\frac{3\,988}{887}\right)$ 的值.

我们有

$$\left(\frac{3\,988}{887}\right) = \left(\frac{2^2}{887}\right) \times \left(\frac{997}{887}\right) = \left(\frac{997}{887}\right)$$

但 $997 = 887 + 110$,所以

$$\left(\frac{997}{887}\right) = \left(\frac{110}{887}\right) = \left(\frac{11}{887}\right) \times \left(\frac{5}{887}\right) \times \left(\frac{2}{887}\right)$$

最后一个因子等于 $+1$,因为 887 跟 -1 同余$(\bmod 8)$;并且因 5 属 $4n+1$ 型,我们有

$$\left(\frac{5}{887}\right) = \left(\frac{887}{5}\right) = \left(\frac{2}{5}\right) = -1$$

11 和 887 属 $4n-1$ 型,所以有

$$\left(\frac{11}{887}\right)=-\left(\frac{887}{11}\right)=-\left(\frac{-1}{11}\right)=+1$$

最后有

$$\left(\frac{3\,988}{887}\right)=-1$$

现在我们来解决本节开头所提出的问题:给了整数 D,求一些素数 p 使 D 是 p 的二次余数或非余数.

例 2 求素数 p 使 3 是 p 的二次余数.

所求素数 p 应满足

$$\left(\frac{3}{p}\right)=1$$

应用互反律得

$$\left(\frac{3}{p}\right)=\left(\frac{p}{3}\right)(-1)^{\frac{p-1}{2}}$$

右端的值一方面取决于 p 的余数 $(\bmod\ 3)$,另一方面取决于 $\frac{p-1}{2}$ 的奇偶性,亦即取决于 p 的余数 $(\bmod\ 4)$,所以最终取决于 p 的最小余数 $(\bmod\ 12)$,它们可能是 $+1,-1,+5,-5$.

在首末两种情况,$\left(\frac{p}{3}\right)=+1$,在其余两种情况 $\left(\frac{p}{3}\right)=-1$. 再按情况考查 $(-1)^{\frac{p-1}{2}}$,我们发现 3 是 $12n\pm 1$ 型的素数的二次余数,3 是 $12n\pm 5$ 型的素数的二次非余数.

给了数 D,求一些不能整除 D 的素数 p 使同余式

$$x^2-D\equiv 0\ (\bmod\ p)$$

成为可能的,这样一个问题可以描述如下.

Wolstenholme 定理

这是一个古老的问题. 当人们发现了勾股定理, 企图求出能以两数的平方和表达的那些数时, 现在这个问题就不得不提出了. 这个问题很自然的一个推广是研究一个已知数能否在表达式 $ax^2+bxy+cy^2$(这里 a,b,c 是已知整数) 中将 x,y 用整数代入而得出, 即是说研究一下能以 $ax^2+bxy+cy^2$ 表达的一些数. 这是高等算术里最能引起兴趣的问题之一. 另一个类似的问题是研究一下这种外形的数有哪些因数, 即是说哪些数能整除将互素的值代替 $ax^2+bxy+cy^2$ 中的 x,y 所得到的结果. 这个问题的一个特例是研究 x^2-Dy^2 中的因数, 特别是素因数, 并且其他一些问题往往化归为这个问题. 有必要研究那些不能整除 D 的素因数, 因为凡能整除 D 的应能整除 x, 问题就是显然的了. 很明显, 若 D 是奇素数 p 的二次余数, 那么 p 就是二次式 x^2-Dy^2 的因数, 只要取 $y=1$, 取 x 为同余式
$$x^2-D\equiv 0 \pmod{p}$$
的一根. 反之, 若 p 是二次式 x^2-Dy^2 的一个奇素因数, 则有互素的整数 a,b 存在使
$$a^2-Db^2\equiv 0 \pmod{p}$$
显然 p 不整除 b, 否则它将整除 a 了. 所以有一个整数 b' 使
$$bb'\equiv 1 \pmod{p}$$
以 b'^2 乘前面那一式两端, 并将 $(bb')^2$ 以 1 替代便有
$$(ab')^2-D\equiv 0 \pmod{p}$$
可见 D 是 p 的二次余数. 所以二次式 x^2-Dy^2 的奇素因数是一些以 D 为其二次余数的奇素数, 也只有这些

数,特别地,二次式 x^2+y^2 的奇素因数是 $4n+1$ 型的素数①,二次式 x^2-3y^2 的奇素因数是 $12n\pm 1$ 型的素数②.

§6 不超过一已知数而跟它互素的数的个数

在本章 §3 末尾我们见到,为什么在一些算术问题里要引进比一个正整数 a 小而又跟 a 互素的数的个数. 当 $a\neq 1$ 时,此数以 $\varphi(a)$ 表示;当 $a=1$ 时,把 $\varphi(a)=\varphi(1)$ 定义为1. 正是为了把 $a=1$ 这种情况包括在内,习惯上把 $\varphi(a)$ 理解为跟 a 互素而不超过 a 的数的个数, $\varphi(a)$ 是 a 的一个数值函数,即是说,给定了 a, $\varphi(a)$ 也就确定了.

这个函数值的计算奠基于下面的重要定理.

设 a,b 是互素的正整数,则

$$\varphi(ab)=\varphi(a)\times\varphi(b)$$

当 a,b 中有一个等于 1 时,这个命题是明显的,所以把这种情况排除在外. 设一数小于 ab,可把它写作 $ax+y$ 的形式,y 是这数的余数 $(\bmod\ a)$,x 是小于 b 的整数;反之,小于 ab 的一切整数可以在上式中将 x 代以 $0,1,2,\cdots,b-1$ 并将 y 代以 $0,1,2,\cdots,a-1$ 得出. 这样构成的数中跟 ab 互素的是那些既跟 a 互素又跟 b 互

---

① 充要条件是 $\left(\dfrac{-1}{p}\right)=1$,但 $\left(\dfrac{-1}{p}\right)=(-1)^{\frac{p-1}{2}}$,所以 $p=4n+1$.

② 充要条件是 $\left(\dfrac{3}{p}\right)=1$,所以 $p=12n\pm 1$.

素的;那些跟 a 互素的,即 y 应跟 a 互素. 这样的 y 共有 $\varphi(a)$ 个,赋给 y 以这 $\varphi(a)$ 个值之一,再在 $ax+y$ 中将 x 代以 $0,1,2,\cdots,b-1$,就得到关于模 b 的一个完备不同余系,因为 b 跟 a 是互素的. 在这些数中有 $\varphi(b)$ 个是跟 b 互素的,这与数列 $0,1,2,\cdots,b-1$ 中跟 b 互素的个数一样多,因为一个数跟它的余数 $(\mathrm{mod}\ b)$ 是同时跟 b 互素的. 每一个跟 a 互素的 y 值提供 $\varphi(b)$ 个跟 ab 互素的值,所以一共有

$$\varphi(ab) = \varphi(a)\varphi(b)$$

个数小于 ab 而跟 ab 互素.

这个命题可以立即推广:设 a,b,c,d 是四个(例如说)两两互素的正整数,那么

$$\varphi(abcd) = \varphi(abc)\varphi(d) = \varphi(ab)\varphi(c)\varphi(d)$$
$$= \varphi(a)\varphi(b)\varphi(c)\varphi(d)$$

现设给了一数 A 分解成素因数

$$A = a^{\alpha}b^{\beta}c^{\gamma}\cdots$$

$a,b,c,\cdots$ 表示互异的素数. 于是有

$$\varphi(A) = \varphi(a^{\alpha}) \times \varphi(b^{\beta}) \times \varphi(c^{\gamma}) \times \cdots$$

所以导致我们来计算 $\varphi(a^{\alpha})$ 的值,a 表示素数.

首先,小于 a 而跟 a 互素的数是 $1,2,\cdots,a-1$,所以 $\varphi(a) = a-1$. 小于 a^{α} 而又跟 a^{α} 互素的数是数列

$$1,\ 2,\ 3,\ \cdots,\ a^{\alpha}-1,\ a^{\alpha}$$

中不能被 a 整除的那些数. 这些数中能被 a 整除的是

$$a,\ 2a,\ 3a,\ \cdots,\ a^{\alpha-1} \times a$$

其个数为 $a^{\alpha-1}$. 所以小于 a^{α} 又跟 a^{α} 互素的数的个数是

$$\varphi(a^{\alpha}) = a^{\alpha} - a^{\alpha-1} = a^{\alpha-1}(a-1)$$

从而

$$\varphi(A) = a^{\alpha-1}b^{\beta-1}c^{\gamma-1}\cdots(a-1)(b-1)(c-1)\cdots$$
$$= A\left(1-\frac{1}{a}\right)\left(1-\frac{1}{b}\right)\left(1-\frac{1}{c}\right)\cdots$$

以 $1, d, d', d'', \cdots, A$ 表示 A 的一切约数，则有
$$A = \varphi(1) + \varphi(d) + \varphi(d') + \varphi(d'') + \cdots + \varphi(A)$$
此等式可用符号表示为
$$A = \sum \varphi(d)$$
其中"$\sum$"表示求和的符号，其中 d 逐次以 A 的一切约数（包括 1 和 A）代替.

要验证这个公式是容易的，首先将 A 分解因数，再用上面计算函数 φ 的公式. 下面是一个纯算术的证法.

任一数跟 A 的最大公约数是各数 $1, d, d', d'', \cdots$, A 中的一个. 我们把 A 个数 $1, 2, 3, \cdots, A$ 分组，每一组中的数都跟 A 有相同的最大公约数，例如说 d. 若以 d 除这些数，所得的商数都是不超过 $\frac{A}{d}$ 而又跟 $\frac{A}{d}$ 互素的，这些数共有 $\varphi\left(\frac{A}{d}\right)$ 个；反之，凡不超过 $\frac{A}{d}$ 而又跟 $\frac{A}{d}$ 互素的数若以 d 乘之，就一定跟 A 有最大公约数 d. 既然每一个组含 $\varphi\left(\frac{A}{d}\right)$ 个数，所以用上述符号得
$$A = \sum \varphi\left(\frac{A}{d}\right)$$
这里理解 d 要逐次代以 A 的各个因数，但各数 $\frac{A}{d}$ 就是 A 的一切约数，所以又可写为
$$A = \sum \varphi(d)$$

Wolstenholme 定理

§7　一元同余式(Ⅱ)

我们处理过一元同余式,即一元一次以及特殊形式的一元二次同余式
$$x^2 \equiv D \pmod{p}$$
p 表示一个素数.

对于一般情况
$$f(x) = Ax^n + A_1 x^{n-1} + \cdots + A_{n-1} x + A_n \equiv 0 \pmod{m}$$
这里 $A, A_1, \cdots, A_{n-1}, A_n$ 是整数,我们只限于定义何谓一个同余式的根以及何谓互异的根. 模 m 是素数的情况特别有用,我们马上就来讨论它. 但是必须说一说其他情况如何化归为这一情况.

首先假设模 m 等于两两互素的整数 $a, b, c, \cdots$ 之积,我们来说明要解同余式
$$f(x) \equiv 0 \pmod{m} \tag{1}$$
只要会解下面的每一个同余式
$$f(x) \equiv 0 \pmod{a}$$
$$f(x) \equiv 0 \pmod{b} \tag{2}$$
$$f(x) \equiv 0 \pmod{c}$$
$$\vdots$$

首先看出同余式(1)的每个解是同余式组(2)各式的解. 因为如果对于 x 的某个整数值, $f(x)$ 能被 m 整除,当然就能被 $a, b, c, \cdots$ 整除; 反之我们来说明,如果知道了整数 $\alpha, \beta, \gamma, \cdots$ 分别满足(2)的各式,就保证能求到(1)的一个解. 为此先解下述问题.

给了两两互素的整数 $a,b,c,\cdots$ 以及整数 $\alpha,\beta,\gamma,\cdots$，求一数 x 使其满足[①]

$$x \equiv \alpha \pmod{a}, x \equiv \beta \pmod{b}, x \equiv \gamma \pmod{c}, \cdots$$

像上面那样以 m 表示乘积 $abc\cdots$. 首先求一些整数 $A,B,C,\cdots$ 使依次被整数 $\dfrac{m}{a},\dfrac{m}{b},\dfrac{m}{c},\cdots$ 整除而依次关于模数 $a,b,c,\cdots$ 余 1. 为此，只需将下列同余式

$$\frac{m}{a}A' \equiv 1 \pmod{a}$$

$$\frac{m}{b}B' \equiv 1 \pmod{b}$$

$$\frac{m}{c}C' \equiv 1 \pmod{c}$$

$$\vdots$$

对 $A',B',C',\cdots$ 解出. 这是可能的，因为 $\dfrac{m}{a}=bc\cdots$ 跟 a 互素，$\dfrac{m}{b}$ 跟 b 互素，等等. 然后取

$$A=\frac{m}{a}A', B=\frac{m}{b}B', C=\frac{m}{c}C', \cdots$$

令

$$x_0 = A\alpha + B\beta + C\gamma + \cdots$$

则整数 x_0 适合所求的条件. 事实上，$B,C,\cdots$ 被 a 整除，故有

$$x_0 \equiv A\alpha \equiv \alpha \pmod{a}$$

[①] 这个定理见我国古代算书《孙子算经》，通常称为"三五七算"，求以 3 除余 2、以 5 除余 3、以 7 除余 2 的数. 欧洲关于同余式的研究始于 18 世纪，对中国这方面的成果一无所知，19 世纪中叶英国传教士 Alexander Wylie 将此法传入欧洲. 欧洲数学史称之为"中国剩余定理".

Wolstenholme 定理

等等. 适合条件的其他 x 值是在 x_0 上加 m 的一个倍数, 因为差数 $x-x_0$ 应被 $a,b,c,\cdots$ 除尽, 因此应被 m 除尽. 此法有这样一个优点, $A,B,C,\cdots$ 各数的计算不依赖于 $\alpha,\beta,\gamma,\cdots$ 而仅由 $a,b,c,\cdots$ 确定.

讲了这些, 让我们回到原先的问题. 设 $\alpha,\beta,\gamma,\cdots$ 依次是同余式组(2)中各同余式的根, 且数 x_0 按照刚才讲的那样确定, 那么

$$f(x_0) \equiv f(\alpha) \equiv 0 \pmod{a}$$
$$f(x_0) \equiv f(\beta) \equiv 0 \pmod{b}$$

既然 $f(x_0)$ 这个数被 $a,b,c,\cdots$ 整除, 也就被 m 整除, 这样, x_0 是同余式的一个根. 注意, 凡关于模 $a,b,c,\cdots$ 依次跟 $\alpha,\beta,\gamma,\cdots$ 同余的 x 值所提供的根, 和 x_0 提供的根一样, 因为 $x \equiv x_0 \pmod{m}$, 反之, 凡同余式(1)的解 x_0 也是同余式组(2)的解. 我们看出要得到同余式(1)的所有的解, 只要把上述过程应用于适合同余式组(2)的所有的数 $\alpha,\beta,\gamma,\cdots$.

注意, 同余式组(2)的两组不同的解 $\alpha,\beta,\gamma,\cdots$ 和 $\alpha',\beta',\gamma',\cdots$ 必然导致两个不同的解 x_0 和 x'_0. 所谓两组解不同, 就是说不可能使

$$\alpha \equiv \alpha' \pmod{a}$$
$$\beta \equiv \beta' \pmod{b}$$
$$\gamma \equiv \gamma' \pmod{c}$$
$$\vdots$$

同时得到满足. 事实上, 我们有(举例说)

$$x_0 - x'_0 \equiv \alpha - \alpha' \pmod{a}$$

因此若 $x_0 - x'_0$ 被 m 整除, 则 $\alpha - \alpha'$ 将被 a 整除, 仿此 $\beta - \beta'$ 将被 b 整除, 等等; 但这是假设不能同时发生的.

因此同余式
$$f(x) \equiv 0 \pmod{m}$$
的求解,可将模 m 分解成素因数,将它化为求解一些形如
$$f(x) \equiv 0 \pmod{p^n}$$
的同余式,p 表示素数.

注意,凡同余式
$$f(x) \equiv 0 \pmod{p^n}$$
的解一定是同余式
$$f(x) \equiv 0 \pmod{p^{n-1}}$$
的解.

假设我们会解后一同余式,原先同余式的每个解应跟第二个同余式的某一解同余$\pmod{p^{n-1}}$,因此,若以 x_0 表后式的一解,我们应设
$$x = x_0 + p^{n-1} y$$
y 是一个整数,由同余式
$$f(x_0 + p^{n-1} y) \equiv 0 \pmod{p^n}$$
来确定;稍微熟悉代数的读者不难看出,此式的求解归结到一个一次同余式的求解.

因此,如果会解同余式
$$f(x) \equiv 0 \pmod{p}$$
就会解同余式
$$f(x) \equiv 0 \pmod{p^2}$$
再解
$$f(x) \equiv 0 \pmod{p^3}$$
等等.

此法略加修改可适用于解如下形式的二次同余式

Wolstenholme 定理

$$x^2 - D \equiv 0 \pmod{p^n}$$

假设 D 不被素数 p 整除. 我们满足于宣布结果:

设 p 是除 2 以外的素数, D 不被 p 整除, 同余式

$$x^2 - D \equiv 0 \pmod{p^n}$$

有解的条件是同余式

$$x^2 - D \equiv 0 \pmod{p}$$

有解. 还可以直接看出所设的同余式只能有两个不同余 ($\mod p^n$) 的解.

同余式

$$x^2 - D \equiv 0 \pmod{2^n}$$

中, D 是奇数, 当 n 为 1 或者 2 时以一切奇数为解. 所以在第一种情况它有一解, 在第二种情况它有两解.

同余式

$$x^2 - D \equiv 0 \pmod{8}$$

中, D 为奇数, 只当 $D \equiv 1 \pmod{8}$ 时上式才有解, 这时有四个不同的解, 即 $1, 3, 5, 7$.

同余式

$$x^2 - D \equiv 0 \pmod{2^n}$$

中, D 是奇数, $n > 3$, 此式只当 $D \equiv 1 \pmod{8}$ 时有解[①].

若此条件满足, 同余式有四个不同的根.

在有了上面这些结果之后, 不难研究同余式

$$x^2 \equiv D \pmod{m}$$

---

① 在这种场合, 修改一下一般方法. 为了从同余式
$$x^2 \equiv D \pmod{2^{n-1}}$$
的一根 x_0 推求所设同余式的根, 令 $x = x_0 + 2^{n-2}y$, 再求 y 使其满足所设的同余式.

(其中 D 为奇数且与 m 互素,m 的形式是 $p^\alpha q^\beta r^\gamma \cdots$,或者 $2^n p^\alpha q^\beta r^\gamma \cdots$)是否有解,并计算互异解答的个数.这里 $p,q,r,\cdots$ 表示除 2 以外的素数.

§8　一元同余式,模为素数的情况

现在来到关于一个素数 p 的同余式.首先对关于一个素数 p 同余的一些数讲一般的可注意之点.

一般而论,不论模数 m 是不是素数,凡关于模 m 同余的数都看作等价的,意思是说,在只含加法、减法、乘法的运算中,凡同余的数可以互相替换.要注意这样一个条件,在结果中把 m 的倍数都忽略掉,这就是说,在都是关于模数 m 取的同余式可以当作等式来处理.在这种意义下,凡 m 的倍数都跟 0 等价.但当 m 并非素数时,却引进了一个跟通常的理论的重大区别.这就是,一个乘积能被 m 整除而其中并没有一个因数能被 m 整除.换言之,一个乘积可能跟 0 同余($\mathrm{mod}\ m$),却没有一个因数跟 0 同余.至于整数的乘积呢,只有一个因数为零时才能为零.

相反地,当模为一个素数 p 时,这种类似性依然存在.倘若同意(这种说法主要保留给模是素数的情况)将一个跟 0 同余($\mathrm{mod}\ p$)的数说成是 $0(\mathrm{mod}\ p)$[①],那就可以说:一个乘积不可能是 $0(\mathrm{mod}\ p)$,除非它有一个因数是 $0(\mathrm{mod}\ p)$.在类似的一些观念中总是假设只

---

① 这种说法以及这里的某些观念,是从 Borel 那里获得的.

Wolstenholme 定理

讨论模为素数 p 的情况,那么将同余 $(\bmod\ p)$ 代以相等 $(\bmod\ p)$ 就很自然. 但这里仍保留习惯上的语言. 在这个意义下只有 p 个不同的数,即 $0,1,2,\cdots,p-1$,此外的数都跟这些数同余 $(\bmod\ p)$.

给了两数 a,b,其中后者不是 $0(\bmod\ p)$,那么只有一个数(假设总是忽略 p 的倍数)满足同余式
$$bx \equiv a\ (\bmod\ p)$$
将此数按照 Gauss 的建议看作 a 除以 b 的商 $(\bmod\ p)$,并以符号 $\dfrac{a}{b}(\bmod\ p)$ 表示,那是很自然的. 只有以数 0 作为除数是禁止的. 这些符号分数 $\dfrac{a}{b}(\bmod\ p)$(实际上是代表整数)能服从类似于普通分数的计算法则,我们可将它的分子、分母乘以公共的一个不是 $0(\bmod\ p)$ 的数,等等.

依此类推,如果一个多项式所有的系数都是 $0(\bmod\ p)$,就把它称为跟 0 恒同余,那是很自然的. 这样的多项式可写作 $p\psi(x)$,$\psi(x)$ 是 x 的一个整系数多项式. 如果两个整系数多项式的差是跟 0 恒同余的 $(\bmod\ p)$,那么这两个多项式是恒同余的. 立刻看出,对各个整系数多项式施行加法、减法、乘法运算,得到的是跟它们恒同余 $(\bmod\ p)$ 的多项式. 两个系列的运算提供两个恒同余 $(\bmod\ p)$ 的多项式. 设在 x 的一个整系数多项式中,我们把次数最高而系数不跟 0 同余 $(\bmod\ p)$ 的项称为最高项,仿此定义最低项,那么立刻可以看出,在这样的两多项式的乘积中,最高项的系数是该两多项式最高项系数之积 $(\bmod\ p)$,最低项系数也是如此. 从而这个乘积必然不跟 0 恒同余,只要

这两个多项式中没有一个跟 0 恒同余. 这个定理可推广到随便几个多项式. 还可以看出,如果把最高项的次数称为多项式的次数,那么乘积的次数就等于两因子的次数之和. 最后,设给了两个多项式 $f(x)$ 和 $\psi(x)$,若有一个多项式 $Q(x)$ 使 $f(x)$ 跟 $\psi(x)$ 与 $Q(x)$ 的积恒同余$(\bmod\ p)$,则称 $\psi(x)$ 能整除 $f(x)(\bmod\ p)$. 知道代数多项式的最高公因式的理论的读者,不难理解这个理论及其重要结论可推广到整除性$(\bmod\ p)$. 虽说有它的重要性,我们还是把这个课题放在一边而致力于更基本的一些结果.

设以整数 a 代替整多项式 $f(x)$ 中的 x,得出 $0(\bmod\ p)$,即是说 $f(a)$ 能被 p 整除,那么 $f(x)$ 被 $x-a$ 整除$(\bmod\ p)$.

事实上,由代数知识,$f(x)-f(a)$ 被 $x-a$ 整除,商是一个整系数多项式 $\psi(x)$. 所以有恒等式
$$f(x)=(x-a)\psi(x)+f(a)$$
但由假设 $f(a)$ 被 p 整除,所以命题是明显的.

反之,设 a 为整数,若 $f(x)$ 被 $x-a$ 整除$(\bmod\ p)$,那么明显地以 a 代替 $f(x)$ 中的 x,所得结果是 $0(\bmod\ p)$.

设 $a,b,c,\cdots$ 为整数,且两两关于模 p 不同余,设多项式 $f(x)$ 被 $x-a$,被 $x-b$,被 $x-c\cdots\cdots$ 整除 $(\bmod\ p)$,那么 $f(x)$ 被 $(x-a)(x-b)(x-c)\cdots$ 整除$(\bmod\ p)$.

事实上,由于 $f(x)$ 被 $x-a$ 整除$(\bmod\ p)$,我们可以写恒等式
$$f(x)=(x-a)f_1(x)+pA_1 \tag{1}$$

287

A_1 是一个整数,$f_1(x)$ 是一个整系数多项式. 将 x 代以 b,由于 $f(b)$ 被 p 整除,得出

$$(b-a)f_1(b) \equiv 0 \pmod{p}$$

因 $b-a$ 不是 $0 \pmod{p}$,必有

$$f_1(b) \equiv 0 \pmod{p}$$

由此得出 $f_1(x)$ 被 $x-b$ 整除 $\pmod{p}$,所以可以写恒等式

$$f_1(x) = (x-b)f_2(x) + pA_2$$

A_2 也是整数,$f_2(x)$ 是整系数多项式. 上式代回到(1)中,得

$$f(x) = (x-a)(x-b)f_2(x) + p\psi_1(x) \qquad (2)$$

$\psi_1(x)$ 是一个整系数的一次式. 在此恒等式中以 c 代 x,由于 $f(c)$ 被 p 整除,得

$$0 \equiv (c-a)(c-b)f_2(c) \pmod{p}$$

因 $c-a, c-b$ 都不跟 0 同余 $\pmod{p}$,可知 $f_2(c)$ 是 $0 \pmod{p}$,即 $f_2(x)$ 被 $x-c$ 整除 $\pmod{p}$. 这个推理可继续下去. 将 $f_2(x)$ 用形如 $(x-c)f_3(x) + pA_3$ 的多项式(A_3 是整数,$f_3(x)$ 是整系数多项式)代入(2),可得如下形式的恒等式

$$f(x) = (x-a)(x-b)(x-c)f_3(x) + p\psi_2(x)$$

其中 $\psi_2(x)$ 是整系数二次式. 此式确实表明 $f(x)$ 被 $(x-a)(x-b)(x-c)$ 整除 $\pmod{p}$. 在一般情况,设有 r 个数 $a, b, c, \cdots$,$f(x)$ 可写成

$$f(x) = (x-a)(x-b)(x-c)\cdots f_r(x) + p\psi_{r-1}(x)$$

$f_r(x)$ 是 x 的 $n-r$ 次整系数多项式,n 表示 $f(x)$ 的次数,它的最高项系数跟 $f(x)$ 的一样. 至于 $\psi_{r-1}(x)$ 则是 $r-1$ 次多项式.

从这里知道,一个 n 次多项式 $f(x)$ 不可能有多于 n 个的两两互不同余 $(\bmod p)$ 的值代替 x 使它成为 $0(\bmod p)$.

事实上,设在上面的恒等式中有 n 个两两不同余的数 $a,b,c,\cdots,l$,设 $f(x)$ 中 x^n 的系数为 K,则可写出恒等式
$$f(x) = K(x-a)(x-b)(x-c)\cdots(x-l) + p\psi_{n-1}(x)$$
$\psi_{n-1}(x)$ 是整系数多项式. 设 x_0 是跟 $a,b,c,\cdots,l$ 都不同余 $(\bmod p)$ 的整数且 $f(x_0) = 0(\bmod p)$,那就应有
$$K(x_0 - a)(x_0 - b)(x_0 - c)\cdots(x_0 - l) \equiv 0 \pmod{p}$$
但这是不可能的.

所以单变量 n 次多项式 $f(x)$ 不可能有多于 n 个互异的根,即是说不可能有 n 个以上两两不同余 $(\bmod p)$ 的整数适合同余式
$$f(x) \equiv 0 \pmod{p}$$

明显地,将一个给定的同余式的左端代以一个跟它恒同余 $(\bmod p)$ 的多项式,就得出一个等价的同余式. 特别地,设这左端跟两多项式 $\psi(x),\theta(x)$ 之积恒同余,那么,不论 x' 是什么整数将有
$$f(x') \equiv \psi(x')\theta(x') \pmod{p}$$
并且要使整数 $f(x')$ 为 $0(\bmod p)$,充要条件是两整数 $\psi(x'),\theta(x')$ 中有一个为 $0(\bmod p)$. 由此得结论:同余式
$$f(x) \equiv 0 \pmod{p} \tag{1}$$
的根是两同余式
$$\begin{aligned}\psi(x) &\equiv 0 \pmod{p} \\ \theta(x) &\equiv 0 \pmod{p}\end{aligned} \tag{2}$$

的根合在一起.

特别地,设 $f(x)$ 的次数为 n 且同余式有 n 个互异的根,则多项式 $\psi(x),\theta(x)$ 的次数之和应等于 n. 所以(2) 的每个同余式具有不同的根的个数等于各多项式的次数.

例如按 Fermat 定理,同余式
$$x^{p-1}-1\equiv 0 \pmod{p}$$
有 $p-1$ 个不同的根,即 $1,2,\cdots,p-1$;并且当 $p>2$ 时有恒等式
$$x^{p-1}-1=(x^{\frac{p-1}{2}}-1)(x^{\frac{p-1}{2}}+1)$$
所以同余式
$$x^{\frac{p-1}{2}}-1\equiv 0 \pmod{p}$$
$$x^{\frac{p-1}{2}}+1\equiv 0 \pmod{p}$$
各有 $\dfrac{p-1}{2}$ 个互异的根;这些我们已经知道了;上式的 $\dfrac{p-1}{2}$ 个根是 p 的二次余数,下式的 $\dfrac{p-1}{2}$ 个根是非余数.

$p-1$ 次同余式
$$x^{p-1}-1\equiv 0 \pmod{p}$$
具有 $p-1$ 个互异的根,例如说 $1,2,3,\cdots,p-1$. 由此推出多项式 $x^{p-1}-1$ 被乘积
$$(x-1)(x-2)\cdots(x-p+1)$$
整除 $(\bmod\ p)$,并且最高项系数为 1,所以有恒等式
$$x^{p-1}-1=(x-1)(x-2)\cdots(x-p+1)+p\psi(x)$$
$\psi(x)$ 是整系数多项式. 由此可知多项式
$$x^{p-1}-1-(x-1)(x-2)\cdots(x-p+1)$$

的各个系数都被 p 整除,即是说,这个多项式跟 0 恒同余(mod p). 特别常数项该如此,所以有
$$1 \cdot 2 \cdot 3 \cdots (p-1) + 1 \equiv 0 \pmod{p}$$
我们看到 Fermat 定理跟 Wilson 定理的一个联系. 此外我们还看出乘积
$$(x-1)(x-2)\cdots(x-p+1)$$
的展开式中除首末两项以外所有各项的系数都被 p 整除.

§9 幂的余数,元根,指数理论,二项同余式

以 a 和 m 表示互素的整数且 $a > 0$,考查无穷数列
$$1 = a^0, a^1, a^2, a^3, \cdots \tag{1}$$
的各项关于模 m 的余数. 这些余数不可能都是不同的,因为不同余的最多只有 $m-1$ 个,事实上其中没有一个是零. 设 a^n 和 a^{n+h} 给出相同的余数,便有
$$a^{n+h} \equiv a^n \pmod{m}$$
即
$$a^n(a^h - 1) \equiv 0 \pmod{m}$$
因 a^n 跟 m 互素, $a^h - 1$ 应该被 m 整除. 所以这个数列中除第一项以外还有另外一些项的余数等于 1. 这由广义 Fermat 定理我们已经知道了,因为若以 $\varphi(m)$ 表示小于 m 又跟 m 互素的数的个数,便有
$$a^{\varphi(m)} - 1 \equiv 0 \pmod{m}$$
以 k 表示最小的正整数使
$$a^k - 1 \equiv 0 \pmod{m}$$

Wolstenholme 定理

明显地,数列(1)的两项是否同余(mod m)就看它们的指数之差是否能被 k 整除. 所以这些余数每隔 k 个便周而复始周期性地出现. 连接的 k 项提供 k 个不同的余数, 这些作为一个整体就是数列(1)前 k 项提供的余数. 特别是等于 1 的余数每 k 项出现一次. 由于 $a^{\varphi(m)}$ 给出余数 1, 可知 k 必然是 $\varphi(m)$ 的一个约数.

所讲的这些在循环小数的理论方面可找到简单的应用, 只要取 $a=10$; 事实上, 当我们将分数 $\dfrac{A}{m}$ (A 和 m 表示互素的整数, 并设 m 与 10 互素) 化为十进分数时, 就归结到求数
$$A,\ 10A,\ 10^2 A,\ \cdots$$
的余数 (mod m), 并且正就是这些余数的周期性规定了循环小数的周期性; 这个周期性跟数列
$$1,\ 10,\ 10^2,\ 10^3,\ \cdots$$
的周期性是一样的. 这正是我们所考虑的情况.

我们不停在这些简易的应用上, 今后假设模 m 是素数, 以 p 表示. 于是 $\varphi(m)=\varphi(p)=p-1$. 设 d 是最小的正整数使
$$a^d \equiv 1 \pmod{p}$$
d 是 $p-1$ 的一个约数. 这时就说 a 属于指数 d. 无须赘言, 凡同余(mod p)的数都属于同一个指数. 立刻要问这样一个问题: 给了 $p-1$ 的一个约数 d, 有没有一些数 a 属于指数 d, 换言之, 有没有一些数它们的 d 次幂跟 1 同余(mod p), 而小于 d 次的幂就不跟 1 同余(mod p)? 容易看出倘若有一个这样的数 a, 那就正好有不同余(mod p) 的 $\varphi(d)$ 个.

首先注意凡属于指数 d 的数是同余式

$$x^d \equiv 1 \pmod{p}$$

的一个根,按普遍的理论,此式只能有 d 个不同的根.

现设 a 属于指数 d,凡 a 的幂 a^n 就都是这个同余式的一根.事实上,我们有
$$(a^n)^d = (a^d)^n \equiv 1 \pmod{p}$$
在 a 的各幂中有 d 个是不同余 $(\bmod\ p)$ 的,即
$$a^0 = 1, a, a^2, \cdots, a^{d-1}$$
这些就是同余式的 d 个互异的根,属于指数 d 的那些数就在它们当中找.设 a^n 是其中之一,a^n 的幂的序列是
$$1 = a^0, a^n, a^{2n}, a^{3n}, \cdots$$
这些数跟下面的一些数同余
$$a^0, a^{r_1}, a^{r_2}, a^{r_3}, \cdots$$
这里 $0, r_1, r_2, r_3, \cdots$ 依次是指数 $0, n, 2n, 3n, \cdots$ 的余数 $(\bmod\ d)$;最后序列中指数不同的两项是不同余的 $(\bmod\ p)$,其中余数 $(\bmod\ p)$ 为 1 的项只有那些指数是零的;但数列 $0, r_1, r_2, r_3, \cdots$ 是周期性的;一个周期含 $\dfrac{d}{\delta}$ 个不同的项,其中 δ 表示 n 和 d 的最大公约数.由此明显得出 a^n 属于指数 $\dfrac{d}{\delta}$.所以倘若我们要使 a^n 属于指数 d,充要条件是 $\delta = 1$ 或 n 跟 d 互素;n 小于或等于 d 而又跟 d 互素,这样的 n 共有 $\varphi(d)$ 个,所以在有一个数属于 $p-1$ 的约数 d 的条件下,便有 $\varphi(d)$ 个不同余 $(\bmod\ p)$ 的数属于 d.设以 $\psi(d)$ 表示属于指数 d 而又不同余 $(\bmod\ p)$ 的数的个数,那么或者
$$\psi(d) = 0$$
或者

Wolstenholme 定理

$$\psi(d) = \varphi(d)$$

但是 $p-1$ 个不同余 $(\bmod p)$ 的数 $1, 2, \cdots, p-1$ 中的每一个属于 $p-1$ 的约数 $1, d, d', \cdots, p-1$ 中的某一个,所以应有

$$\psi(1) + \psi(d) + \psi(d') + \cdots + \psi(p-1) = p-1$$

另一方面有

$$\varphi(1) + \varphi(d) + \varphi(d') + \cdots + \varphi(p-1) = p-1$$

若将此式某一项以零代入,它就不能成立,因为每一项是不等于零的.所以对于 $p-1$ 的无论哪个约数 d,只可能有 $\psi(d) = \varphi(d)$ 而不可能有 $\psi(d) = 0$. 所以:

对于 $p-1$ 的每个约数 d 正好对应着 $\varphi(d)$ 个属于指数 d 的数 a,这些数不妨从数列 $1, 2, \cdots, p-1$ 中选取.

特别地,有 $\varphi(p-1)$ 个不同的数属于指数 $p-1$,这些数称为(素)数 p 的元根.若 g 是这样一个元根,那么所有 $p-1$ 个数

$$g^0 = 1,\ g,\ g^2,\ \cdots,\ g^{p-2}$$

是不同余的 $(\bmod p)$;它们的余数 $(\bmod p)$ 作为一个整体就是 $1, 2, \cdots, p-1$. 这是一切可能的余数,关于模 p 的不同的余数 0 排除在外.

举例来说, 2 是 11 的一个元根;以

$$0, 1, 2, 3, 4, 5, 6, 7, 8, 9$$

为指数, 2 的各次幂所对应的余数 $(\bmod 11)$ 是

$$1, 2, 4, 8, 5, 10, 9, 7, 3, 6$$

普遍地说,设 g 是素数 p 的一个元根,设 a 是不被 p 整除的任一数,那么有一个也仅有一个取自数列 $0, 1, 2, \cdots, p-2$ 的数 α 满足

$$g^{\alpha} \equiv a \pmod{p}$$

并且满足此条件的一切 α 值是互相同余的 $\pmod{p-1}$，其中每一个称为 a 以数 g 为底的指数，确定指数时不计 $p-1$ 的倍数，我们可取它比 $p-1$ 小，把它记作 $\mathrm{Ind}\, a$.

指数在整数计算中（我们同意可以忽略 p 的倍数）所处的地位，跟对数在通常的计算中一样.

1 的指数总是 0.

两数之积的指数，跟这两数的指数之和同余 $\pmod{p-1}$.

事实上，若有

$$g^{\mathrm{Ind}\, a} \equiv a \pmod{p},\; g^{\mathrm{Ind}\, b} \equiv b \pmod{p}$$

可推出

$$g^{\mathrm{Ind}\, a + \mathrm{Ind}\, b} \equiv ab \pmod{p}$$

从而

$$\mathrm{Ind}\, ab = \mathrm{Ind}\, a + \mathrm{Ind}\, b \pmod{p-1}$$

这个定理可推广到随便几个因数.

一数的 n 次幂的指数跟该数的指数的 n 倍同余 $\pmod{p-1}$.

当改换元根时，指数也变了；忽略 $p-1$ 的倍数，从一个指数系统到另一个指数系统可用同一数乘.

事实上，设 g 和 γ 是两个元根，设 g 以数 γ 为底的指数是 λ，则有

$$\gamma^{\lambda} \equiv g \pmod{p}$$

现设 a 以数 g 为底的指数为 α，则有

$$g^{\alpha} \equiv a \pmod{p}$$

若将前一同余式两端乘 α 次幂，应用后一式，则有

Wolstenholme 定理

$$\gamma^{\lambda a} \equiv g^a \equiv a \pmod{p}$$

所以在底数 γ 下 a 的指数是 λa。可见用 λ 去乘以 g 为底的一切指数就得到以 γ 为底的一些指数。

所有这些性质跟对数的性质类似。

注意，指数可用来解模为素数的一次同余式。设

$$ax \equiv b \pmod{p}$$

是这样一个同余式，则应有

$$\text{Ind } a + \text{Ind } x \equiv \text{Ind } b \pmod{p-1}$$

即

$$\text{Ind } x \equiv \text{Ind } b - \text{Ind } a \pmod{p-1}$$

反之，一个数的指数跟 $\text{Ind } b - \text{Ind } a$ 同余 $(\bmod\ p-1)$ 将是所设同余式的一解。

例如，对于模数 11，下列各数

$$1, 2, 3, 4, 5, 6, 7, 8, 9, 10$$

以 2 为底的指数分别是

$$0, 1, 8, 2, 4, 9, 7, 3, 6, 5$$

设同余式为

$$7x \equiv 8 \pmod{8}$$

推得

$$\text{Ind } x \equiv \text{Ind } 8 - \text{Ind } 7 \equiv 3 - 7 \equiv -4 \equiv 6 \pmod{10}$$

以 6 为指数的是 9，所以 $x \equiv 9 \pmod{11}$。事实上

$$7 \times 9 = 63 = 55 + 8 \equiv 8 \pmod{11}$$

注意，当找到素数 p 的一个元根时，其余的元根便不难求出；它们得自将这个元根乘一个幂，幂指数跟 $p-1$ 互素。例如 11 的各元根是

$$2,\ 2^3 = 8,\ 2^7 \equiv 7 \pmod{11},\ 2^9 \equiv 6 \pmod{11}$$

从以上所述足以表明关于素数的元根和指数的

表能起很大作用.事实上,容易看出,有了素数的指数就可构作合数(可分解因数的数)的指数.

下面一个表含 100 以内的奇素数及其最小元根.当 10 是一个元根时,该数加上了星号.

p	g	p	g	p	g
3	2	29*	2	61*	2
5	2	31	3	67	2
7*	3	37	2	71	7
11	2	41	6	73	5
13	2	43	3	79	3
17*	3	47*	5	83	2
19*	2	53	2	89	3
23*	5	59*	2	97*	5

考查如下形式的同余式
$$x^n - D \equiv 0 \pmod{p}$$
p 表示素数而 D 不被 p 整除.

以 g 表示 p 的一个元根,并取以 g 为底的指数,可知若将 x 视为同余式的一根,则应有
$$n\operatorname{Ind} x \equiv \operatorname{Ind} D \pmod{p-1}$$
反之,如果从这个同余式解出了 $\operatorname{Ind} x$,所设同余式也就解出了.有解的充要条件是 n 和 $p-1$ 的最大公约数 δ 能整除 $\operatorname{Ind} D$.倘若情况是这样,把 $\operatorname{Ind} x$ 当作未知数,就有 δ 个不同余 $(\bmod\ p-1)$ 的解,相应地所设同余式有 δ 个互异的解.我们所得的可解条件,至少从表面上看,是依赖着元根 g 的,g 是作为取指数的底的.我们来作一个变换.

以 d 表示在底数 g 下 D 的指数,则有
$$g^d \equiv D \pmod{p}$$

Wolstenholme 定理

从而有
$$g^{\frac{p-1}{\delta}d} \equiv D^{\frac{p-1}{\delta}} \pmod{p}$$

但若 n 和 $p-1$ 的最大公约数 δ 能整除 d，则
$$\frac{p-1}{\delta}d = (p-1)\frac{d}{\delta}$$

是 $p-1$ 的整数倍，从而左端跟 1 同余 $(\bmod\ p)$。故有
$$D^{\frac{p-1}{\delta}} \equiv 1 \pmod{p}$$

反之，若此式满足，δ 应整除 d。事实上，将同余式
$$g^d \equiv D \pmod{p}$$

两端乘 $\dfrac{p-1}{\delta}$ 次幂便有
$$g^{d\frac{p-1}{\delta}} \equiv 1 \pmod{p}$$

由此得出 $d\dfrac{p-1}{\delta}$ 应被 $p-1$ 整除，表明 d 被 δ 整除。

所以：

设 p 为素数，D 是不被 p 整除的整数，则同余式
$$x^n \equiv D \pmod{p}$$

有解的充要条件是
$$D^{\frac{p-1}{\delta}} \equiv 1 \pmod{p}$$

其中 δ 是 n 和 $p-1$ 的最大公约数。若此条件满足，所设同余式有 δ 个互异的根。

编辑手记

  本书是一本由一道 2017 年北京市高中数学竞赛试题谈起的数论科普读物.解决一道习题或试题与解决一个猜想没有本质区别.

  一个著名的例子源于运筹学大师 George Dantizig. 他可谓是由父亲一手培养出的天才. George 的父亲是俄国人,曾在法国师从著名的科学家 Henri Poincaré. 他曾经这样回忆自己的父亲:"在我还是个中学生时,他就让我做几千道几何题……解决这些问题的大脑训练是父亲给我的最好礼物.这些几何题,在发展我分析能力的过程中,起了最最重要的作用."

Wolstenholme 定理

在伯克利学习的时候,有一天 George 上课迟到,只看到黑板上写着两个问题,他只当是课堂作业,随即将问题抄下来并做出解答. 六个月后,这门课的老师——著名的统计学家 Jerzy Neyman——帮助他把答案整理了一下,发表为论文, George 这才发现自己解决了统计学领域中一直悬而未决的两个难题.

George 后来在运筹学建树极高,获得了包括"冯诺伊曼理论奖"在内的诸多奖项. 他在 *Linear Programming and Extensions* 一书中研究了线性编程模型,为计算机语言的发展做出了不可磨灭的贡献. 然而,天妒英才,他于 2005 年 5 月 13 日去世.

笔者最早接触到这类问题是在 1980 年上海教育出版社出版的柯召与孙琦两位先生著的《初等数论 100 例》中. 原题是这样的:

设 $p > 3$ 是一个素数,且设

$$1 + \frac{1}{2} + \cdots + \frac{1}{p-1} + \frac{1}{p} = \frac{r}{ps}, (r,s) = 1 \quad (1)$$

则

$$p^3 \mid r - s$$

证法 1 设

$$\begin{aligned}&(x-1)(x-2)\cdots(x-(p-1))\\&= x^{p-1} - s_1 x^{p-2} + \cdots - s_{p-2} x + s_{p-1}\end{aligned} \quad (2)$$

由根与系数的关系,这里

$$s_{p-1} = (p-1)!$$

$$s_{p-2} = (p-1)! \left(1 + \frac{1}{2} + \cdots + \frac{1}{p-1}\right)$$

因

$$x^{p-1} - s_1 x^{p-2} + \cdots - s_{p-2} x + s_{p-1} \equiv x^{p-1} - 1 \pmod{p}$$
(3)

而 $s_{p-1} + 1 \equiv 0 \pmod{p}$,故由(3)得出同余式

$$-s_1 x^{p-2} + \cdots - s_{p-2} x \equiv 0 \pmod{p}$$

有 p 个解,故

$$p \mid (s_1, \cdots, s_{p-2})$$

在(2)中令 $x = p$,得

$$p^{p-2} - s_1 p^{p-3} + \cdots + s_{p-3} p - s_{p-2} = 0$$

由于 $p > 3$,故从上式得出

$$s_{p-2} \equiv 0 \pmod{p^2}$$

式(1)给出

$$s_{p-2} = \frac{(p-1)!(r-s)}{sp}$$

因为 $s \mid (p-1)!$,且 $p \nmid \frac{(p-1)!}{s}$,所以由 $s_{p-2} \equiv 0 \pmod{p^2}$ 得出整数 $\frac{r-s}{p}$ 被 p^2 整除,故 $p^3 \mid r-s$.

证法 2 调和级数前 p 项之和可写为

$$\frac{\frac{p!}{1} + \frac{p!}{2} + \cdots + \frac{p!}{p}}{p!}$$

因分母是 $p!$,分子不可被 p 整除,故分子与分母的任一公因数都小于 p. 因此只要对 $r = \frac{p!}{1} + \frac{p!}{2} + \cdots + \frac{p!}{p}$ 与 $s = (p-1)!$ 证明即可. 注意

$$r - s = p\left(\frac{(p-1)!}{1} + \frac{(p-1)!}{2} + \cdots + \frac{(p-1)!}{p-1}\right)$$

我们以下证明

Wolstenholme 定理

$$\frac{(p-1)!}{1}+\frac{(p-1)!}{2}+\cdots+\frac{(p-1)!}{p-1}$$

可被 p^2 整除. 这个和等于

$$\sum_{k=1}^{\frac{p-1}{2}}(k+p-k)\frac{(p-1)!}{k(p-k)}=p\sum_{k=1}^{\frac{p-1}{2}}\frac{(p-1)!}{k(p-k)}$$

从而证明

$$\sum_{k=1}^{\frac{p-1}{2}}\frac{(p-1)!}{k(p-k)}$$

是可被 p 整除的整数. 注意, 若 k^{-1} 表示 k 对模 p 的倒数, 则 $p-k^{-1}$ 是 $p-k$ 对模 p 的倒数. 因此 $[k(p-k)]^{-1}$ 的剩余类只表示 $k(p-k)(k=1,2,\cdots,\frac{p-1}{2})$ 的剩余类的置换. 利用这个事实, 有

$$\sum_{k=1}^{\frac{p-1}{2}}\frac{(p-1)!}{k(p-k)} \equiv (p-1)!\sum_{k=1}^{\frac{p-1}{2}}[k(p-k)]^{-1}$$

$$\equiv (p-1)!\sum_{k=1}^{\frac{p-1}{2}}k(p-k)$$

$$\equiv -(p-1)!\sum_{k=1}^{\frac{p-1}{2}}k^2$$

$$= -(p-1)!\frac{\frac{p-1}{2}\cdot\frac{p+1}{2}\cdot p}{6}$$

$$\equiv 0 (\bmod p)$$

证毕.

本书的中间还引用和摘录了国内外一些著名数论专家的结果. 但严格地说本书还仅仅是一本入门读物, 距前沿还很远. 据北京大学数学学院的刘若川等

编辑手记

几位教授讲：

数论不是一个工具性的学科，而是一个消费者．比如说拓扑，它是一个工具，很多学科都要应用到，而数论本身没有一个"Theory"，在早期学它是没有用的，它更像是一块数学发展中的试金石．数论的问题是很基本的，人们可以制造出很多抽象的概念，这些概念间却有很多让人感觉很自然的、并不是人造的东西．本科期间学数论不要贪多，这是不现实的．哪怕是很著名的数学家，在数论核心的地方也只是做了一点儿事．

除了必修的基础课，做数论一般都要学交换代数，因为这是基础．只要是做代数的，都要把这些东西搞得很熟，而且把时间花在这个上面是有意义的．交换代数可能是最基本的，代数拓扑和代数曲线也值得一学，其他就看个人做的方向了．比如说李群、表示论．也可以去上研究生的课程．其中同调论是最基本的，同伦论现在也挺重要的，因为数论和拓扑的联系还是挺密切的．无论如何，基本的同伦论是需要懂的，像黎曼几何这样的学科也是需要懂的，李群和紧李群上面的一些几何也是要搞清楚的．

路漫漫兮修远，看你求索不求索．

刘培杰
2017年9月23日
于哈工大